U0193457

全国技工教育规划教材

CAD/CAM 工程范例系列教材

中望 CAD 实用教程

（机械、建筑通用版）

主编　孙　琪

参编　何倩玲　焦小桐　朱丽霞

机 械 工 业 出 版 社

本书坚持以入门快、自学易、求精通的特点编写。其结构和组织充分考虑到自学、培训的需要，做到简单明了、结构清晰、实例丰富、选材精炼。项目包括中望 CAD 应用基础，中望 CAD 环境设置，图形绘制，编辑对象，辅助绘图工具与图层，填充、面域与图像，文字和表格，尺寸标注，图形、属性及外部参照，打印和发布图样，数据交换与 Internet，三维绘图基础，共 12 个项目，项目下细分为 70 个任务，每个任务步骤都结合案例详细讲述。每个项目均附有项目小结及练习，附录提供了可撕式任务学习单与评价单，配套对应每个项目，结合知识内容进行实践操作，形成理实一体化教学模式。

本书适合具备工程基础知识的工程技术人员、大中专院校师生以及对 CAD 或图形图像软件感兴趣的读者，只要具有中学文化基础，有一定计算机知识，都可通过本书来学习掌握中望 CAD 软件。

本书可作为职业院校、高级技工技师院校机械工程大类专业、电气工程大类专业、土木建筑大类专业的教材，也可作为相关企业从业人员的参考用书。

为便于教学，本书配套有电子课件、技能考核电子试题（含评分标准）等教学资源，凡选用本书作为授课教材的教师可登录 www.cmpedu. com 注册后免费下载。

 微播号

用微信扫二维码关注本书微课

图书在版编目（CIP）数据

中望 CAD 实用教程：机械、建筑通用版/孙琪主编. —北京：机械工业出版社，2017.11（2022.6 重印）
全国技工教育规划教材　CAD/CAM 工程范例系列教材
ISBN 978-7-111-58336-3

Ⅰ.①中…　Ⅱ.①孙…　Ⅲ.①计算机辅助设计-AutoCAD 软件-职业教育-教材　Ⅳ.①TP391.72

中国版本图书馆 CIP 数据核字（2017）第 261219 号

机械工业出版社（北京市百万庄大街 22 号　邮政编码 100037）
策划编辑：齐志刚　责任编辑：齐志刚　黎　艳　责任校对：刘秀芝
封面设计：路恩中　责任印制：任维东
北京中兴印刷有限公司印刷
2022 年 6 月第 1 版第 12 次印刷
184mm×260mm・18.25 印张・448 千字
标准书号：ISBN 978-7-111-58336-3
定价：49.80 元

电话服务
客服电话：010-88361066
　　　　　010-88379833
　　　　　010-68326294
封底无防伪标均为盗版

网络服务
机　工　官　网：www.cmpbook.com
机　工　官　博：weibo.com/cmp1952
金　书　网：www.golden-book.com
机工教育服务网：www.cmpedu.com

前　言

为满足当前职业院校国赛比赛中以赛促改、以赛促教的教学目的和春季高考、单独招生的技能考核要求，本书在内容上采用任务驱动教学，通过更加合理的教材编排形式，使学生能够更有目的性地理解和学习全书内容。

中望 CAD 软件是国内自主开发的 CAD 软件，自推出以来，深受广大学生的欢迎，并在广大学生的支持下得以不断改进和完善。

中望 CAD 主要用于二维制图，兼有基础三维功能，被广泛应用于加工制造业和工程设计等领域。中望 CAD 的操作界面、操作习惯、命令、快捷键等都与 AutoCAD 保持一致，可以让设计师轻松上手，无须重新学习；同时，中望 CAD 直接采用 DWG 格式的文件作为内部工作文件，兼容 CAD 软件的文件格式，让图样交互畅通无阻。

本书是按照中望 CAD 的 Ribbon 界面来编写的，所有的配图和操作步骤都根据 Ribbon 界面来截图和操作，阅读前可以先将中望 CAD 切换到 Ribbon 界面。书中对每个命令的介绍大概分运行方式、操作步骤和注意三部分。

（1）运行方式　包括命令行、功能区和工具栏三部分，命令行介绍命令的英文全拼，括号里面的是快捷键；功能区指的是在 Ribbon 界面中相关命令的位置，如"常用"→"绘制"→"直线"就是在"常用"选项卡下"绘制"面板里面的"直线"命令；工具栏指的是调用命令的另一种方式，在此也列出了相关命令可在哪个工具栏中找到。

（2）操作步骤　在运行方式后会配上例子介绍相关命令，并且把命令显示的操作步骤全部列出来，左边是命令栏的显示，右边是解释说明。

（3）注意　在注意里面会补充说明此命令的注意事项。

附录提供了可撕式任务学习单与评价单，配套对应每个项目，结合知识内容进行实践操作，形成理实一体化教学模式。

本书除项目 1 外，每个项目均附有项目小结及练习，项目小结是一个项目内容的概括归纳和实践经验总结，也是编者从事 CAD 工作多年的总结和体会，尤其指出了初学者经常出现的问题。请认真仔细学习每个项目小结的内容，对读者学习有很大帮助。在编写过程中还考虑了读者的实际情况，由浅入深、循序渐进，便于初学者快速入门及提高，力求语言生动、形象，以使读者在轻松活泼的气氛中学习、精通中望 CAD 软件。

本书由孙琪任主编，何倩玲、焦小桐、朱丽霞参编，孙琪负责项目一~项目八的编写，何倩玲负责项目九的编写，焦小桐负责项目十的编写，朱丽霞负责项目十一、项目十二的编写；并得到了白宇、常锐娟、董嘉平、冯强、高磊、黄丹媛、姜靖宇、李建娣，廖盛辉、李跃红、罗银涛、秦文利、尚飞、腾云、相纪征、杨珊、钟子晴的大力支持，在此一并深表谢意！

由于编者水平有限，书中难免有疏漏和不妥之处，敬请读者批评指正。

编　者

扫一扫二维码，加入群聊。

目　录

前言

V

01

项目 1
中望 CAD 应用基础

本课导读

　　本项目将介绍中望 CAD 的最基本的使用操作方法，包括软件和硬件要求、界面、命令执行方式等内容。

项目要点

- 中望 CAD 安装
- 软件工作界面
- 命令执行方式

任务 1.1　中望 CAD 的主要功能

中望 CAD 是完全拥有自主知识产权、基于微软视窗操作系统的通用 CAD 绘图软件，主要用于二维制图，兼有部分三维功能，被广泛应用于建筑、装饰、电子、机械、模具、汽车、造船等领域。中望 CAD 产品已成为企业 CAD 正版化的最佳解决方案之一，其主要功能包括以下 5 个方面：

1. 绘图功能

学生可以通过输入命令及参数、单击工具按钮或执行菜单命令等方法来绘制各种图形，中望 CAD 会根据命令的具体情况给出相应的提示和可供选择的选项。

2. 编辑功能

中望 CAD 提供各种方式让学生对单一的或一组图形进行修改，可进行移动、复制、旋转、镜像等操作。学生还可以改变图形的颜色、线宽等特性。熟练掌握编辑命令的运用，可以成倍地提高绘图的速度。

3. 打印输出功能

中望 CAD 具有打印及输出各种格式的图形文件的功能，可以调整打印或输出图形的比例、颜色等特征。中望 CAD 支持大多数的绘图仪和打印机，并具有极好的打印效果。

4. 三维功能

中望 CAD 专业版提供有三维绘图功能，可用多种方法按尺寸精确绘制三维实体，生成三维真实感图形，支持动态观察三维对象。

5. 高级扩展功能

中望 CAD 作为一个绘图平台，提供多种二次开发接口，如 LISP、VBA、NET、ZRX（VC）等，学生可以根据自己的需要定制特有的功能。同时对于学生已有的二次开发程序，也可以轻松移植到中望 CAD 上来。

任务 1.2　中望 CAD 软硬件要求及软件版本对比

1. 中望 CAD 软硬件要求

在安装和运行中望 CAD 的时候，软件和硬件必须达到表 1-1 所示的配置要求。

表 1-1　中望 CAD 的软硬件要求

硬件与软件	要　求
处理器	Pentium Ⅲ 800MHz 或更高
内存	4GB（推荐）
显示器	1024×768 VGA 真彩色（最低要求）
硬盘	500GB
DVD-ROM	任意速度（仅用于安装）
定点设备	鼠标、轨迹球或其他设备
操作系统	Windows XP、Windows 7

对于现阶段计算机的配置，以上要求并不高。在条件允许的情况下，尽量把计算机的内存容量提高，这样在绘图过程中会更加顺畅。

当前，中望 CAD 在机械制造及建筑设计施工企业和全国职业技能大赛中使用最广泛的软件版本为中望 CAD2014 简体中文版和中望 CAD2018 简体中文版，以下是两种版本的桌面快捷启动图标：

2. 中望 CAD2014 简体中文版

安装中望 CAD 2014 软件后，第一次的打开界面如图 1-1 所示；软件配置两种界面样式可供选择，如图 1-2 所示。

图 1-1 第一次打开中望 CAD2014 界面　　　　图 1-2 中望 CAD2014 界面样式的选择窗口

3. 中望 CAD2018 简体中文版

安装中望 CAD2018 软件后，第一次打开中望 CAD2018 简体中文版欢迎界面如图 1-3 所示；软件也配置两种界面样式，如图 1-4 所示，人性化与智能程度都有很大提升，中望 CAD2018 简体中文版 Ribbon 界面与中望 CAD2018 简体中文版经典绘图界面如图 1-5、图 1-6 所示。

图 1-3 第一次打开中望 CAD2018 简体中文版欢迎界面　　　图 1-4 中望 CAD2018 界面样式选择窗口

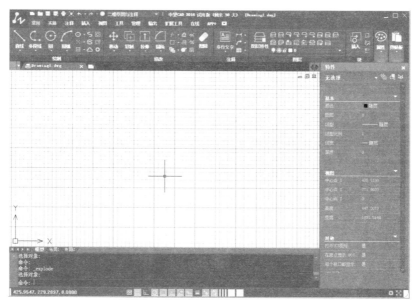

图 1-5　中望 CAD2018 简体中文版 Ribbon 界面

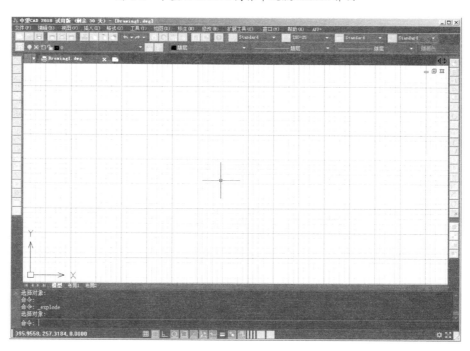

图 1-6　中望 CAD2018 简体中文版经典绘图界面

任务 1.3　工作界面

中望 CAD 的主界面采用美观、灵活的 Ribbon 界面，类似于 Office 的界面，如图 1-7 所示，相比于经典版本（图 1-8），Ribbon 界面对于学生有着更高的友好度，使学生能轻松地上手使用。同时软件也支持 Ribbon 界面与经典界面之间互换，使之更符合设计师的使用习惯。

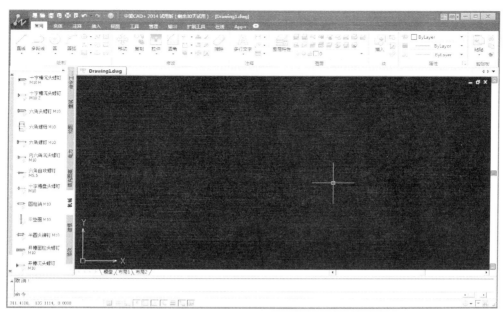

图 1-7 中望 CAD2014 简体中文版 Ribbon 界面

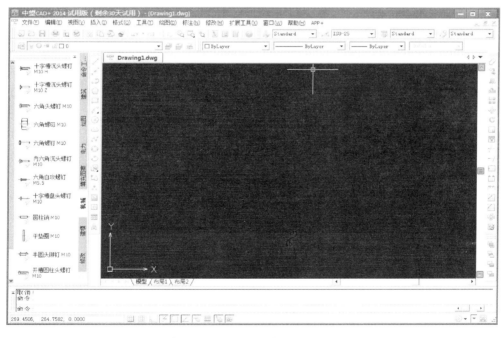

图 1-8 中望 CAD2014 简体中文版经典绘图界面

中望的 Ribbon 界面主要有标题栏区域、Ribbon 界面功能区、绘图区域、命令提示区、状态显示区以及工具选项板、绘图工具栏、修改工具栏等可自行设定的工具栏，如图 1-9 所示。

1. 标题栏区域

标题栏区域包括了 4 部分内容：

（1）菜单浏览器 单击软件界面左上角中望 CAD 的图标即可进入菜单浏览器界面，如图

图 1-9　中望 CAD 主要工作界面及功能分布

1-10 所示，此功能类似于 Office 系列软件。

（2）快速访问工具栏 此处提供了中望 CAD 部分常用工具的快捷访问方式，包括新建文件、保存/另存为文件、打印、撤消/恢复操作等。

（3）显示菜单按钮及更改皮肤按钮 按下显示菜单按钮可以显示中望 CAD 中所有的功能菜单。按下更改皮肤按钮可以选择黑、亮蓝、银灰几种风格的皮肤界面，如图 1-11 所示。

图 1-10　菜单浏览器及快速访问工具栏

图 1-11　Ribbon 界面皮肤选择菜单

（4）窗口控制按钮 与 Windows 的功能完全相同。可以利用右上角的控制按钮将窗口最小化、最大化或关闭。

2．Ribbon 界面功能区

此处将中望 CAD 中所有的功能分类后，以功能区选项卡的形式来表现。同样与 Office 系列软件相似。

（1）功能区选项卡 功能区是显示基于任务的命令和控件的选项卡。在创建或打开文件时，会自动显示功能区，提供一个包括创建文件所需所有工具的小模型选项板。中望 CAD 的

Ribbon 界面包括常用、实体、注释、插入、视图、工具、管理、输出、扩展工具和联机 10 个功能选项卡，如图 1-12 所示。

图 1-12　Ribbon 界面功能选项卡

（2）功能区选项面板　每个功能选项卡下有个展开的面板，即"功能选项面板"。这些面板依照其功能标记在相应选项卡中，功能面板包含很多的工具和控件与工具栏和对话框中的相同。如图 1-13 所示是"常用"功能选项面板，包括"直线""多段线""圆""圆弧"等功能按键。

图 1-13　Ribbon 界面功能选项面板

（3）功能选项面板下拉菜单　在功能选项面板中，很多命令还有可展开的下拉菜单，可选择更详细的功能命令，如图 1-14 所示。单击"圆"下面的图钉标记，显示"圆"的下拉菜单。

3. 绘图区域

绘图区域位于屏幕中央的空白区域，所有的绘图操作都是在该区域中完成的。在绘图区域的左下角显示了当前坐标系图标，向右为 X 轴正方向，向上为 Y 轴正方向。绘图区没有边界，无论多大的图形都可置于其中。鼠标移动到绘图区中，会变为十字光标，执行选择对象的时候，鼠标会变成一个方形的拾取框。

4. 命令提示区（命令栏）

命令栏位于工作界面的下方，此处显示了曾输入的命令记录以及中望 CAD 对命令所进行的提示。

当命令栏中显示"命令:"表明软件等待输入命令，如图 1-15 所示。当软件处于命令执行过程中，命令栏显示各种操作提示。在绘图的整个过程中，要密切留意命令栏中的提示内容。

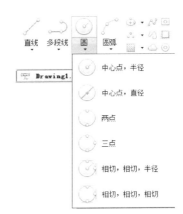

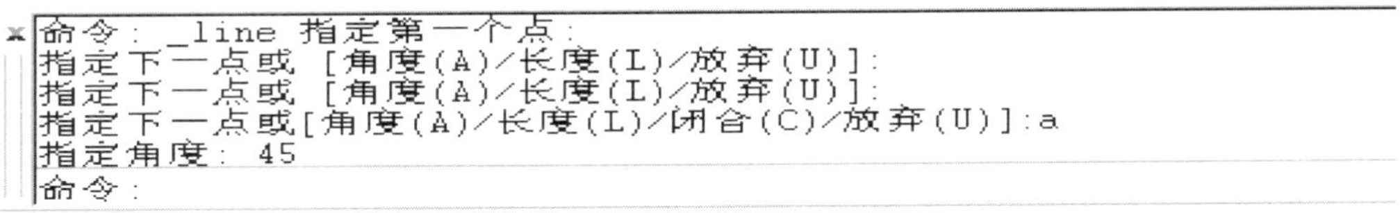

图 1-14　功能选项面板下拉菜单栏

```
命令: _line 指定第一个点:
指定下一点或 [角度(A)/长度(L)/放弃(U)]:
指定下一点或 [角度(A)/长度(L)/放弃(U)]:
指定下一点或[角度(A)/长度(L)/闭合(C)/放弃(U)]:a
指定角度: 45
命令:
```

图 1-15　命令栏

5．状态显示区（状态栏）

状态栏位于软件界面的最下方，图 1-16 显示了当前十字光标在绘图区所处的绝对坐标位置。同时还显示了常用的控制按钮，如捕捉、栅格、正交等，单击一次按钮，表示启用该功能，再单击则关闭。

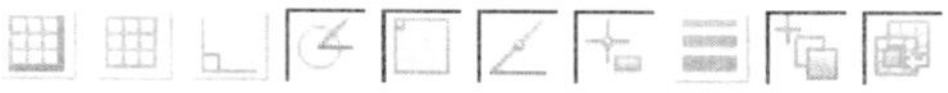

图 1-16　状态栏

6．自定义工具栏

工具选项板、绘图工具栏、修改工具栏等这是学生根据自身的使用习惯及需要来自行调用的一系列工具栏，可根据实际情况自由选择。在中望 CAD 中，共提供了 20 多个已命名的工具栏。默认情况下，"绘图"和"修改"工具栏处于打开状态。如果要显示当前隐藏的工具栏，可在任意工具栏上右击，此时将弹出一个快捷菜单，如图 1-17 所示，通过选择命令可以显示或关闭相应的工具栏。

如果希望使用经典风格的中望 CAD，可单击状态栏右下角的 ⚙ ▼，单击"二维草图与注释"，界面显示为 Ribbon 界面。单击"ZWCAD 经典"则为经典风格。

图 1-17　自定义工具栏菜单

任务 1.4　命令执行方式

在中望 CAD 中，命令的执行方式有多种，例如可以通过单击工具栏上的命令按钮、下拉菜单或命令行输入等。当学生在绘图的时候，应根据实际情况选择最佳的命令执行方式，提高工作效率。

1．以键盘方式执行

通过键盘方式执行命令是最常用的一种绘图方法，当学生要使用某个工具进行绘图时，只需在命令行中输入该工具的命令形式，然后根据提示一步一步完成绘图即可，如 1-18 所示。中望 CAD 提供动态输入的功能，在状态栏中按下 ┤ "动态输入"按钮后，键盘输入的内容会显示在十字光标附近，如图 1-19 所示。

图 1-18　通过键盘方式执行命令

图 1-19　动态输入执行命令

2. 以命令按钮的方式执行

在工具栏上选择要执行命令对应的工具按钮，然后按照提示完成绘图工作。

3. 以菜单命令的方式执行

通过选择下拉菜单中的相应命令来执行操作，执行过程与上面两种方式相同。中望 CAD 同时提供鼠标右键快捷菜单，在快捷菜单中会根据绘图的状态提供一些常用的命令，如图1-20 所示。

4. 退出正在执行的命令

中望 CAD 可随时退出正在执行的命令。当执行某命令后，可按<Esc>键退出该命令，也可按回车键结束某些操作命令。注意，有的操作要按多次才能退出。

5. 重复执行上一次操作命令

当结束了某个操作命令后，若要再一次执行该命令，可以按回车键或空格键来重复上一次的命令。上下方向键可以翻阅前面执行的数个命令，然后选择执行。

6. 取消已执行的命令

绘图中若出现错误，要取消前次的命令，可以使用 Undo 命令，或单击工具栏中的 按钮，可回到前一步或几步的状态。

7. 恢复已撤消的命令

当撤消了命令后，又想恢复已撤消的命令，使用 Redo 命令或单击工具栏中的 按钮来恢复。

重复LINE(R)	
最近的输入	▶
剪切(T)	Ctrl+X
复制(C)	Ctrl+C
带基点复制(B)	Ctrl+Shift+C
粘贴(P)	Ctrl+V
粘贴为块(K)	Ctrl+Shift+V
粘贴到原坐标(D)	
选择性粘贴(S)...	
隔离(I)	▶
放弃(U)	Ctrl+Z
重做(R)	Ctrl+Y
平移(A)	
缩放(Z)	
快速选择(Q)...	
查找(F)...	
选项(O)...	

图 1-20　鼠标右键菜单

8. 使用透明命令

中望 CAD 中有些命令可以插入到另一条命令的期间执行，如当前在使用 Line 命令绘制直线的时候，可以同时使用 Zoom 命令放大或缩小视图范围，这样的命令成为透明命令。只有少数命令为透明命令。在使用透明命令时，必须在命令前加一个单引号'，中望 CAD 才能识别到。

项目小结

本项目介绍了中望 CAD 的最基础内容。中望 CAD 软件的使用方法和主流的 Windows 软件是相像的，相信读者熟悉软件不用花费太多的力气。后面的项目将详细介绍具体的绘图方法。

02

项目 2
中望 CAD 环境设置

本课导读

　　每个人的工作性质、环境，所属专业均不相同，要使中望 CAD 满足每个人的要求、习惯，应对中望 CAD 进行必要的设置。本项目主要讲述启动对话框的使用、定制绘图环境、设置图形范围和绘图单位。

　　中望 CAD 提供多种观察图形的工具，如利用鸟瞰视图进行平移和缩放、视图处理和视口创建等，利用这些命令，学生可以轻松自如地控制图形的显示来满足各种绘图需求和提高工作效率。

项目要点

- 启动对话框的使用
- 文件管理
- 定制中望 CAD 绘图环境
- 设置图形范围、绘图单位
- 中望 CAD 坐标系
- 图形的重画与重新生成
- 图形的缩放与平移
- 绘图空间控制与多视口操作

任务 2.1　设置启动对话框

启动中望 CAD 或建立新图形文件时，系统出现中望 CAD 屏幕界面，并弹出一个"启动"对话框，如图 2-1 所示。利用该对话框，学生可以方便地设置绘图环境，以多种方式开始绘图。

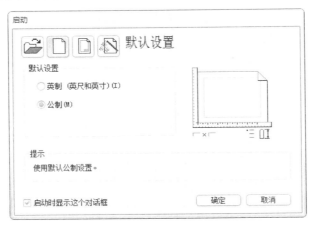

图 2-1　"启动"对话框

下面分别介绍各个按钮的功能。

2.1.1　打开一幅图

当单击图 2-1 所示的"启动"对话框中的按钮时，系统弹出一个图 2-2 所示的对话框。如果在对话框右边预览中没有图形，要勾选对话框中的"使用预览"。

可以直接选择文件列表框下的文件名，单击"确定"按钮，打开已经存在的图样；或单击"浏览"按钮，系统将弹出图 2-3 所示的"选择文件"对话框，在该对话框中可选取已有图样，并在其上开始绘图。例如：在图 2-3 中，选中某一张图样，在对话框右边预览中将可以浏览该图样，然后单击"打开"按钮，以后就可以在此图样上继续绘图和编辑。

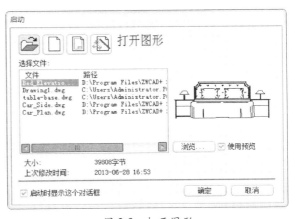

图 2-2　打开图形

2.1.2　使用默认设置

当单击图 2-1 所示的"启动"对话框中的按钮时，可使用默认的绘图环境开始绘制新图，如图 2-4 所示。该对话框中的默认设置选项框中有两个单选框："英制（英尺和英寸）"和"公制（M）"。选择其中一项后，单击"确定"按钮，即可开始绘制新图样。

显然国内设计均采用公制。如果是以英制进入，绘图区是长 12in，宽 9in，小数点后带 4 位小数，一般不习惯。初学者往往是直接以默认设置进入，也就是进入英制。注意是以公制进入，绘图区是长 420mm、宽 290mm。

图 2-3　通过浏览选择文件

2.1.3　使用样板图向导

样板图是指包含一定绘图环境，但没有绘制任何图形的实体文件。使用样板图的特点是不仅可以使用它所定义的绘图环境，而且可以使用它所包含的图样数据，以便在此基础上建立新的样板图文件。样板图文件的后缀名为 "dwt"，中望 CAD 提供了多个样板图文件供学生选择，同时学生也可以定义自己的样板图文件。

单击图 2-1 所示的 "启动" 对话框中的 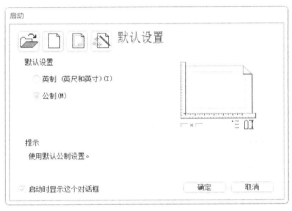 按钮，打开图 2-5 所示的对话框，从这里打开一幅样板图文件，并且基于该样板图文件绘制新图。

图 2-4　使用默认的绘图环境开始绘制新图

1. 选择 DWT 格式样板图

在图 2-5 所示的对话框中，学生可以在选择样板列表框中选择 DWT 格式的样板图文件，然后单击 "确定" 按钮结束操作，以基于该样板图的文件开始绘制新的图样。

2. 选择 DWG 格式样板图

如果在图 2-5 所示列表框中没有找到合适的样板图，可以单击 "浏览" 按钮，屏幕上将弹出 "选择文件" 对话框，如图 2-6 所示，通过该对话框可以查找磁盘目录中 DWG 格式的图形文件并打开它。

如果采用此方法，要注意作图时间将按照原来图形的作图时间，如果是在考试等场合要求有时间限制时，不能使用。这种方法容易把原图替换掉，而采用样板图，即 *.dwt 文件就不会有这方面的担心。如果要用一个图样文件作为样板图，最好先将其属性改为只读，可保证其一直存在。

2.1.4　使用设置向导

使用向导中包含学生绘图所需的绘图环境。绘图环境是指在中望 CAD 中绘制图样所需的基本设置与约定，即能够使绘图实现专业化、学生化和流水线作业，同时提高绘图效率，使所绘制的图形符合相关专业要求。

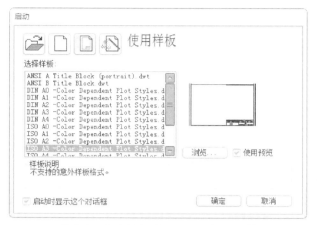

图 2-5　基于样板图开始绘制新的图样

图 2-6　基于 DWG 图形文件绘制新的图样

在中望 CAD 中，绘图环境主要包括以下内容：
◆ 绘图单位、测量精度、光标捕捉等。
◆ 图纸大小与布局、绘图界限等。
◆ 文字与尺寸格式。
◆ 线型和图层颜色、线型、图层等。

启动对话框中的使用向导选项可实现以上部分内容的设置。选择"启动"对话框中的
按钮，系统弹出图 2-7 所示对话框，且在选择向导列表框中显示两个选项："高级设置"与
"快速设置"。在该列表框下方向导说明区域中将显示当前向导功能的描述文字，下面分别介
绍这两种设置。

1. 高级设置

在图 2-7 所示向导设置对话框中，单击选择向导列表框下的"高级设置"选项，再
单击"确定"按钮，系统将弹出一个"高级设置"对话框，如图 2-8 所示，共有 5 项设
置，即：

（1）单位　设置绘图单位和精度。如图 2-8 所示，中望 CAD 共提供了 5 种绘图单位，默
认为十进制，也就是小数，一般采用十进制。还可以设置小数制位数和分母的精度。

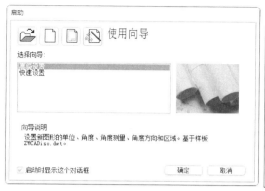

图 2-7 使用向导选项设置

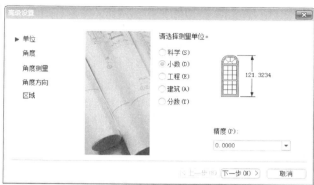

图 2-8 "高级设置"对话框

（2）角度 设置角度和精度。类似单位设置，默认为第一项，也可选其他项，如"度/分/秒（S）"这一项。

（3）角度测量 设置测量角度的起始方向。选择默认项正东，也就是时针三点方向。

（4）角度方向 设置角度测量方向，即顺时针方向或逆时针方向。默认项为逆时针方向。

（5）区域 设置绘图区域，分别在宽度和长度键入绘图区域的大小。

完成以上 5 步后，单击"完成"按钮，即完成高级设置，接着开始绘图工作。

2．快速设置

在图 2-7 所示的对话框中单击选择向导列表框中"快速设置"选项，再单击"确定"按钮，系统将弹出"快速设置"对话框，如图 2-9 所示。

快速设置较高级设置简单得多，在"快速设置"对话框中只有单位和区域两项设置，与高级设置相同。

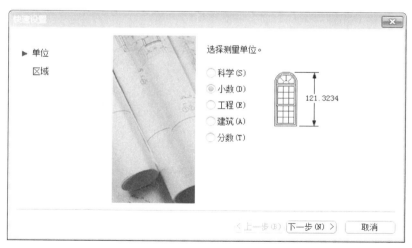

图 2-9 "快速设置"对话框

任务2.2 设置文件管理命令

前面介绍了启动对话框及其使用，下面讲述中望 CAD 常用文件管理命令，有 New、Open、Qsave/Saveas、Quit 等。

2.2.1　创建新图形

1.以默认设置方式新建图形

在快速访问工具栏中，选择"新建"　图标，或在命令行中直接键入"New"，即可以默认设置方式创建一个新图形。该图已预先做好了一系列设置，例如绘图单位、文字尺寸及绘图区域等，可根据绘图需要保留或改变这些设置。

2.使用"启动"对话框新建图形

执行 New 命令后，系统会弹出"启动"对话框。该对话框允许以 3 种方式创建新图形，即使用默认设置、使用样板图向导及使用设置向导。其操作与前面相同，这里不再重述。

注意：当系统变量"Startup"的值为"1"时，执行 New 命令或单击"新建"图标都会弹出"启动"对话框；当"Startup"的值为"0"时，执行 New 命令或单击"新建"图标都以默认设置方式创建一个新图形。

2.2.2　打开图形文件

1.运行方式

命令行：Open

工具栏："标准"→"打开"

Open 命令用于打开已经创建的图样。如果图样比较复杂，一次不能把它画完，可以把图样文件存盘，以后可用打开文件命令继续绘制该图。

2.操作步骤

执行 Open 命令，系统弹出打开图的对话框，如图 2-10 所示。

图 2-10　打开图的对话框

对话框中各选项含义和功能说明如下：

查找范围：单击下拉式列表框，可以改变搜寻图样文件的目录路径。

名称：当在文件列表框中单击某一图样文件时，图样的文件名自然会出现在名称文本框中；也可以直接在名称文本框中键入文件名，最后单击"打开"按钮。

文件类型：显示文件列表框中文件的类型，单击下拉列表，中望 CAD 可选择标准图形文件（dwg）、图形交换格式（dxf）、模版图形（dwt）等文件类型。

预览：选择图样后，从浏览窗口预览将要打开的图样。

以只读方式打开：单击"打开"按钮旁的下拉箭头，选择"以只读方式打开"这个选项，表明文件以只读方式打开，不许对文件做任何修改，但可以编辑文件，最后将文件存盘时用另一文件名存盘。

"工具"下拉菜单中的查找：单击此按钮，打开一个对话框，通过对话框可以找到自己要打开的文件。

"工具"下拉菜单中的定位：通过单击此按钮，确定要打开的文件的路径。

2.2.3　保存文件

文件的保存在所有的软件操作中是最基本和常用的操作。在绘图过程中，为了防止意外情况造成死机，必须随时将已绘制的图形文件存盘，常用"保存""另存为"等命令存储图形文件。

1. 默认文件名保存

命令行：Qsave

工具栏："标准"→"保存" 💾

如果图样已经命名存储过，则此命令以最快的方式用原名存储图形，而不显示任何对话框。如果将从未保存过的图样存盘，这时中望 CAD 将弹出图 2-11 所示的对话框，系统为该图形自动生成一个文件名，一般是"Drawing1"。

图 2-11　存储图形

2. 命名存盘

命令行：Saveas

Saveas 命令以新名称或新格式另外保存当前图形文件。执行该命令后，系统弹出图 2-12 所示对话框。

⚙ 对话框中各选项的含义和功能说明如下：

保存在：单击对话框右边的下拉箭头，选择文件要保存的目录路径。

名称：在对已经保存过的文件另存时，在文本框中会自动出现该文件的文件名，这时单击"保存"按钮，系统会提示是否替代原文件。如果要另存为一个新文件，直接在此文本框中键入新文件名并单击"保存"按钮即可。

文件类型：将文件保存为不同的格式文件。可以单击对话框右边的下拉箭头，选择其中的一种格式。

图 2-12　将文件另命名存盘

2.2.4　关闭图形文件

运行方式

命令行：Close

关闭当前图形文件。关闭文件之前若未保存系统会提示是否保存。

2.2.5　获得帮助

运行方式

命令行：Help

工具栏："标准"→"帮助"

显示帮助信息。可以直接按<F1>键来打开帮助窗口。

2.2.6　退出程序

运行方式

命令行：Quit 或 Exit

退出中望 CAD。若尚未储存图形，程序会提示是否要储存图形。退出程序也可直接单击软件窗口右上角的关闭图标。

任务 2.3　定制中望 CAD 绘图环境

在新建了图纸以后，还可以通过下面的设置来修改之前一些不合理的地方和其他辅助设置选项。

2.3.1　图形范围

1. 运行方式

命令行：Limits

Limits 命令用于设置绘图区域大小，相当于手工制图时图纸的选择。

2. 操作步骤

用 Limits 命令将绘图界限范围设定为 A4 图纸（210mm×297mm）操作步骤如下：

命令:Limits   执行 Limits 命令

重新设置模型空间界限:

指定左下角点或［开(ON)/关(OFF)］<0.0000,0.0000>:

         设置绘图区域左下角坐标

指定右上角点 <420.0000,297.0000>: 297,210 设置绘图区域右上角坐标

命令:Limits   重复执行 Limits 命令

重新设置模型空间界限:

指定左下角点或［开(ON)/关(OFF)］<0.0000,0.0000>: on

         打开绘图界限检查功能

各选项说明如下:

关闭（OFF）:关闭绘图界限检查功能。

打开（ON）:打开绘图界限检查功能。

确定左下角点后，系统继续提示"右上角点 <420，297>:"以指定绘图范围的右上角点。默认 A3 图纸的范围，如果设置其他图幅，只要改成相应的图幅尺寸就可以了（表 2-1）。

表 2-1 国家标准图纸幅面 （单位：mm）

幅面代号	A0	A1	A2	A3	A4
宽×高	1189×841	841×594	594×420	420×297	297×210

注意

1）在中望 CAD 中，总是用真实的尺寸绘图，在打印出图时，再考虑比例尺。另外，用 Limits 限定绘图范围，不如用图线画出图框更加直观。

2）当绘图界限检查功能设置为 ON 时，如果输入或拾取的超出绘图界限，则操作将无法进行。

3）当绘图界限检查功能设置为 OFF 时，绘制图形不受绘图范围的限制。

4）绘图界限检查功能只限制输入点坐标不能超出绘图边界，而不能限制整个图形。例如圆，当它的定形定位点（圆心和确定半径的点）处于绘图边界内，它的一部分圆弧可能会位于绘图区域之外。

2.3.2 绘图单位

1. 运行方式

命令行：Units/Ddunits

Ddunits 命令可以设置长度单位和角度单位的制式、精度。

一般地，用中望 CAD 绘图使用实际尺寸（1：1），然后在打印出图时，设置比例因子。在开始绘图前，需要弄清绘图单位和实际单位之间的关系。例如，你可以规定一个线性单位代表 1in、1ft、1m 或 1km，另外，可以规定程序的角度测量方式，对于线性单位和角度单位，可以设定显示数值精度，例如，显示小数的位数，精度设置仅影响距离、角度和坐标的显示，中望 CAD 总是用浮点精度存储距离、角度和坐标。

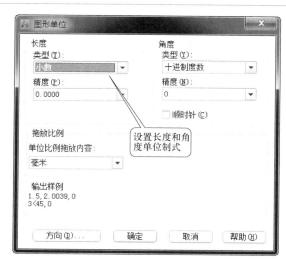

图 2-13 "图形单位"对话框

19

2．操作步骤

执行 Ddunits 命令后，系统将弹出图 2-13 所示的"图形单位"对话框。

⚙各选项说明如下：

长度类型：设置测量单位当前的类型，包括小数、工程、建筑、科学、分数 5 种类型，长度类型见表 2-2。

表 2-2　长度类型

单位类型	精度	举例	单位含义
小　数	0.000	5.948	我国工程界普遍采用的十进制表达方式
工　程	0'- 0.0"	8'- 2.6"	英尺与十进制英寸表达方式，其绘图单位为英寸
建　筑	0'- 0 1/4"	1'-3 1/2"	欧美建筑业常用格式，其绘图单位为英寸
科　学	0.00E+01	1.08E+05	科学计数法表达方式
分　数	1/8	165/8	分数表达方式

长度精度：设置线型测量值显示的小数位数或分数大小。

角度类型：设置当前角度格式，包括百分度、度/分/秒、弧度、勘测单位、十进制度数 5 种，默认选择十进制度数，角度类型见表 2-3。

表 2-3　角度类型

单位类型	精度	举例	单位含义
百分度	0.0g	35.8g	十进制数表示梯度，以小写 g 为后缀
度/分/秒	0d00'00"	28d18'12"	用 d 表示度，'表示分，"表示秒
弧度	0.0r	0.9r	十进制数，以小写 r 为后缀
勘测单位	N0d00'00"E	N44d30'0"E S 3 5 d30'0"W	该例表示北偏东北 44.5°，勘测角度表示从南（S）北（N）到东（E）西（W）的角度，其值总是小于 90°，大于 0°
十进制度数	0.00	48.48	十进制数，我国工程界多用

角度精度：设置当前角度显示的精度。

顺时针：规定当输入角度值时角度生成的方向，默认逆时针方向角度为正；若勾选顺时针，则确定顺时针方向角度为正。

单位比例拖放内容：控制插入到当前图形中的块和图形的测量单位。

方向（D）：在图 2-13 中单击"方向（D）"按钮，出现"方向控制"对话框，如图 2-14 所示，规定 0°角的位置，例如默认时，0°角在"东"或"3 点"的位置。

注意

基准角的设置对勘测角度没有影响。

图 2-14　角度方向控制

2.3.3　调整自动保存时间

在中望 CAD 操作中，由于停电或突然死机等原因，往往将自己之前做的工作付之东流，而不得不重新做。可以调整中望 CAD 中自动存图时间，使损失减少到最小，单击 Options 命令弹出"选项"对话框，如图 2-15 所示。选第一个"打开和保存"选项卡，根据学生所处环境情况设定系统自动存盘时间。这样计算机将按学生设定的时间自动保存一个以 zw ＄ 为后缀的文件。这个文件存放在设定的文件夹里面，碰到断电等异常情况，可将此文件更名为以 dwg 为后缀的文件，在中望 CAD 软件中（也包括其他 CAD 软件）就可打开了。

如果觉得系统默认的目录并不适合自己，可以在"选项"对话框中修改默认保

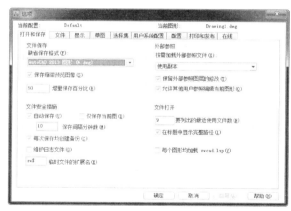

图 2-15 调整存图时间

存路径。学校机房的计算机一般都加了保护卡，C 盘（甚至 D 盘）被保护起来，计算机重新启动后图形文件也不存在了，在这样的情况下，也可自己设定一个子目录。具体设置前，可以了解哪个分区是未保护的。如果是全机保护，老师会为学生提供一个存储区，如教师机上的一个子目录，可以通过网上邻居访问到教师机，文件存放到老师指定的子目录下。更好的方法是存到备份 U 盘上。

2.3.4 文件目录

文件目录最好设置到中望 CAD 目录下，以便于查找，如图 2-16 所示。当然，也可放到自己认为方便的地方，中望 CAD 是将图、外部引用、块放到"我的文档"中，如果你的机器上的"我的文档"中文件太多，建议要修改上述几种文件的学生路径。临时文件保存路径可以从系统默认的 Temp 目录改到想要的目录。

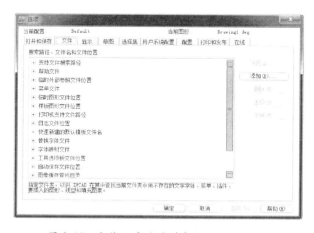

图 2-16 文件目录设置到中望 CAD 目录下

2.3.5 设置绘图屏幕颜色

默认情况下，屏幕图形的背景色是黑色。如图 2-17 中，选择"显示"选项卡，单击"颜色"按钮，可以改变屏幕图形的背景色为指定的颜色。

编写文稿时要插入中望 CAD 的图形，就要把屏幕的背景色设置为白色，单击"颜色"，

出现图 2-18 所示对话框，设置为白色，若在真彩色页，白色是将 RGB 值均设置为 255。

如果采用"索引颜色"，单击"索引颜色"按钮，直接选颜色要简单得多。由于是工程图纸，颜色不必设置过多，不要随便以图像处理的颜色要求来处理图形。

还可以设置十字光标颜色，可分别设置不同颜色帮助区别 X、Y 及 Z 轴。

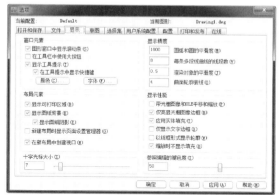

图 2-17　"显示"选项卡

图 2-18　屏幕的背景色设置

任务 2.4　定制中望 CAD 操作环境

2.4.1　定制工具栏

命令行：Customize

功能区："管理"→"自定义"→"自定义工具"

中望 CAD 提供的工具栏可快速地调用命令，可通过增加、删除或重排列、优化等设置工具栏，以适应工作。也可以建立自己的工具栏。

执行 Customize 后，系统弹出图 2-19 所示"定制"对话框，选择"工具栏"选项卡。

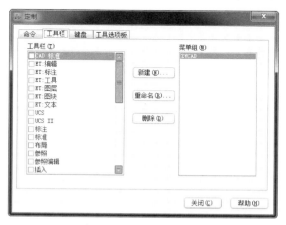

图 2-19　"定制"对话框

组建一个新工具栏的工作，包括新建工具栏和在新工具栏中自定义工具按钮。

1. 新建工具栏

操作步骤如下：

1）单击"工具栏"选项卡中的"新建"按钮，系统提示自定义菜单组会导致升级新版时的移植问题，直接单击"是"按钮，开始新建工具栏，如图 2-20 所示。

图 2-20 "自定义提示"对话框

2）接着系统弹出"新建工具栏"对话框，如图 2-21 所示。

3）输入名称后确定，会在定制对话框的工具栏列表新增一个新的工具栏，同时在软件界面上也会生成一个空白的工具栏 。

2. 在工具栏中增加按钮

操作步骤如下：

图 2-21 "新建工具栏"对话框

1）首选确保要修改的工具栏是可见的，执行 Customize 命令，选择工具栏选项卡。

2）在对话框中"命令"选项卡的"类别"列表中，选择一个工具栏后，在"按钮"区显示相关的工具按钮。

3）从"按钮"区拖动一个按钮到对话框外的某一工具栏上。

4）如果要修改工具按钮的提示、帮助字符和命令，可在执行 Customize 命令的前提下，选中要修改的按钮，单击鼠标右键选择"特性"项，弹出"按钮特性"对话框，即可修改工具按钮的提示、帮助字符和命令，如图 2-22 所示。

5）若再增加另一个工具按钮，重复步骤 3）。

6）完成时单击"关闭"按钮。

3. 在工具栏中删除按钮

操作步骤如下：

1）如果想删除工具栏中的一个按钮，确保要修改的工具栏是可见的，然后执行 Customize 命令。

2）在工具栏中想要删除的工具按钮上单击鼠标右键，在弹出的菜单中单击"删除"，如图 2-23 所示。

图 2-22 "按钮特性"对话框

图 2-23 "工具栏"右键快捷菜单

2.4.2　定制学生界面

1. 运行方式

命令行：Cui

功能区："管理"→"自定义"→"学生界面"

执行 Cui 命令，系统弹出"自定义"对话框，如图 2-24 所示。自定义界面是一种基于 XML 的文件，替代了早期版本中的 MNS 和 MNU。产品中自定义的界面元素（例如工作空间、功能区面板、快速访问工具栏）均在此对话框中进行管理。

图 2-24　"自定义"对话框

2. 新建功能区选项卡

在中望 CAD 中，可以在 Ribbon 界面创建新的选项卡，将常用面板的命令都添加到一个选项卡中。新建功能区选项卡步骤如下：

1）单击功能区中"管理"→"自定义"→"学生界面"，启动学生界面命令。

2）在"主自定义文件（ZWCAD）"面板中，单击"功能区"旁边的加号（+）将其展开。

3）选中"选项卡"单击鼠标右键，在系统弹出的快捷菜单中选择"新建选项卡"，如图 2-25 所示 。

4）输入新选项卡的名称，如"常用命令"，如果要在学生界面也显示相关的名称，要在 "特性"面板的"显示文字"中输入相关名称，如图 2-26 所示。

5）单击"应用"按钮。

3. 在选项卡中添加面板

新建的选项卡是没有任何面板命令的，学生可以根据日常工作习惯，将常用面板的命令添加到新建的选项卡中，添加面板步骤如下：

1）单击"主自定义文件（ZWCAD）"→"功能区"→"面板"旁边的加号（+）将其展开。

2）选中要复制的面板，单击鼠标右键，在系统弹出快捷菜单中选择"复制"项，如图 2-27所示。

3）选中要添加面板命令的选项卡，单击鼠标右键，在系统弹出快捷菜单中选择"粘贴"

图 2-25 新建选项卡

图 2-26 填入新下拉菜单的名称

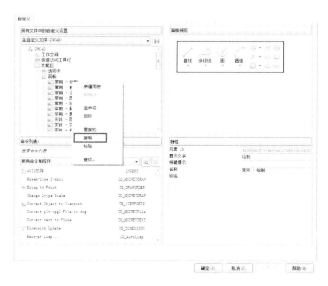

图 2-27 复制面板

项，系统会将刚才复制的面板命令粘贴到选中的选项卡中，如图 2-28 所示。

4）重复第 2）、3）步，继续添加面板命令。

5）添加完所需的命令后，单击"应用"按钮。

4. 删除功能区选项卡

图 2-28 添加面板

删除功能区选项卡步骤如下：

1）单击功能区中"管理"→"自定义"→"学生界面"，启动学生界面命令。

2）在"主自定义文件（ZWCAD）"面板中，单击"功能区"旁边的加号（+）将其展开。

3）选中要删除的选项卡再单击鼠标右键，在系统弹出快捷菜单中选择"删除"，如图2-29所示 。

图 2-29　删除选项卡

4）此时系统提示是否要删除，如图2-30所示，单击"是"按钮，回到"自定义"对话框，单击"应用"按钮。

5. 新建面板

如果现有的面板没有学生想要的命令组合，学生可以新建面板，将所需的命令添加到面板中。新建面板步骤如下：

1）选中"主自定义文件（ZWCAD）"→"功能区"→"面板"项。

2）单击鼠标右键，在系统弹出快捷菜单中选择"新建面板"，如图2-31所示。

3）输入新面板的名称，单击"应用"按钮。

图 2-30　删除提示

6. 在面板中添加命令

在面板中添加命令步骤如下：

1）首先在"命令列表"→"所有命令和控件"中找到要添加到面板的命令。

2）选中要添加的命令后，单击鼠标右键，在系统弹出快捷菜单中选择"复制"，如图2-32所示。

3）选中要添加命令的面板，单击旁边的加号（+）将其展开。

4）选中"第1行"后，单击鼠标右键，在系统弹出快捷菜单中选择"粘贴"，如图2-33

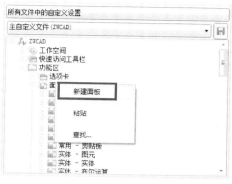

图 2-31 新建面板

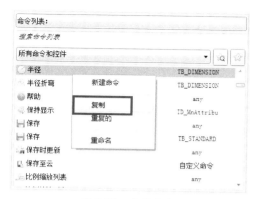

图 2-32 复制命令

所示。

5）单击"应用"按钮。

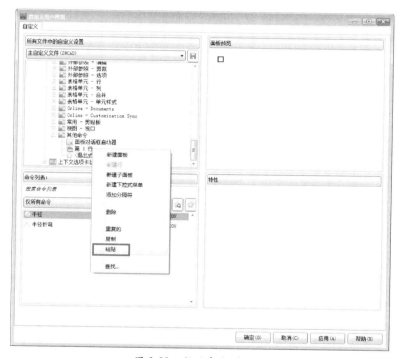

图 2-33 粘贴命令到面板

注意

1）学生界面元素的删除操作是无法撤消的，因此删除时要特别小心。如果删错了学生界面元素，最佳方法是单击"取消"按钮，不保存更改。

2）Cui 命令不能在经典工作界面中使用。

2.4.3 定制键盘快捷键

中望 CAD 提供了键盘快捷键以便能快速访问经常使用的命令。我们可以定制这些快捷键，并用定制对话框添加新的快捷键。

执行 Customize 命令，系统弹出"定制"对话框，选择"键盘"选项卡，如图 2-34 所示。

1．创建一个新的键盘快捷方式

具体操作步骤如下：

1）在"命令"区选择要创建新的键盘快捷方式的命令，如果当前类别中没找到相关的命令，可以切换到其他类别。

2）然后在"请按新快捷键"编辑框，输入新的键盘快捷方式的组合（如按 < Ctrl + B >），系统会自动检测该快捷方式是否已分配给其他命令。

3）确定当前键盘快捷方式的组合没分配给其他命令后，单击"分配"按钮。

4）最后单击"关闭"按钮，退出"定制"对话框。

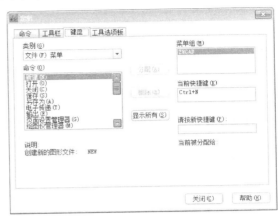

图 2-34 "键盘"选项卡

2．删除键盘快捷方式

具体操作步骤如下：

1）在"命令"区中选择要删除键盘快捷方式的命令，在"当前快捷键"编辑框中会显示当前命令的键盘快捷命令组合。

2）然后单击"删除"按钮。

3）再单击"关闭"按钮。

3．重新定义已存在的键盘快捷方式

具体操作步骤如下：

1）在"命令"区中选择要重定义的命令，选中"当前快捷键"编辑框中的快捷命令。

2）可以先删除原有的快捷方式，再新建一个快捷方式，方法可参考上文。

2.4.4　建立命令别名

中望 CAD 为许多命令提供了别名。使用别名，可以通过键入一两个字母而不是整个命令来引用一些常用的命令。程序经常使用别名来维护与其他 CAD 命令的兼容性。我们可以定制这些别名并添加新的别名。

执行 Aliasedit 命令，系统弹出"命令别名编辑器"，如图 2-35 所示。

1．创建新的别名

如图 2-35 所示，要创建新的别名，先定义一个别名，然后把它指派给一个可用的命令。具体操作步骤如下：

1）单击"新建"按钮。

2）在"别名："文本框内键入新的别名。

3）在"可选的命令"列表内，选择相应的命令。

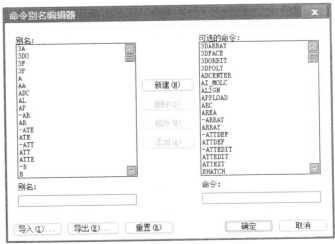

图 2-35　命令别名编辑器

4）单击“添加”按钮。

5）单击“确定”按钮。

2. 重定义已存在的别名

具体操作步骤如下：

1）在“别名”列表中选择欲改变的别名。

2）在“可选的命令”列表内，选择相应的命令。

3）单击“添加”按钮。

4）单击“确定”按钮。

3. 删除已存在的别名

具体操作步骤如下：

1）在“别名”列表中选择欲删除的别名。

2）单击“删除”按钮。

3）单击“确定”按钮。

4. 保存别名文件

中望 CAD 自动保存对当前别名的改动。学生也可以创建并保存自己的别名文件。程序用 *.pgp 扩展名来保存别名文件，操作步骤如下：

1）选择“导出”按钮。

2）指定路径和文件名。

3）单击“保存”按钮。

4）单击“关闭”按钮。

5. 调用别名文件

可以用自定义的别名文件来替换当前的别名文件。程序可以调用其他 *.pgp 别名文件，操作步骤如下：

1）选择【导入】按钮。

2）指定别名文件。

3）单击“打开”按钮。

4）单击“关闭”按钮。

任务 2.5　设置中望 CAD 坐标系

2.5.1　笛卡儿坐标系

中望 CAD 使用了多种坐标系以方便绘图，如笛卡儿坐标系 CCS、世界坐标系 WCS 和学生坐标系 UCS 等。

任何一个物体都是由三维点所构成，有了一点的三维坐标值，就可以确定该点的空间位置。中望 CAD 采用三维笛卡儿坐标系（CCS）来确定点的位置。学生执行自动进入笛卡儿坐标系的第一象限（即世界坐标系 WCS）。在屏幕显示状态栏中显示的三维数值即为当前十字光标所处的空间点在笛卡儿坐标系中的位置。由于在默认状态下的绘图区窗口中，我们只能看到 XOY 平面，因而只有 X 和 Y 的坐标在不断地变化，而 Z 轴的坐标值一直为零。在默认状态下，要把它看成是一个平面直角坐标系。

在 XOY 平面上绘制、编辑图形时，只需输入 X、Y 轴的坐标，Z 轴坐标由 CAD 自动赋值为 0。

2.5.2 世界坐标系

世界坐标系（WCS）是中望 CAD 绘制和编辑图形过程中的基本坐标系，也是进入中望 CAD 后的默认坐标系。世界坐标系 WCS 由三个正交于原点的坐标轴 X、Y、Z 组成。WCS 的坐标原点和坐标轴是固定的，不会随操作而发生变化。

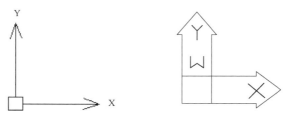

图 2-36　世界坐标系

世界坐标系的坐标轴默认方向是 X 轴的正方向水平向右，Y 轴正方向垂直向上，Z 轴的正方向垂直于屏幕指向学生。坐标原点在绘图区的左下角，系统默认的 Z 坐标值为 0，如果学生没有另外设定 Z 坐标值，所绘图形只能是 XY 平面的图形。如图 2-36 所示，左图是中望 CAD 坐标系的图标，右图是原来 2007 版之前的世界坐标系，图标上有一个"W"，World（世界）的第一个字母。

2.5.3 学生坐标系

中望 CAD 提供了可变的学生坐标系（UCS），UCS 坐标系是根据学生需要而变化的，以方便学生绘制图形。在默认状态下，学生坐标系与世界坐标系相同，学生可以在绘图过程中根据具体情况来定义 UCS。

单击"视图"→"坐标"→"在原点显示 UCS 图标 ⊿"/"在原点隐藏 UCS 图标" ⊿，可以打开和关闭坐标系图标。也可以通过 Ucsicon 命令设置是否显示坐标系原点，设置坐标系图标的样式、大小及颜色。

2.5.4 坐标输入方法

用鼠标也可以直接定位坐标点，但不是很精确；采用键盘输入坐标值的方式可以更精确地定位坐标点。

在中望 CAD 绘图中经常使用平面直角坐标系的绝对坐标、相对坐标，平面极坐标系的绝对极坐标和相对极坐标等方法来确定点的位置。

◎　绝对直角坐标

绝对坐标是以原点为基点定位所有的点。输入点的（x，y，z）坐标，在二维图形中，z = 0 可省略。如学生可以在命令行中输入"10，20"（中间用逗号隔开）来定义点在 XY 平面上的位置。

◎　相对直角坐标

相对坐标系某点（A）相对于另一特定点（B）的位置，相对坐标是把以前一个输入点作为输入坐标值的参考点，输入点的坐标值是以前一点为基准而确定的，它们的位移增量为 ΔX、ΔY、ΔZ。其格式为：@ ΔX，ΔY，ΔZ，"@"字符表示输入一个相对坐标值。如"@ 10，20"是指该点相对于当前点沿 X 方向移动 10，沿 Y 方向移动 20。

◎　绝对极坐标

极坐标是通过相对于极点的距离和角度来定义的，其格式为：距离<角度。角度以 X 轴正向为度量基准，逆时针方向为正，顺时针方向为负。绝对极坐标以原点为极点。如输入"10<20"，表示距原点 10，方向 20°的点。

◎　相对极坐标

相对极坐标是以上一个操作点为极点，其格式为：@ 距离<角度。如输入"@ 10<20"，表示该点距上一点的距离为 10，和上一点的连线与 X 轴成 20°。

操作实例：在绘图过程中不是自始至终只使用一种坐标模式，而是可以将一种、两种或三种坐标模式混合在一起使用。在图2-37中，先以绝对坐标开始，然后改为极坐标，又改为相对坐标。作为一名 CAD 操作者应该选择最有效的坐标方式来绘图。

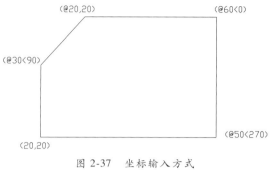

图 2-37　坐标输入方式

```
命令:Line
线的起始点: 20,20
指定下一点: @ 30<90
指定下一点: @ 20,20
指定下一点: @ 60<0
指定下一点: @ 50<270
指定下一点: @ -80,0
指定下一点:（按回车键退出命令）
```

任务2.6　重画与重新生成图形

图形重画（Redraw/Redrawall）和图形重生（Regen/Regenall）命令都能够实现视图的重新显示。

2.6.1　图形的重画

运行方式

命令行：Redraw/Redrawall

快速访问计算机内存中的虚拟屏幕，这被称为重画（Redraw）命令。

在绘图过程中有时会留下一些无用的标记，重画命令用来刷新当前视口中的显示，清除残留的点痕迹，如删除多个对象图样中的一个对象，但有时看上去被删除的对象还存在，在这种情况下可以使用重画命令来刷新屏幕显示，以显示正确的图形。图形中某一图层被打开或关闭，或者栅格被关闭后系统自动对图形刷新并重新显示。栅格的密度会影响刷新的速度。

2.6.2　重新生成

运行方式

命令行：Regen/Regenall

功能区："视图"→"定位"→"重生成"

重新计算整个图形的过程称为重生成。

重生成命令不仅删除图形中的点记号、刷新屏幕，而且更新图形数据库中所有图形对象的屏幕坐标，使用该命令通常可以准确地显示图形数据。

注意

1）从表 2-4 可以看出，Redraw 命令比 Regen 命令快得多。

2）Redraw 和 Regen 只刷新或重生成当前视口；Redraw all 和 Regen all 可以刷新或重生成所有视口。

表 2-4　Redraw 和 Regen 命令的对比

命令	Redraw 命令	Regen 命令
作用	1. 快速刷新显示 2. 清除所有的图形轨迹点，例如:亮点和零散的像素	1. 重新生成整个图形 2. 重新计算屏幕坐标

2.6.3　图形的缩放

1. 运行方式

命令行：Zoom（Z）

功能区："视图"→"定位"

工具栏："缩放"

在绘图过程中，为了方便地进行对象捕捉、局部细节显示，需要使用缩放工具放大或缩小当前视图或放大局部，当绘制完成后，再使用缩放工具缩小图形来观察图形的整体效果。使用 Zoom 命令并不影响实际对象的尺寸大小。

2. 操作步骤

以某一建筑图样为例，使用 Zoom 命令的 3 种方式来观察图样的不同显示效果，按如下步骤操作，如图 2-38 所示。

a) 打开图样效果

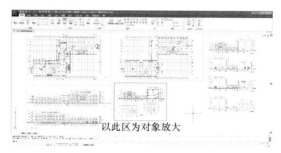

以此区为对象放大

b) 范围缩放后效果

用窗口框选方式放大线框内对象

c) 对象缩放后效果

d) 窗口缩放后效果

图 2-38　Zoom 命令的效果

命令：Zoom	执行 Zoom 命令
指定窗口的角点,输入比例因子 (nX 或 nXP),	
或者[全部(A)/中心(C)/动态(D)/范围(E)/上一个(P)/	
比例(S)/窗口(W)/对象(O)]<实时>:E	输入 E,以范围方式缩放图样,如图 2-38b 所示
命令：Zoom	执行 Zoom 命令
指定窗口的角点,输入比例因子 (nX 或 nXP),	
或者[全部(A)/中心(C)/动态(D)/范围(E)/上一个(P)/	
比例(S)/窗口(W)/对象(O)]<实时>:O	输入 O,以对象方式缩放图样
选择对象：找到 1 个	选择边框,提示找到 1 个对象
选择对象	回车结束命令,如图 2-38c 所示
命令：Zoom	执行 Zoom 命令
指定窗口的角点,输入比例因子 (nX 或 nXP),	
或者[全部(A)/中心(C)/动态(D)/范围(E)/上一个(P)/	
比例(S)/窗口(W)/对象(O)]<实时>:W	输入 W,以窗口方式缩放图样
指定第一个角点：	拾取图框的一个对角点
指定对角点：	拾取图框的另一个对角点,得到图 2-38d

缩放命令的选项介绍如下：

全部 （A）：在 Limits 命令所设置的绘图范围内，缩放整张图样。

中心 （C）：定义中心点与缩放比例或高度来观察窗口。

动态 （D）：以视图框缩放显示图形的已生成部分。视图框大小可改变并可在图形中移动。移动视图框的位置并改变其大小，将其中的图像平移或缩放，以充满整个视口。

范围 （E）：缩放显示图形的范围并使所有对象在图形范围内最大显示。

上一个 （P）：缩放显示上一个视图。

比例 （S）：以指定的比例来缩放显示当前图形。

窗口 （W）：缩放观察指定的矩形窗口。

对象 （O）：缩放指定的对象，使这些被选取的对象尽可能大地显示在绘图区域的中心。

2.6.4 实时缩放

1. 运行方式

命令行：Rtzoom

功能区："视图"→"定位"→"实时平移"

工具栏："标准"→"实时缩放"

2. 操作步骤

执行实时缩放命令，按住鼠标左键，屏幕出现一个放大镜图标，移动放大镜图标即可实现即时动态缩放。按住鼠标左键向下移动，图形缩小显示；按住鼠标左键向上移动，图形放大显示；按住鼠标左键水平左右移动，图形无变化。按下<Esc>键退出命令。

通过滚动鼠标中键（滑轮），即可实现缩放图形。除此之外，鼠标中键还有其他功能，见表 2-5。

表 2-5 鼠标中键功能

鼠标中键(滑轮)操作	功能描述
滚动滑轮	放大(向前)或缩小(向后)
双击滑轮按钮	缩放到图形范围
按住滑轮按钮并拖动鼠标	实时平移(等同于 Pan 命令功能)

2.6.5 平移

1. 运行方式

命令行：Pan（P）

工具栏："标准"→"实时缩放"

平移命令用于指定位移来重新定位图形的显示位置。在有限的屏幕中，显示屏幕外的图形使用 Pan 命令要比 Zoom 快很多，操作直观且简便。

2. 操作步骤

执行该命令，实时平移屏幕上图形，操作过程中，单击鼠标右键显示快捷菜单（图 2-39），可直接切换为缩放、三维动态观察器、窗口缩放、回到最初的缩放状态和范围缩放方式，

图 2-39　执行 Pan 命令时，单击鼠标右键弹出的快捷菜单

这种切换方式称之为"透明命令"。透明命令指能在其他命令执行过程中执行的命令，透明命令前有一单引号。

> **注意**
>
> 按住鼠标中键（滑轮）即可实现平移，不需要按<Esc>键或者回车键退出平移模式。

任务 2.7　设置平铺视口

中望 CAD 提供了模型空间（Model Space）和布局空间（Paper Space）。

模型空间可以绘制二维图形和三维模型，并带有尺寸标注。用 Vports 命令创建视口和设置视口，并可以保存起来，以备日后使用；并且只能打印激活的视口，如果 UCS 图标为显示状态，该图标就会出现在激活的视口中。

布局空间提供了真实的打印环境，可以即时预览到打印出图前的整体效果，布局空间只能是二维显示。在布局空间中可以创建一个或多个浮动视口，每个视口的边界是实体，可以删除、移动、缩放、拉伸编辑；可以同时打印多个视口及其内容。（关于布局空间介绍详见项目 10）

1. 运行方式

命令行：Vports

工具栏："布局"→"视口"

平铺视口可以将屏幕分割为若干个矩形视口，与此同时，可以在不同视口中显示不同角度不同显示模式的视图。

2. 操作步骤

用平铺视口将图样在模型空间中建立 3 个视口，如图 2-40 所示。

操作步骤如下：

1）执行 Vports 命令，系统弹出"视口"对话框，如图 2-41 所示。

2）选择视口的数量和排列方式，如"三个：左"。

3）单击"确定"按钮。

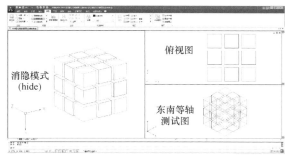

图 2-40　魔术方块的 3 个平铺视口分别显示的 3 种不同效果

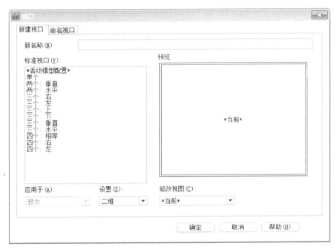

图 2-41　"视口"对话框

另外，还可以用 Vports 的命令提示创建平铺视口，调用方法如下：

命令：-Vports　　　　　　　　　　　执行 Vports 命令
输入选项 [保存(S)/恢复(R)/删除(D)/合并(J)/单一(SI)/? /2/3/4] <3>: 3
　　　　　　　　　　　　　　　　　输入 3,设置平铺视口数量
输入配置选项 [水平(H)/垂直(V)/上(A)/下(B)/左(L)/右(R)] <右>: L
　　　　　　　　　　　　　　　　　输入 L,配置视口方式

视口命令的选项介绍如下：

保存（S）：将当前视口配置以指定的名称保存，以备日后调用。

恢复（R）：恢复先前保存过的视口。

删除（D）：删除已命名保存的视口设置。

合并（J）：将两个相邻视口合并成一个视口。

单个（SI）：将当前的多个视口合并为单一视口。

2/3/4：分别在模型空间中建立 2、3、4 个视口。

项目小结

1）项目主要介绍了绘图前的各项准备工作，首先介绍了图形的基本设置，学生可通过向导对图形的长度单位、角度单位、角度的起始位置和正方向以及图形界限等进行设置。学生也可随时对已有的设置进行修改。通过项目的学习，可以为下一步的绘制和编辑图形做好技术准备。

2）当开始操作中望 CAD 软件时，应对中望 CAD 工作环境进行一系列设置，如存图时间的调整，可使工作不会因为停电、死机等造成太大损失。

3）关于十字光标大小，现在的 CAD 版本一般是按 7%，对于初学工程制图者，也可考虑将光标大小调整为 100%，这样符合"长对正，高平齐，宽相等"的工程制图基本原则。

4）中望 CAD 高版本能够打开低版本的图形，为了方便在任何机器上打开，建议采用低版格式存盘。操作时可存为 2004 版本图形，或者更低版本，以便于打开图形。

5）每一个图形都要进行工作环境、单位、精度等选项的设置，如果使用样板图则只需要设置一次，这样可节省作图时间，实现作图的标准化。

练习

1. 操作题

1）做绘图前的各项准备工作，按步进行练习。

2）用绝对直角坐标、相对直角坐标、绝对极坐标、相对极坐标做一些简单几何图形。

3）任意打开一张图纸，如图 2-42 所示，先用 Vports 命令创建两个竖向视口，并指定左侧以俯视图显示，右侧以西南等轴测视图显示。

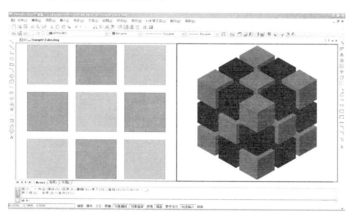

图 2-42　练习题

2. 填空题

1）中望 CAD 的坐标体系包括_____坐标系和_____坐标系。

2）在"图形单位"对话框中，_____区域可用来设置图形的角度单位格式。

3. 选择题

关于 Zoom（缩放）和 Pan（平移）的几种说法，（　　　）正确。

A. Zoom 改变实体在屏幕上的显示大小，也改变实体的实际尺寸

B. Zoom 改变实体在屏幕上的显示大小，但不改变实体实际的尺寸

C. Pan 改变实体在屏幕上的显示位置，也改变实体的实际位置

D. Pan 改变实体在屏幕上的显示位置，其坐标值随之改变

03

项目 3
图形绘制

本课导读

中望 CAD 提供了丰富的创建二维图形工具。本项目主要介绍中望 CAD 中基本的二维绘图命令，常用二维绘图命令有 Point、Line、Circle 等。

本项目的目的在于让读者掌握中望 CAD 每个绘图命令的使用，同时分享一些绘图过程中的经验与技巧。

项目要点

- 绘制直线
- 绘制圆和圆弧
- 绘制椭圆和椭圆弧
- 绘制点
- 徒手画线
- 绘制圆环
- 绘制矩形、正多边形
- 绘制多段线
- 绘制迹线、射线、构造线
- 绘制样条曲线
- 绘制云线

任务 3.1　绘制直线

1. 运行方式

命令行：Line（L）

功能区："常用"→"绘制"→"直线"

工具栏："绘图"→"直线" ✎

直线的绘制方法最简单，也是各种绘图中最常用的二维对象之一，可绘制任何长度的直线，输入点的 X、Y、Z 坐标，以指定二维或三维坐标的起点与终点。

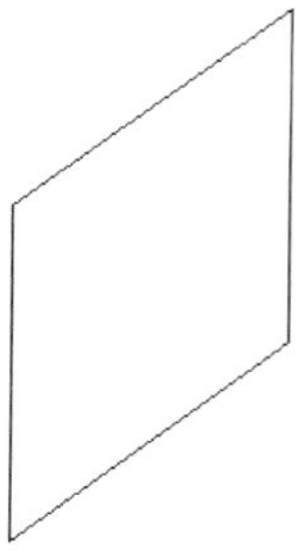

2. 操作步骤

绘制一个菱形，如图 3-1 所示，按如下步骤操作：

图 3-1　菱形

命令:Line	执行 Line 命令
指定第一个点:100,100	输入绝对直角坐标:(X ,Y),确定第 1 点
指定下一点或[角度(A)/长度(L)/放弃(U)]:A	输入 A,以角度和长度来确定第 2 点
指定角度:90	输入角度值 90
指定长度:100	输入长度值 100
指定下一点或[角度(A)/长度(L)/放弃(U)]:@ 80,60	输入相对直角坐标:@ (X,Y),确定第 3 点
指定下一点或[角度(A)/长度(L)/闭合(C)/放弃(U)]:@ 100<-90	输入相对极坐标:@ "距离"<"角度",确定第 4 点
指定下一点或[角度(A)/长度(L)/闭合(C)/放弃(U)]:C	输入 C,闭合二维线段

以上通过了解相对坐标和极坐标方式来确定直线的定位点，目的是为练习中望 CAD 的精确绘图。

⚙ 直线命令的选项介绍如下：

角度（A）：指的是直线段与当前 UCS 的 X 轴之间的角度。

长度（L）：指的是两点间直线的距离。

放弃（U）：撤消最近绘制的一条直线段。在命令行中输入 U，按回车键，则重新指定新的终点。

闭合（C）：将第一条直线段的起点和最后一条直线段的终点连接起来，形成一个封闭区域。

<终点>：按回车键后，命令行默认最后一点为终点，无论该二维线段是否闭合。

> **注意**
>
> 1）由直线组成的图形，每条线段都是独立对象，可对每条直线段进行单独编辑。
>
> 2）在结束 Line 命令后，再次执行 Line 命令，根据命令行提示，直接按回车键，则以上次最后绘制的线段或圆弧的终点作为当前线段的起点。
>
> 3）在命令行提示下输入三维点的坐标，则可以绘制三维直线段。

任务 3.2　绘制圆

1. 运行方式

命令行：Circle（C）

功能区："常用"→"绘制"→"圆"

工具栏："绘图"→"圆" ◠

圆是工程制图中常用的对象之一，圆可以代表孔、轴和柱等对象。学生可根据不同的已知条件，创建所需圆对象，中望 CAD 默认情况下提供了 6 种不同已知条件创建圆对象的方式。

2. 操作步骤

介绍其中的 4 种方法创建圆对象，按如下步骤操作，如图 3-2 所示。

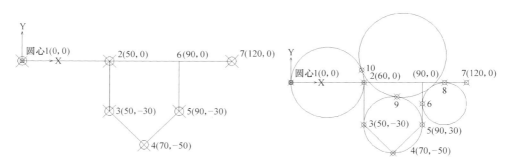

图 3-2 通过使用对象捕捉来确定以上圆对象

命令:Circle	执行 Circle 命令
指定圆的圆心或[三点(3P)/两点(2P)/切点、切点、半径(T)]:2P	输入 2P,指定圆直径上的两个点绘制圆
指定圆的直径的第一个端点:	拾取端点 1
指定圆的直径的第二个端点:	拾取端点 2

再次按回车键，执行 Circle 命令，看到"指定圆的圆心或［三点(3P)/两点(2P)/切点、切点、半径(T)]:"提示后，在命令行里输入"3P"，按回车键，指定圆上第一点为 3，第二点为 4，第三点为 5，以三点方式完成圆对象的创建。

重复执行 Circle 命令，看到"指定圆的圆心或［三点(3P)/两点(2P)/切点、切点、半径(T)]:"提示后，在命令行里输入"T"，按回车键，指定对象与圆的第一个切点为 6，第二切点为 7，看到"指定圆的半径:"提示后，输入"15"，按回车键，结束第三个圆对象绘制。

单击"常用"→"绘制"→"中心点，半径"命令 ⌀，可以看到"指定圆的半径或［直径(D)]"提示，输入半径值"20"，或在命令行里输入"D"，输入直径值"40"。

同理，单击"常用"→"绘制"→"中心点，直径"命令 ⌀，可以看到"指定圆的半径或［直径（D）]"提示，输入半径值"20"，或在命令行里输入"D"，输入直径值"40"。

单击"常用"→"绘制"→"相切、相切、相切（A）"命令 ⌀，在命令行看到"指定圆上的第一点:_tan 到"提示后，拾取切点 8，再依次拾取切点 9 和 10，第四个圆对象绘制完毕。

⚙ 圆命令的选项介绍如下:

两点（2P）:通过指定圆直径上的两个点绘制圆。

三点（3P）:通过指定圆周上的三个点来绘制圆。

T（切点、切点、半径）:通过指定相切的两个对象和半径来绘制圆。

注意

1) 如果放大圆对象或者放大相切处的切点，有时看起来不圆滑或者没有相切，这其实只是一个显示问题，只需在命令行输入 Regen（RE），按回车键，圆对象即变为光滑；也可以把 Viewres 的数值调大，画出的圆就更加光滑了。

2) 绘图命令中嵌套着撤消命令"Undo"，如果画错了不必立即结束当前绘图命令，重新再画，只需在命令行里输入"U"，按回车键，软件会自动撤消上一步操作。

任务 3.3　绘制圆弧

1. 运行方式

命令行：Arc（A）

功能区："常用"→"绘制"→"圆弧"

工具栏："绘图"→"圆弧"

圆弧也是工程制图中常用的对象之一。创建圆弧的方法有多种，有指定三点画弧，还可以指定弧的起点、圆心和端点来画弧，或是指定弧的起点、圆心和角度画弧，另外也可以指定圆弧的角度、半径、方向和弦长等来画弧。中望 CAD 提供了 11 种画圆弧的方式，如图 3-3 所示。

2. 操作步骤

下面介绍一种绘制圆弧方式：三点画弧，按如下步骤操作，如图 3-4 所示。

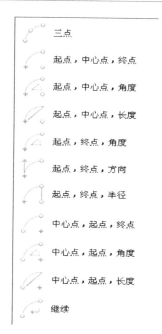

	三点
	起点，中心点，终点
	起点，中心点，角度
	起点，中心点，长度
	起点，终点，角度
	起点，终点，方向
	起点，终点，半径
	中心点，起点，终点
	中心点，起点，角度
	中心点，起点，长度
	继续

图 3-3　画圆弧的方式

命令:Arc	执行 Arc 命令
指定圆弧的起点或[圆心(C)]:	指定第 1 点
指定圆弧的第二个点或[圆心(C)/端点(E)]:	指定第 2 点
指定圆弧的端点:	指定第 3 点

以下介绍利用直线和圆弧绘制单门的步骤，如图 3-5 所示。

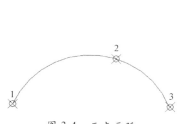

图 3-4　三点画弧

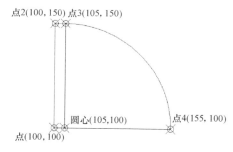

点2(100,150) 点3(105,150)
圆心(105,100)
点(100,100)
点4(155,100)

图 3-5　单门

命令:Line	执行 Line 命令
指定第一个点:100,100	输入绝对直角坐标:(X,Y),确定第 1 点
指定下一点或[角度(A)/长度(L)/放弃(U)]:A	输入 A,以角度和长度来确定第 2 点
指定角度:90	输入角度值90°
指定长度:50	输入长度值50mm
指定下一点或[角度(A)/长度(L)/放弃(U)]:A	输入 A,以角度和长度来确定第 3 点
指定角度:0	输入角度值0°
指定长度:5	输入长度值5mm
指定下一点或[角度(A)/长度(L)/放弃(U)]:A	输入 A,以角度和长度来确定第 4 点
指定角度:-90	输入角度值-90°
指定长度:50	输入长度值50mm
指定下一点或[角度(A)/长度(L)/闭合(C)/放弃(U)]:C	输入 C,闭合二维线段
命令:Arc	执行 Arc 命令

指定圆弧的起点或[圆心(C)]:	指定第 4 点
指定圆弧的第二个点或[圆心(C)/端点(E)]:	指定圆心
指定圆弧的端点:	指定第 3 点
命令:Line	执行 Line 命令
指定第一个点:	指定圆心
指定下一点或[角度(A)/长度(L)/放弃(U)]:	指定第 4 点

另外，我们还可以用以下三种方式创建所需圆弧对象，如图 3-6 所示。

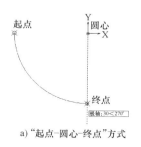
a)"起点-圆心-终点"方式

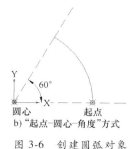
b)"起点-圆心-角度"方式

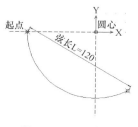
c)"起点-圆心-长度"方式

图 3-6　创建圆弧对象

圆弧命令的选项介绍如下：

三点：指定圆弧的起点、终点以及圆弧上任意一点。

起点：指定圆弧的起点。

半径：指定圆弧的半径。

端点（E）：指定圆弧的终点。

圆心（C）：指定圆弧的圆心。

弦长（L）：指定圆弧的弦长。

方向（D）：指定圆弧的起点切向。

角度（A）：指定圆弧包含的角度。默认情况下，顺时针方向为负，逆时针方向为正。

注意

圆弧的角度与半径值均有正、负之分。默认情况下中望 CAD 在逆时针方向上绘制出较小的圆弧，如果输入负数半径值，则绘制出较大的圆弧。同理，指定角度时从起点到终点的圆弧方向，输入角度值是逆时针方向，如果输入负数角度值，则是顺时针方向。

任务 3.4　绘制椭圆和椭圆弧

1. 运行方式

命令行：Ellipse（EL）

功能区："常用"→"绘制"→"椭圆"

工具栏："绘图"→"椭圆"

椭圆对象包括圆心、长轴和短轴。椭圆是一种特殊的圆，它的中心到圆周上的距离是变化的，而部分椭圆就是椭圆弧。

2. 操作步骤

图 3-7a 是以椭圆中心点为椭圆圆心，分别指定椭圆的长、短轴；图 3-7b 是以椭圆轴的两个端点和另一轴半长来绘制椭圆。以图 3-7a 为例，绘制椭圆，按如下步骤操作：

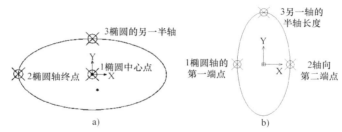

图 3-7 绘制椭圆

命令:Ellipse	执行 Ellipse 命令
指定椭圆的轴端点或[圆弧(A)/中心点(C)]:C	以椭圆圆心作为中心点
指定椭圆的中心点:	指定椭圆圆心
指定轴的端点:	指定点 2
指定另一条半轴长度或[旋转(R)]:	指定点 3

如图 3-8 所示，利用所学到的直线、圆、椭圆和椭圆弧方法绘制脸盆的步骤如下:

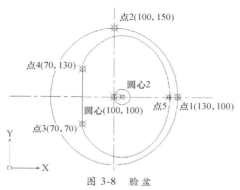

图 3-8 脸盆

命令:Ellipse	执行 Ellipse 命令
指定椭圆的轴端点或[圆弧(A)/中心点(C)]:C	以中心点作为圆心
指定椭圆的中心点:	指定椭圆圆心
指定轴的端点:	指定点 1
指定另一条半轴长度或[旋转(R)]:	指定点 2
命令:Ellipse	执行 Ellipse 命令,绘制椭圆弧
指定椭圆的轴端点或[圆弧(A)/中心点(C)]:C	确定椭圆弧的圆心
指定椭圆的中心点:	指定圆心 2
指定轴的端点:	指定点 5
指定另一条半轴长度或[旋转(R)]:	35
指定起始角度或[参数(P)]:	指定点 3
指定终止角度或[参数(P)/包含角度(I)]:	指定点 4
命令:Line	执行 Line 命令
指定第一个点:	指定点 3
指定下一点或[角度(A)/长度(L)/放弃(U)]:	指定点 4
	输入 A,以角度方式来确定第 2 点
命令:Circle	执行 Circle 命令
指定圆的圆心或[三点(3P)/两点(2P)/切点、切点、半径(T)]:	以圆心 2 作为小圆的圆心
指定圆的半径或[直径(D)]:	选择椭圆圆心

椭圆命令的选项介绍如下：

中心点（C）：通过指定中心点来创建椭圆或椭圆弧对象。

圆弧（A）：绘制椭圆弧。

旋转（R）：用长短轴线之间的比例来确定椭圆的短轴。

参数（P）：以矢量参数方程式来计算椭圆弧的端点角度。

包含角度（I）：指所创建的椭圆弧从起始角度开始包含的角度值。

注意

1）Ellipse 命令绘制的椭圆同圆一样，不能用 Explode、Pedit 等命令修改。

2）通过系统变量 Pellipse 控制 Ellipse 命令创建的对象是真的椭圆还是以多段线表示的椭圆：当 Pellipse 设置为"0"时，即默认值，绘制的椭圆是真的椭圆；当该变量设置为"1"时，绘制的椭圆对象由多段线组成。

3）"旋转（R）"选项可输入的角度值取值范围是 0°～89.4°。若输入 0，则绘制的为圆。输入值越大，椭圆的离心率就越大。

任务 3.5 绘制点

1. 运行方式

命令行：Point

功能区："常用"→"绘制"→"点"

工具栏："绘图"→"点"

点不仅表示一个小的实体，而且通过点作为绘图的参考标记。中望 CAD 提供了 20 种类型的点样式，如图 3-9 所示。

设置点样式的选项介绍如下：

相对于屏幕设置大小：以屏幕尺寸的百分比设置点的显示大小。在进行缩放时，点的显示大小不随其他对象的变化而改变。

按绝对单位设置大小：以指定的实际单位值来显示点。在进行缩放时，点的大小也将随其他对象的变化而变化。

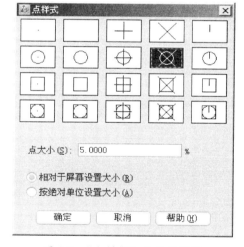

图 3-9 "点样式"设置对话框

2. 操作步骤

如图 3-10 所示，为等边三角形的三个顶点创建点标记，按如下步骤操作：

命令:Point	执行 Point 命令
指定一点或[设置(S)/多次(M)]:	输入 M，以多点方式创建点标记
指定一点或[设置(S)]:	拾取端点 1
指定一点或[设置(S)]:	拾取端点 2
指定一点或[设置(S)]:	拾取端点 3

（1）分割对象　利用定数等分（Divide）命令，沿着直线或圆周方向均匀间隔一段距离排列点实体或块。以圆为对象，用块名为 C1 的○分割为三等份，如图 3-11 所示。

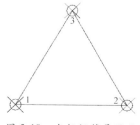

图 3-10 点标记符号显示

命令:Divide	执行 Divide 命令
选择要定数等分的对象:	选取圆对象
输入线段数目或［块(B)］:B	输入 B
输入要插入的块名:C1	输入图块名称
是否将块与对象对齐？［是(Y)/否(N)］<是(Y)>:Y	输入 Y
输入线段数目:3	输入 3

（2）测量对象　利用定距等分（Measure）命令 ✍，在实体上按测量的间距排列点实体或块。把周长为 550mm 的圆，用块名为 C1 的对象，以 100mm 为分段弧长，测量圆对象，如图 3-12 所示。

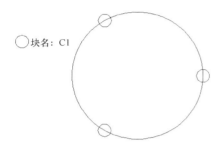

图 3-11　分割对象

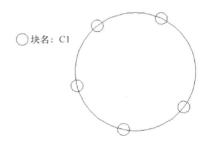

图 3-12　测量对象

命令:Measure	执行 Measure 命令
选择要定距等分的对象:	选取圆对象
指定线段长度或［块(B)］:	输入 B
输入要插入的块名:C1	输入图块名称
是否将块与对象对齐？［是(Y)/否(N)］<是(Y)>:Y	输入 Y
指定线段长度:100	输入 100mm

注意

1）可通过在屏幕上拾取点或者输入坐标值来指定所需的点。在三维空间内，也可指定 Z 坐标值来创建点。

2）创建好参考点对象，可以使用节点（Node）对象捕捉来捕捉改点。

3）用 Divide 或 Measure 命令插入图块时，先定义图块。

任务 3.6　徒手画线

1. 运行方式

命令行：Sketch

徒手画线对于创建不规则边界或使用数字化仪追踪非常有用，可以使用 Sketch 命令徒手绘制图形、轮廓线及签名等。

在中望 CAD 中 Sketch 命令没有对应的菜单或工具按钮，因此要使用该命令，必须在命令行中输入 Sketch，按回车键，即可启动徒手画线的命令。输入分段长度，屏幕上出现了一支铅笔，鼠标轨迹变为线条。

2. 操作步骤

执行此命令，并根据命令行提示指定分段长度后，将显示如下提示信息：

```
命令:Sketch
记录增量<1.0000>:
徒手画.  画笔(P)/退出(X)/结束(Q)/记录(R)/删除(E)/连接(C):
<笔 落><笔 提>......:
```

绘制草图时，定点设备就像画笔一样。单击定点设备将把"画笔"放到屏幕上进行绘图，再次单击将收起画笔并停止绘图。徒手画由许多条线段组成，每条线段都可以是独立的对象或多段线。可以设置线段的最小长度或增量。使用较小的线段可以提高精度，但会明显增加图形文件的大小，因此，要尽量少使用此工具。

任务 3.7 绘制圆环

1. 运行方式

命令行：Donut（DO）

功能区："常用"→"绘制"→"圆环"

工具栏："绘图"→"圆环"

圆环是由相同圆心、不相等直径的两个圆组成的。控制圆环的主要参数是圆心、内直径和外直径。如果内直径为 0，则圆环为填充圆。如果内直径与外直径相等，则圆环为普通圆。圆环经常用在电路图中来代表一些元件符号。

2. 操作步骤

以图 3-13a 为例，绘制圆环，按如下步骤操作，如图 3-13 所示。

a) 绘制圆环   b) 圆环体内直径为0   c) 关闭圆环填充   d) 圆环体内直径为0

图 3-13　绘制圆环

命令:Fill	执行 Fill 命令
FILLMODE 已经关闭：打开(ON)/切换(T)/<关闭>:ON	输入 ON,打开填充设置
命令:Donut	执行 Donut 命令
指定圆环的内径<10.0000>:10	指定圆环内直径为 10mm
指定圆环的外径<20.0000>:20	输入圆环外直径为 20mm
指定圆环的中心点或<退出>:	指定圆环的中心为坐标原点

圆环命令的选项介绍如下：

圆环的内径：指圆环体内圆直径。

圆环的外径：指圆环体外圆直径。

注意

1）圆环对象可以使用编辑多段线（Pedit）命令编辑。

2）圆环对象可以使用分解（Explode）命令转化为圆弧对象。

3）开启填充（Fill=ON）时，圆环显示为填充模式，如图 3-13a、b 所示。

4）关闭填充（Fill=OFF）时，圆环显示为填充模式，如图 3-13c、d 所示。

任务 3.8　绘制矩形

1. 运行方式

命令行：Rectangle（REC）

功能区："常用"→"绘制"→"矩形"

工具栏："绘图"→"矩形" 🔲

通过确定矩形对角线上的两个点来绘制。

2. 操作步骤

绘制矩形，按如下步骤操作，如图 3-14 所示。

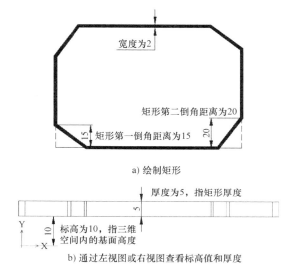

a) 绘制矩形

b) 通过左视图或右视图查看标高值和厚度

图 3-14　绘制矩形

命令:Rectang	执行 Rectang 命令
指定第一个角点或[倒角(C)/标高(E)/圆角(F)/厚度(T)/宽度(W)]:C	输入 C,设置倒角参数
指定矩形的第一个倒角距离<0.0000>:15	输入第一倒角距离 15mm
指定矩形的第二个倒角距离<15.0000>:20	输入第二倒角距离 20mm
指定第一个角点或[倒角(C)/标高(E)/圆角(F)/厚度(T)/宽度(W)]:E	输入 E,设置标高值
指定矩形的标高<0.0000>:10	输入标高值为 10mm
指定第一个角点或[倒角(C)/标高(E)/圆角(F)/厚度(T)/宽度(W)]:T	输入 T,设置厚度值
指定矩形的厚度<0.0000>:5	输入厚度值为 5mm
指定第一个角点或[倒角(C)/标高(E)/圆角(F)/厚度(T)/宽度(W)]:W	输入 W,设置宽度值
指定矩形的线宽<0.0000>:2	设置宽度值为 2mm
指定第一个角点或[倒角(C)/标高(E)/圆角(F)/厚度(T)/宽度(W)]:	拾取第 1 对角点
指定其他的角点或[面积(A)/尺寸(D)/旋转(R)]:	拾取第 2 对角点

⚙ 矩形命令的选项介绍如下：

倒角（C）：设置矩形角的倒角距离。

标高（E）：确定矩形在三维空间内的基面高度。

圆角（F）：设置矩形角的圆角大小。

厚度（T）：设置矩形的厚度，即 Z 轴方向的高度。

宽度（W）：设置矩形的线宽。

面积（A）：如已知矩形面积和其中一边的长度值，就可以使用面积方式创建矩形。

尺寸（D）：如已知矩形的长度和宽度即可使用尺寸方式创建矩形。

旋转（R）：通过输入旋转角度选取另一对角点来确定显示方向。

注意

1）矩形选项中，除了面积一项以外，都会将所作的设置保存为默认设置。

2）矩形的属性其实是多段线对象，也可通过分解（Explode）命令把多段线转化为多条直线段。

任务 3.9　绘制正多边形

1. 运行方式

命令行：Polygon（POL）

功能区："常用"→"绘制"→"正多边形"

工具栏："绘图"→"正多边形"

在中望 CAD2014 中，绘制正多边形的命令是 Polygon，它可以精确绘制 3～1024 条边的正多边形。

2. 操作步骤

绘制正六边形，按如下步骤操作，如图 3-15 所示。

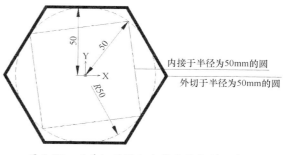

图 3-15　以外切于圆和内接于圆绘制六边形

```
命令:Polygon                              执行 Polygon 命令
[多个(M)/线宽(W)] 或 输入边的数目<4>:W    输入 W
多段线宽度<0>:2                            输入宽度值为 2mm
[多个(M)/线宽(W)] 或 输入边的数目<4>:6    输入多边形的边数为 6
指定正多边形的中心点或[边(E)]:            拾取坐标原点
输入选项[内接于圆(I)/外切于圆(C)]<I>:C    输入 C
指定圆的半径:50                           输入外切圆的半径为 50mm

命令:Polygon                              再次执行 Polygon 命令
[多个(M)/线宽(W)] 或 输入边的数目<4>:4    输入多边形的边数为 4
指定正多边形的中心点或[边(E)]:            拾取坐标原点
输入选项[内接于圆(I)/外切于圆(C)]<I>:I    输入 I
指定圆的半径:50                           输入外切圆的半径为 50mm
```

正多边形命令的选项介绍如下：

多个（M）：如果需要创建同一属性的正多边形，在执行 Polygon（POL）命令后，首先键入 M，输入完所需参数值后，就可以连续指定位置放置正多边形。

线宽（W）：指定正多边形的多段线宽度值。

边（E）：通过指定边缘第 1 端点及第 2 端点，可确定正多边形的边长和旋转角度。

<多边形中心>：指定多边形的中心点。

内接于圆（I）：指定外接圆的半径，正多边形的所有顶点都在此圆周上。

外切于圆（C）：指定从正多边形中心点到各边中心的距离。

注意

用 Polygon 绘制的正多边形是一条多段线，可用 Pedit 命令对其进行编辑。

任务 3.10　绘制多段线

1．运行方式

命令行：Pline（PL）

功能区："常用"→"绘制"→"多段线"

工具栏："绘图"→"多段线"

多段线由直线段或弧连接组成，作为单一对象使用。通过它可以绘制直线箭头和弧形箭头。

2．操作步骤

使用多段线绘制，如图 3-16 所示，按如下步骤操作：

图 3-16　多段线绘制

命令:Pline	执行 Pline 命令
指定起点:100,100	以(100,100)作为起点
指定下一个点或[圆弧(A)/半宽(H)/长度(L)/放弃(U)/宽度(W)]:W	输入 W,设置宽度值
指定起点宽度<0.0000>:0	输入起始宽度值为 0mm
指定端点宽度<0.0000>:40	输入起始宽度值为 40mm
指定下一个点或[圆弧(A)/半宽(H)/长度(L)/放弃(U)/宽度(W)]:5	
直接输入:5	即长度为 5mm
指定下一点或[圆弧(A)/闭合(C)/半宽(H)/长度(L)/放弃(U)/宽度(W)]:H	
指定起点半宽<20.0000>:1	输入起始半宽
指定端点半宽<1.0000>:1	输入终端半宽
指定下一点或[圆弧(A)/闭合(C)/半宽(H)/长度(L)/放弃(U)/宽度(W)]:L	
指定直线的长度:75	设置长度值
指定下一点或[圆弧(A)/闭合(C)/半宽(H)/长度(L)/放弃(U)/宽度(W)]:A	选择画弧方式
输入 A	
指定圆弧的端点或	
[角度(A)/圆心(CE)/闭合(CL)/方向(D)/半宽(H)/直线(L)/半径(R)/第二个点(S)/放弃(U)/宽度(W)]:R	
	输入 R
指定圆弧的半径:5	输入半径值为 5mm
指定圆弧的端点或[角度(A)]:	指定圆弧的终点

多段线命令的选项介绍如下：

圆弧（A）：指定弧的起点和终点绘制圆弧段。

角度（A）：指定圆弧从起点开始所包含的角度。

圆心（CE）：指定圆弧所在圆的圆心。

方向（D）：指定圆弧的起点切向。

半宽（H）：指定从宽多段线线段的中心到其一边的宽度。

直线（L）：退出"弧"模式，返回绘制多段线的主命令行，继续绘制线段。

半径（R）：指定弧所在圆的半径。

第二个点（S）：指定圆弧上的点和圆弧的终点，以三个点来绘制圆弧。

宽度（W）：带有宽度的多段线。

闭合（C）：通过在上一条线段的终点和多段线的起点间绘制一条线段来封闭多段线。

长度（L）：指定分段距离。

注意

系统变量 Fillmode 控制圆环和其他多段线的填充显示，设置 Fillmode 为关闭（值为 0 时），创建的多段线就为二维线框对象。

任务 3.11　绘制迹线

1. 运行方式

命令行：Trace

Trace 命令绘制具有一定宽度的实体线。

2. 操作步骤

使用迹线绘制一个边长为 10mm、宽度为 2mm 的正方形，如图 3-17 所示，按如下步骤操作：

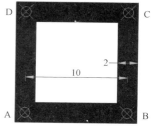

执行命令:Trace	执行 Trace 命令
指定宽线宽度<1.0000>:2	输入迹线宽度值2mm
指定起点:	拾取点 A
指定下一点	拾取点 B
指定下一点	拾取点 C
指定下一点	拾取点 D

图 3-17　迹线绘制正方形

注意

1) Trace 命令不能自动封闭图形，即没有闭合（Close）选项，也不能放弃（Undo）。

2) 系统变量 Tracewid 可以设置默认迹线的宽度值。

任务 3.12　绘制射线

1. 运行方式

命令行：Ray

功能区："常用"→"绘制"→"射线"

工具栏："绘图"→"射线"　

射线是从一个指定点开始并且向一个方向无限延伸的直线。

2. 操作步骤

使用射线平分等边三角形的角，如图 3-18 所示，按如下步骤操作：

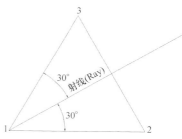

图 3-18　用射线平分等边三角形的顶角

执行命令:Ray	执行 Ray 命令
射线:等分(B)/水平(H)/竖直(V)/角度(A)/偏移(O)/<射线起点>:B	输入 B 选择以等分形式引出射线
对象(E)/<顶点>:	拾取顶点 1
平分角起点:	拾取顶点 2
平分角终点:	拾取顶点 3
回车	射线自动生成

射线命令的选项介绍如下：

等分（B）：垂直于已知对象或平分已知对象绘制等分射线。

水平（H）：平行于当前 UCS 的 X 轴绘制水平射线。

竖直（V）：平行于当前 UCS 的 Y 轴绘制垂直射线。

角度（A）：指定角度绘制带有角度的射线。

偏移（O）：以指定距离将选取的对象偏移并复制，使对象副本与原对象平行。

任务 3.13　绘制构造线

1．运行方式

命令行：Xline（XL）

功能区："常用"→"绘制"→"构造线"

工具栏："绘图"→"构造线" ✏

构造线是没有起点和终点的无穷延伸的直线。

2．操作步骤

通过对象捕捉节点（Node）方式来确定构造线，如

图 3-19 所示，按如下步骤操作：

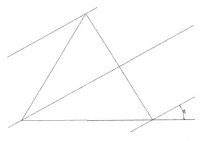

图 3-19　通过角度和通过点绘制构造线

执行命令:Xline	执行 Xline 命令
指定点或[水平(H)/垂直(V)/角度(A)/二等分(B)/偏移(O)]:A	选择以指定角度绘制构造线
输入构造线的角度(0)或[参照(R)]：30	构造线的指定角度为30°
指定通过点：	依次指定三角形的 3 个顶点

⚙ 构造线命令的选项介绍如下：

水平（H）：平行于当前 UCS 的 X 轴绘制水平构造线。

垂直（V）：平行于当前 UCS 的 Y 轴绘制垂直构造线。

角度（A）：指定角度绘制带有角度的构造线。

二等分（B）：垂直于已知对象或平分已知对象绘制等分构造线。

偏移（O）：以指定距离将选取的对象偏移并复制，使对象副本与原对象平行。

注意

构造线作为临时参考线用于辅助绘图，参照完毕，应记住将其删除，以免影响图形的效果。

任务 3.14　绘制样条曲线

1．运行方式

命令行：Spline（SPL）

功能菜："常用"→"绘制"→"样条曲线"

工具栏："绘图"→"样条曲线" 🗠

样条曲线是由一组点定义的一条光滑曲线。可以用样条曲线生成一些地形图中的地形线、绘制盘形凸轮轮廓曲线及作为局部剖面的分界线等。

2．操作步骤

用样条曲线绘制一个 S 形，如图 3-20 所示，按如下步骤操作：

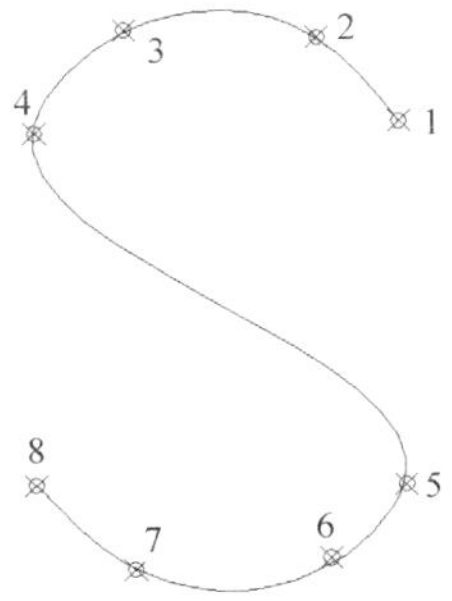

图 3-20　用样条曲线绘制 S 形

命令:Spline	执行 Spline 命令
指定第一个点或[对象(O)]:	拾取第 1 点
指定下一点:	拾取第 2 点
指定下一点或[闭合(C)/拟合公差(F)]<起点切向>:	拾取第 3 点
……	拾取第 4、5、6、7 点
指定下一点或[闭合(C)/拟合公差(F)]<起点切向>:	拾取第 8 点

指定起点切向：	单击鼠标右键
指定端点切向：	单击鼠标右键

样条曲线命令的选项介绍如下：

闭合（C）：生成一条闭合的样条曲线。

拟合公差（F）：键入曲线的偏差值。值越大，曲线相对越平滑。

起点切点：指定起始点切线。

端点相切：指定终点切线。

任务 3.15　绘制云线

1. 运行方式

命令行：Revcloud

菜单："常用"→"绘制"→"云线"

工具栏："绘图"→"修订云线"　☁

云线是由连续圆弧组成的多段线，用于检查阶段时提醒学生注意图形中圈阅部分。

2. 操作步骤

用云线绘制一棵树，把图 3-21a 转化为图 3-21b，按如下步骤操作：

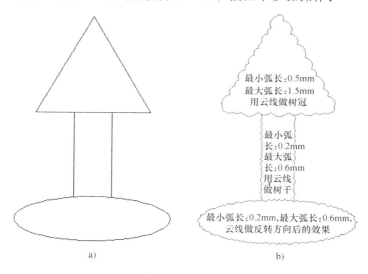

a)　　　　　　　　　　　　　　　b)

图 3-21　绘制云线

命令：Revcloud	执行 Revcloud 命令
指定起点或[弧长(A)/对象(O)/样式(S)]<对象>：A	输入 A
指定最小弧长<0.5>：	输入最小弧长为 0.5mm
指定最大弧长<1.5>：	输入最长弧长为 1.5mm
指定起点或[弧长(A)/对象(O)/样式(S)]<对象>：O	输入 O
选择对象：	选取图 3-21a 三角形对象
反转方向[是(Y)/否(N)]<否>：N	输入 N
命令：Revcloud	再次执行 Revcloud 命令
最小弧长:0.5　最大弧长:1.5　样式:普通	
指定起点或[弧长(A)/对象(O)/样式(S)]<对象>：A	输入 A

指定最小弧长<0.5>:	输入最小弧长为 0.2mm
指定最大弧长<1.5>:	输入最长弧长为 0.6mm
指定起点或[弧长(A)/对象(O)/样式(S)]<对象>:O	输入 O
选择对象:	选取图 3-21a 长方形对象
反转方向[是(Y)/否(N)]<否>:N	输入 N
命令:Revcloud	再次执行 Revcloud 命令
最小弧长:0.2 最大弧长:0.6 样式:普通	
指定起点或[弧长(A)/对象(O)/样式(S)]<对象>:A	输入 A
指定最小弧长<0.5>:	空格默认
指定最大弧长<1.5>:	空格默认
指定起点或[弧长(A)/对象(O)/样式(S)]<对象>:O	输入 O
选择对象:	选取图 3-21a 椭圆对象
反转方向[是(Y)/否(N)]<否>:N	输入 Y,绘制云线完成

⚙ 云线命令的选项介绍如下：

弧长（A）：指云线上凸凹的圆弧弧长。

对象（O）：选择已知对象作为云线路径。

样式（S）：云线的显示样式，包括普通（N）和手绘（C）。

注意

云线对象实际上是多段线，可用多段线编辑（Pedit）命令编辑。

项目小结

任何一幅图形都是由一些基本的二维对象或者三维实体组成。二维对象指的是基本二维绘图对象，例如：点、直线、圆和正多边形等，不同的设计师绘制同一幅平面图所用的方式方法大不相同，区别在于绘图思路不同，绘图高效不仅需要好的绘图思路，而且还需要灵活掌握捕捉方式和坐标输入方式等高效、精确的绘图工具来配合二维绘图，做到多练习、多体会每个命令的绘制方法。

练习

1. 选择题

1）正多边形是具有 3~（　　　）条等长边的封闭多段线。

A. 1023   B. 1024   C. 1025   D. 1026

2）要画出一条有宽度且各线段均属同一对象的线，要使用（　　　）命令。

A. Line   B. MLine   C. Xline   D. Pline

2. 按要求绘制以下图形

1）用构造线（Xline）绘制，如图 3-22a 所示；用多段线（Pline）绘制，如图 3-22b 所示。

2）用射线（Ray）和内接于圆方式绘制正五边形（Polygon），如图 3-23a 所示；用直线（Line）绘制五角星，如图 3-23b 所示；用多线绘制，如图 3-23c 所示。

3）用相切-相切-半径绘制内切于正五边形的圆，如图 3-24a 所示；用圆环（Donut）命令绘制，如图 3-24b 所示；用起点-圆心-端点方式绘制圆弧，如图 3-24c 所示；用定数等分（Divide）分割线段 AB 和 AC 分别为三段，如图 3-24d 所示；用椭圆（Ellipse）绘制，如图 3-24e

a)　　　　　　　　　　　　　　b)

图 3-22　练习题（一）

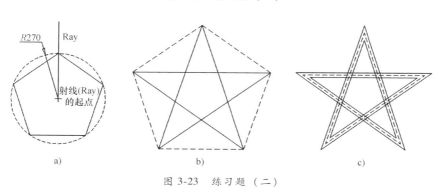

a)　　　　　　　　　　b)　　　　　　　　　c)

图 3-23　练习题（二）

所示；用射线（Ray）绘制，如图 3-24f 所示。

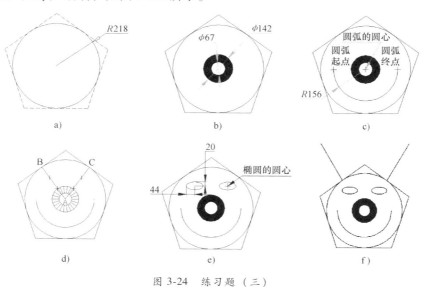

a)　　　　　　　　　　b)　　　　　　　　　c)

d)　　　　　　　　　　e)　　　　　　　　　f)

图 3-24　练习题（三）

04

项目 4
编辑对象

本课导读

　　图形编辑就是对图形对象进行移动、旋转、复制、缩放等操作。中望 CAD 提供强大的图形编辑功能，帮助读者合理地构造和组织图形，以获得准确的图形。合理地运用编辑命令可以极大地提高绘图效率。

　　本项目内容与绘图命令结合得非常紧密。通过项目的学习，读者应该掌握编辑命令的使用方法，能够利用绘图命令和编辑命令制作复杂的图形。

项目要点

- 选择对象的方法
- 夹点编辑
- 常用编辑命令
- 特征点编辑
- 特性编辑

任务 4.1　选择对象

在图形编辑前，首先要选择需要进行编辑的图形对象，然后对其进行编辑加工。中望 CAD 会将所选择的对象虚线显示，这些所选择的对象称为选择集。选择集可以包含单个对象，也可以包含更复杂的多个对象。

中望 CAD 具有多种方法选择对象，如图 4-1 所示，室内有很多家具，可以直接选择一部分。或者在执行某些命令时候，命令栏提示"选择对象"，此时在命令行输入"?"，将显示如下提示信息：

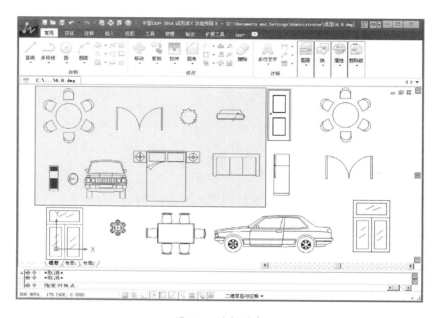

图 4-1　选择对象

需要点或窗口(W)/最后(L)/相交(C)/框(BOX)/全部(ALL)/围栏(F)/圈围(WP)/圈交(CP)/组(G)/添加(A)/删除(R)/多个(M)/上一个(P)/撤消(U)/自动(AU)/单个(SI)

⚙ 以上各项的含义和功能说明如下：

需要点或窗口（W）：选取第一角点和对角点区域中所有对象。

最后（L）：选取在图形中最近创建的对象。

相交（C）：选取与矩形选取窗口相交或包含在矩形窗口内的所有对象。

框（BOX）：选择有两点定义的矩形内与之相交的所有对象。当矩形由右至左指定时，则框选与相交等效，若矩形由左至右则与窗选等效。

全部（ALL）：在当前图中选择所有对象。

围栏（F）：选取与选择框相交的所有对象。

圈围（WP）：选取完全在多边形选取窗中的对象。

圈交（CP）：选取多边形选取窗口所包含或与之相交的对象。

组（G）：选定制定组中的全部对象。

增加（A）：新增一个或以上的对象到选择集中。

删除（R）：从选择集中删除一个或以上的对象。

多个（M）：选择多个对象并亮显选取的对象。

上一个（P）：选取包含在上个选择集中的对象。

撤消（U）：取消最近添加到选择集中的对象。

自动（AU）：自动选择模式，指向一个对象即可选择该对象。若指向对象内部或外部的空白区，将形成框选方法定义的选择框的第一个角点。

单个（ST）：选择"单个"选项后，只能选择一个对象，若要继续选择其他对象，需要重新执行选择命令。

下面总结了几种选择对象的方法：

（1）直接选择对象　只需将拾取框移动到希望选择的对象上，并单击鼠标即可。对象被选择后，会以虚线形式显示。

（2）选择全部对象　在"选择对象"提示下输入"ALL"后按回车键，中望 CAD 将自动选中屏幕上的所有对象，如图4-2所示。

（3）窗口选择方式　将拾取框移动到图中空白地方并单击鼠标，会提示"指定对角点:"在该提示下将光标移到另一个位置后单击，中望 CAD 自动以这两个拾取点为对角点确定一个矩形拾取窗口。如果矩形窗口是从左向右定义的，那么窗口内部的对象均被选中，而窗口外部以及与窗口边界相交的对象不被选中；如果窗口是从右向左定义的，那么不仅窗口内部的对象被选中，与窗口边界相交的那些对象也被选中。

（4）矩形窗口选择方式　在"选择对象"提示下输入"W"后并按回车键，中望 CAD 会依次提示确定矩形拾取窗口内所有对象。在使用矩形窗口拾取方式时，无论是从左向右还是从右向左定义窗口，被选中的对象均为位于窗口内的对象，如图4-3所示。

（5）交叉矩形窗口选择方式　在"选择对象"提示下输入"C"并按回车键，中望 CAD 会依次提示确定矩形拾取窗口的两个角点，确定后，所选对象不仅包括位于矩形窗口内的对象，而且也包括与窗口边界相交的所有对象，如图4-4所示。

（6）围栏选择方式　在"选择对象"提示下输入"F"后按回车键，中望 CAD 提示"第一个栏选点:"，确定第一点后指定直线的端点或放弃，输入"U"然后回车，按接下来的提示确定其他各点后按回车键，则与这些点确定的围线相交的对象被选中，如图4-5所示。

（7）多边形选择方式　在"选择对象"提示下输入"WP"后按回车键，中望 CAD 提示"第一个圈围点:"，确定第一点后指定直线的端点或放弃，接下来选择 1、2、3，则完全在三角形窗口里的对象被选中，如图4-6所示。

在"选择对象"提示下输入"CP"后按回车键，中望 CAD 提示"第一个圈围点:"，确定第一点后指定直线的端点或放弃，接下来选择 1、2、3，除了三角形窗口内的对象，与窗口边界相交的对象也会被选中，如图4-7所示。

选择全部

图 4-2　全部（ALL）

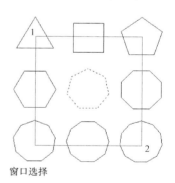

窗口选择

图 4-3　窗口（W）

窗交选择方式

图 4-4　相交（C）

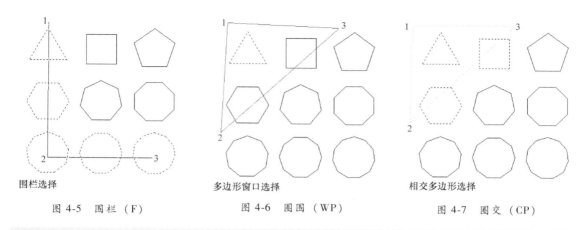

围栏选择　　　　　　　　　　　多边形窗口选择　　　　　　　　　　相交多边形选择

图 4-5　围栏（F）　　　　　图 4-6　圈围（WP）　　　　　图 4-7　圈交（CP）

注意

除了上述方法，还可以根据某一特殊性质来选择实体，如特定层中或特定颜色的所有实体，可以自动使用一些选择方法，无需显示提示框。如用鼠标左键，可以单击选择对象，或单击两点确定矩形选择框来选择对象。

任务 4.2　夹点编辑

4.2.1　夹点编辑

如果在未启动命令的情况下，单击选中某图形对象，那么被选中的图形对象就会以虚线显示，而且被选中图形的特征点（如端点、圆心、象限点等）将显示为蓝色的小方框，如图 4-8 所示，这样的小方框称为夹点。

夹点有两种状态：未激活状态和被激活状态。如图 4-8 所示，选择某图形对象后出现的蓝色小方框，就是未激活状态的夹点。如果单击某个未激活夹点，该夹点就被激活，也就是我们说的热夹点，以红色小方框显示。以被激活的夹点为基点，可以对图形对象执行拉伸、平移、拷贝、缩放和镜像等基本修改操作。

图 4-8　夹点位置图例

要使用夹点来编辑，先选取对象以显示夹点，再选择夹点来使用。所选的夹点视所修改对象类型与所采用的编辑方式而定。如要移动直线对象，拖动直线中点处的夹点；要拉伸直线，拖动直线端点处的夹点。在使用夹点时，不需输入命令。

4.2.2　夹点拉伸

拉伸是夹点编辑的默认操作，不需要再输入拉伸命令 Stretch。如图 4-9 所示，当激活某个夹点以后，命令行提示如下：

```
命令：
＊＊ 拉伸 ＊＊
指定拉伸点或[基点(B)/复制(C)/放弃(U)/退出(X)]：    此时直接拖动鼠标,就可以将热夹点拉伸到需要位置
```

如果不直接拖动鼠标，还可以选择中括号里的选项：

基点（B）：选择其他点为拉伸的基点，而不是以选中的夹点为基准点。

复制（C）：可以对某个夹点进行连续多次拉伸，而且每拉伸一次，就会在拉伸后的位置上复制留下该图形，如图 4-10 所示，该操作实际上是拉伸和复制两项功能的结合。

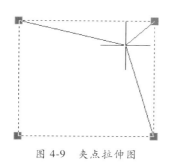
图 4-9　夹点拉伸图

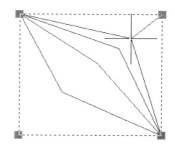
图 4-10　拉伸和复制的结合

4.2.3　夹点平移

激活图形对象上的某个夹点，在命令行输入平移命令的简写 MO，就可以平移该对象，如图 4-11 所示。命令行提示如下：

```
命令：
＊＊ 拉伸 ＊＊
指定拉伸点或[基点(B)/复制(C)/放弃(U)/退出(X)]:MO  切换到移动方式
＊＊ 移动 ＊＊
指定移动点或[基点(B)/复制(C)/放弃(U)/退出(X)]：    拖动鼠标移动图形,如图 4-11 所示,单击把图形放在合适位置
```

如果不直接拖动鼠标，还可以选择中括号里的选项：

基点（B）：选择其他点为平移的基点，而不是以选中的夹点为基准点。

复制（C）：可以对某个夹点进行连续多次平移，而且每平移一次，就会在平移后的位置上复制留下该图形，如图 4-12 所示，该操作实际上是平移和复制两项功能的结合。

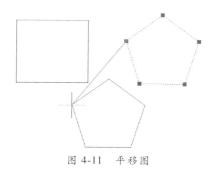
图 4-11　平移图

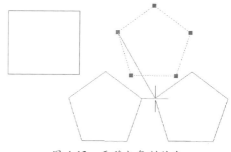
图 4-12　平移与复制结合

4.2.4　夹点旋转

激活图形对象上的某个夹点，在命令行输入旋转命令的简写 RO，就可以绕着热夹点旋转该对象，如图 4-13 所示。命令行提示如下：

59

```
命令:
* * 拉伸 * *
指定拉伸点或[基点(B)/复制(C)/放弃(U)/退出(X)]:RO        切换到旋转方式
* * 旋转 * *
指定旋转角度或[基点(B)/复制(C)/放弃(U)/参照(R)/退出(X)]:    拖动鼠标旋转图形,如图 4-13 所示,通过单击
                                                        或输入角度的办法把图形转到需要位置
```

如果不直接拖动鼠标，还可以选择中括号里的选项：

基点（B）：选择其他点为旋转的基点，而不是以选中的夹点为基准点。

复制（C）：可以对某个夹点进行连续多次旋转，而且每旋转一次，就会在旋转后的位置上复制留下该图形，如图 4-14 所示，该操作实际上是旋转和复制两项功能的结合。

参照（R）：将对象从指定的角度旋转到新的绝对角度。

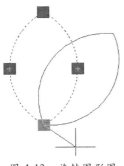

图 4-13　旋转图形图

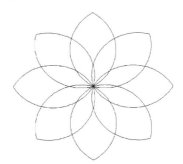

图 4-14　旋转与复制结合

4.2.5　夹点镜像

激活图形对象上的某个夹点，在命令行输入旋转命令的简写 MI，可以对图形进行镜像操作，如图 4-15 所示。其中热夹点已经被确定为对称轴上的一点，只需要确定另外一点，就可以确定对称轴位置。具体操作方法如下：

```
命令:
* * 拉伸 * *
指定拉伸点或[基点(B)/复制(C)/放弃(U)/退出(X)]:MI   切换到镜像方式
* * 镜像 * *
指定第 2 点或[基点(B)/复制(C)/放弃(U)/退出(X)]:      指定镜像轴的第 2 点,从而得到镜像图形,如图 4-15 所示
```

如果不直接拖动鼠标，还可以选择中括号里的选项：

基点（B）：选择其他点为镜像的基点，而不是以选中的夹点为基准点。

复制（C）：可以绕某个夹点进行连续多次镜像，而且每镜像一次，就会在镜像后的位置上复制留下该图形，如图 4-16 所示，该操作实际上是镜像和复制两项功能的结合。

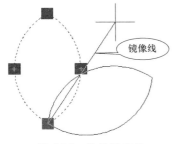

图 4-15　旋转图形图

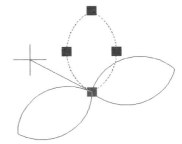

图 4-16　旋转与复制结合

60

任务 4.3　常用编辑命令

在中望 CAD 中，学生不仅可以使用夹点来编辑对象，还可以通过"修改"菜单中的相关命令来实现。

4.3.1　删除

1. 运行方式

命令行：Erase（E）

功能区："常用"→"修改"→"擦除"

工具栏："修改"→"删除"

删除图形文件中选取的对象。

2. 操作步骤

用删除命令删除图 4-17a 中圆形，结果如图 4-17b 所示。操作如下：

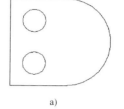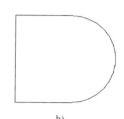

a)　　　　　　　　b)

图 4-17　用 Erase 命令删除图形

命令:Erase	执行 Erase 命令
选择对象:找到 1 个	单击圆选取删除对象,提示选中数量
选择对象:找到 1 个,共计 2 个	单击圆选取删除对象,提示选中数量
	回车删除对象

注意

使用 Oops 命令，可以恢复最后一次使用"删除"命令删除的对象。如果要连续向前恢复被删除的对象，则需要使用取消命令 Undo。

4.3.2　移动

1. 运行方式

命令行：Move（M）

功能区："常用"→"修改"→"移动"

工具栏："修改"→"移动"

将选取的对象以指定的距离从原来位置移动到新的位置。

2. 操作步骤

用 Move 命令将图 4-18a 中上面 3 个圆向上移动一定的距离，如图 4-18b 所示。操作如下：

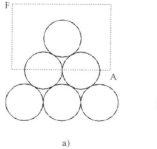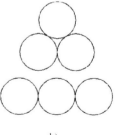

a)　　　　　　　　b)

图 4-18　用 Move 命令进行移动

命令:Move	执行 Move 命令
选择对象:	单击点 A,指定窗选对象的第一点
指定对角点:找到 3 个	单击点 B,指定窗选对象的第二点
选择对象:	回车结束对象选择
指定基点或[位移(D)]<位移>:	指定移动的基点
指定第二点的位移或者<使用第一点当作位移>:	垂直向上指定另一点,移动成功

以上各项提示的含义和功能说明如下：

基点：指定移动对象的开始点。移动对象距离和方向的计算会以起点为基准。

位移（D）：指定移动距离和方向的 X，Y，Z 值。

注意

学生可借助目标捕捉功能来确定移动的位置。移动对象最好是将极轴打开，可以清楚看到移动的距离及方位。

4.3.3 旋转

1. 运行方式

命令行：Rotate（RO）

功能区："常用"→"修改"→"旋转"

工具栏："修改"→"旋转"

通过指定的点来旋转选取的对象。

2. 操作步骤

用 Rotate 命令将图 4-19a 中正方形内的两个螺栓复制旋转 90°，使得正方形每个角都有一个螺栓，如图 4-19c 所示。操作如下：

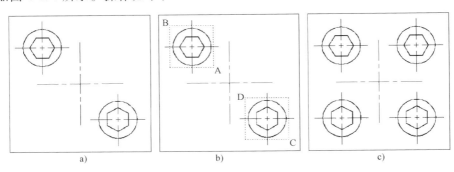

a)　　　　　　　　　　b)　　　　　　　　　　c)

图 4-19　用 Rotate 命令进行旋转

命令:Rotate	执行 Rotate 命令
UCS 当前的正角方向：　ANGDIR=逆时针　ANGBASE=0	
选择对象：	单击点 A,指定窗选对象的第一点
指定对角点:找到 9 个	单击点 B,指定窗选对象的第二点
选择对象：	单击点 C,指定窗选对象的第一点
指定对角点:找到 9 个,共 18 个	单击点 D,指定窗选对象的第二点
	提示已选择对象数,单击"确定"
指定基点：	选择正方形的中点为基点
指定旋转角度或[复制(C)/参照(R)]<270>:C	选择复制旋转
指定旋转角度或[复制(C)/参照(R)]<270>:90	指定旋转 90°回车,旋转并复制成功

以上各项提示的含义和功能说明如下：

旋转角度：指定对象绕指定的点旋转的角度。旋转轴通过指定的基点，并且平行于当前学生坐标系的 Z 轴。

复制（C）：在旋转对象的同时创建对象的旋转副本。

参照（R）：将对象从指定的角度旋转到新的绝对角度。

注意

对象相对于基点的旋转角度有正负之分，正角度表示沿逆时针方向旋转，负角度表示沿顺时针方向旋转。

4.3.4　复制

1. 运行方式

命令行：Copy（CO/ CP）

功能区："常用"→"修改"→"复制"

工具栏："修改"→"复制" 🖱️

将指定的对象复制到指定的位置上。

2. 操作步骤

用 Copy 命令复制图 4-20a 中床上的枕头。操作如下：

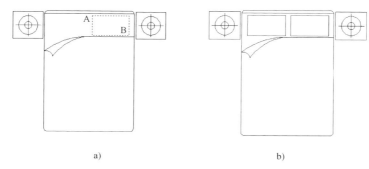

| a) | b) |

图 4-20　用 Copy 命令复制图形

命令：Copy	执行 Copy 命令
选择对象：	单击点 A，指定窗选对象的第一点
指定对角点：找到 1 个	单击点 B，指定窗选对象的第二点
选择对象：	回车结束对象选择
当前设置：复制模式＝多个	
指定基点或[位移（D）/模式（O）]<位移>：	指定复制的基点
指定第二点的位移或者<使用第一点当作位移>：	水平向左指定另一点，复制成功

⚙️ 以上各项提示的含义和功能说明如下：

基点：通过基点和放置点来定义一个矢量，指示复制的对象移动的距离和方向。

位移（D）：通过输入一个三维数值或指定一个点来指定对象副本在当前 X、Y、Z 轴的方向和位置。

模式（O）：控制复制的模式为单个或多个，确定是否自动重复该命令。

注意

1）Copy 命令支持对简单的单一对象（集）的复制，如直线/圆/圆弧/多段线/样条曲线和单行文字等，同时也支持对复杂对象（集）的复制，例如关联填充，块/多重插入块，多行文字，外部参照，组对象等。

2）使用 Copy 命令在一个图样文件进行多次复制，如果要在图样之间进行复制，应采用 Copyclip 命令<Ctrl+C>，它将对象复制到 Windows 的剪贴板上，然后在另一个图样文件中用 Pasteclip 命令<Ctrl+V>将剪贴板上的内容粘贴到图样中。

4.3.5　镜像

1. 运行方式

命令行：Mirror（MI）

功能区："常用"→"修改"→"镜像"

工具栏："修改"→"镜像" ◭

以一条线段为基准线，创建对象的反射副本。

2. 操作步骤

用 Mirror 命令使双人床另一边也有同样的台灯，如图 4-21b 所示。操作如下：

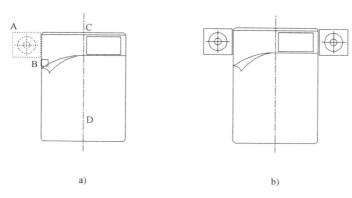

a)   b)

图 4-21 用 Mirror 命令镜像图形

命令:Mirror	执行 Mirror 命令
选择对象:	单击点 A,指定窗选对象的第一点
指定对角点:找到 5 个	单击点 B,提示已选中数量
指定镜像线的第一点:	单击点 C,指定镜像线第一点
指定镜像线的第二点:	单击点 D,指定镜像线第二点
是否删除源对象?［是(Y)/否(N)]<否(N)>:N	回车结束命令

注意

若选取的对象为文本，可配合系统变量 Mirrtext 来创建镜像文字。当 Mirrtext 的值为 1（ON）时，文字对象将同其他对象一样被镜像处理。当 Mirrtext 设置为 0（OFF）时，创建的镜像文字对象方向不做改变。

4.3.6 阵列

1. 运行方式

命令行：Array（AR）

功能区："常用"→"修改"→"阵列"

工具栏："修改"→"阵列" ▦

复制选定对象的副本，并按指定的方式排列。除了可以对单个对象进行阵列，还可以对多个对象进行阵列。在执行该命令时，系统会将多个对象视为一个整体对象来对待。

2. 操作步骤

将图 4-22a 用 Array 命令进行阵列复制，得到 4-22b 所示的圆桌。操作如下：

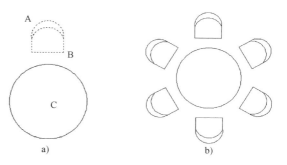

a)   b)

图 4-22 用 Array 命令进行阵列复制出圆桌

命令:Array	执行 Array 命令,打开图 4-23 所示对话框

中心点：	单击 C,指定环形阵列中心	指定对角点：	单击点 B,指定窗选对象的第二点
项目总数:6	指定整列项数	找到 5 个	提示已选择对象数
填充角度:360	指定阵列角度	确定	单击"确定"按钮完成阵列
选择对象：	单击点 A,指定窗选对象的第一点		

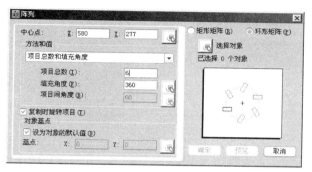

图 4-23　"阵列"对话框

矩形阵列（R）：复制选定的对象后，为其指定行数和列数创建阵列。矩形阵列示意如图 4-24 所示。

关于环形阵列的含义和功能说明如下：

环形阵列（P）：通过指定圆心或基准点来创建环形阵列。系统将以指定的圆心或基准点来复制选定的对象，创建环形阵列，如图 4-25 所示。

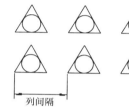

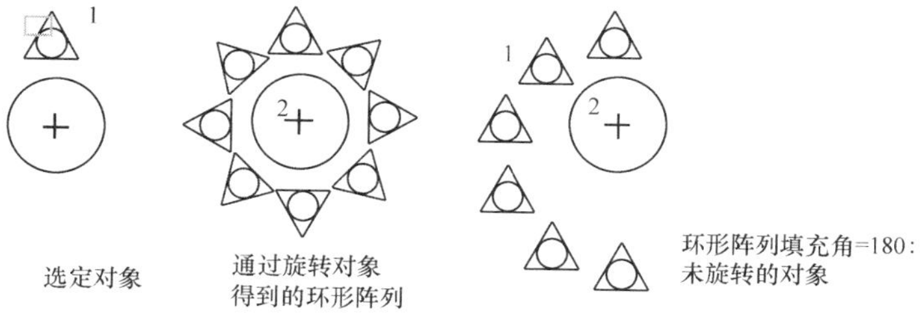

选定对象

行间隔

列间隔

图 4-24　矩形阵列示意

选定对象

通过旋转对象得到的环形阵列

环形阵列填充角=180:未旋转的对象

图 4-25　环形阵列示意

注意

环形阵列时，阵列角度值若输入正值，以逆时针方向旋转；若为负值，则以顺时针方向旋转。阵列角度值不允许为 0°，选项间角度值可以为 0°，但当选项间角度值为 0° 时，将看不到阵列的任何效果。

4.3.7　偏移

1. 运行方式

命令行：Offset（O）

功能区："常用"→"修改"→"偏移"

工具栏："修改"→"偏移"

以指定的点或指定的距离将选取的对象偏移并复制，使对象副本与原对象平行。

2. 操作步骤

用 Offset 命令偏移一组同心圆，如图 4-26 所示。操作如下：

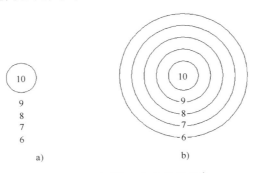

a)   b)

图 4-26   用 Offset 命令偏移对象

命令:Offset	执行 Offset 命令
指定偏移距离或[通过(T)]<通过>:2	指定偏移距离
选择要偏移的对象或<退出>:	选择圆
指定在边上要偏移的点:	选择圆外点 9 的位置,偏移出与原圆同心的一个圆
选择要偏移的对象或<退出>:	选择圆 9
指定在边上要偏移的点:	选择圆外点 8 的位置
选择要偏移的对象或<退出>:	选择圆 8
指定在边上要偏移的点:	选择圆外点 7 的位置
选择要偏移的对象或<退出>:	选择圆 7
指定在边上要偏移的点:	选择圆外点 6 的位置,回车结束命令

以上各项提示的含义和功能说明如下：

偏移距离：在距离选取对象的指定距离处创建选取对象的副本。

通过（T）：以指定点创建通过该点的偏移副本。

注意

偏移命令是一个对象编辑命令，在使用过程中，只能以直接拾取方式选择对象。

4.3.8 缩放

1. 运行方式

命令行：Scale（SC）

功能区："常用"→"修改"→"缩放"

工具栏："修改"→"缩放"

以一定比例放大或缩小选取的对象。

2. 操作步骤

用 Scale 命令将图 4-27a 中的五角星放大。

操作如下：

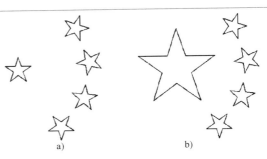

a)   b)

图 4-27   用 Scale 命令缩放图形

命令:Scale	执行 Scale 命令
选择对象:找到 1 个	选择图 4-27a 中五角星作为对象
指定基点:	单击五角星中心点
指定缩放比例或[复制(C)/参照(R)]<1.0000>:3	指定缩放比例

以上各项提示的含义和功能说明如下：

缩放比例：以指定的比例值放大或缩小选取的对象。当输入的比例值大于 1 时，则放大对象，若为 0~1 之间的小数，则缩小对象；或指定的距离小于原来对象大小时，缩小对象；指定的距离大于原对象大小，则放大对象。

复制（C）：在缩放对象时，创建缩放对象的副本。

参照（R）：按参照长度和指定的新长度缩放所选对象。

注意

Scale 命令与 Zoom 命令有区别，前者可改变实体的尺寸大小，后者只是缩放显示实体，并不改变实体的尺寸值。

4.3.9　打断

1. 运行方式

命令行：Break（BR）

功能区："常用"→"修改"→"打断"

工具栏："修改"→"打断"

将选取的对象在两点之间打断。

2. 操作步骤

用 Break 命令删除图 4-28a 所示圆的一部分，结果使图形成为一个螺母，如图 4-28b 所示。操作如下：

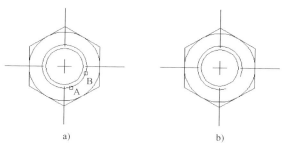

图 4-28　用 Break 命令删除图形

命令:Break	执行 Break 命令
选择对象：	选择点 A 到点 B 的弧,确定要打断的对象
指定第二个打断点 或者[第一个点(F)]:F	
选择指定第一、第二打断点	单击点 A,以点 A 作为第一打断点
指定第二个打断点：	以点 B 作为第二打断点

以上各项提示的含义和功能说明如下：

第一个点（F）：在选取的对象上指定要切断的起点。

第二打断点：在选取的对象上指定要切断的第二点。若学生在命令行输入 Break 命令后，第一条命令提示选择第二打断点，则系统将以选取对象时指定的点为默认的第一切断点。

注意

1）系统在使用 Break 命令切断被选取的对象时，一般是切断两个切断点之间的部分。当其中一个切断点不在选定的对象上时，系统将选择离此点最近的对象上的一点为切断点之一来处理。

2）若选取的两个切断点在一个位置，可将对象切开，但不删除某个部分。除了可以指定同一点，还可以在选择第二切断点时，在命令行提示下输入@字符，这样可以达到同样的效果。但这样的操作不适合圆，要切断圆，必须选择两个不同的切断点。

在切断圆或多边形等封闭区域对象时，系统默认以逆时针方向切断两个切断点之间的部分。

4.3.10　合并

1. 运行方式

命令行：Join

功能区："常用"→"修改"→"合并"

工具栏："修改"→"合并"

将对象合并以形成一个完整的对象。

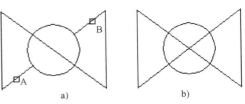

2. 操作步骤

用 Join 命令连接图 4-29a 所示两段直线，结果如图 4-29b 所示。操作如下：

图 4-29　用 Join 命令连接图形

命令:Join	执行 Join 命令
选择连接的圆弧,直线,开放多段线,椭圆弧:	单击直线 A
选择要连接的线:找到 1 个	单击直线 B,提示选中数量
选择要连接的线:	回车结束对象选择

注意

1) 圆弧：选取要连接的弧。要连接的弧必须都为同一圆的一部分。

2) 直线：要连接的直线必须处于同一直线上，它们之间可以有间隙。

3) 开放多段线：被连接的对象可以是：直线、开放多段线或圆弧，对象之间不能有间隙，并且必须位于与 UCS 的 XY 平面平行的同一平面上。

4) 椭圆弧：选择的椭圆弧必须位于同一椭圆上，它们之间可以有间隙。"闭合"选项可将源椭圆弧闭合成完整的椭圆。

5) 开放样条曲线：连接的样条曲线对象之间不能有间隙。最后对象是单个样条曲线。

4.3.11　倒角

1. 运行方式

命令行：Chamfer（CHA）

功能区："常用"→"修改"→"倒角"

工具栏："修改"→"倒角"

在两线交叉、放射状线条或无限长的线上建立倒角。

2. 操作步骤

用 Chamfer 命令将图 4-30a 所示的螺栓前端进行倒角，结果如图 4-30b 所示。

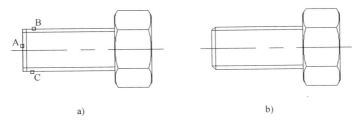

图 4-30　用 Chamfer 命令绘制图形

命令:Chamfer	执行 Chamfer 命令
("修剪"模式)当前倒角距离 1 = 0.0000,距离 2 = 0.0000	
选择第一条直线或[多段线(P)/距离(D)/角度(A)/修剪(T)/方式(M)/多个(U)]:D	输入 D,选择倒角距离
指定第一个倒角距离<0.0000>:1	设置倒角距离
指定第二个倒角距离<1.0000>:	回车接受默认距离
选择第一条直线或[多段线(P)/距离(D)/角度(A)/修剪(T)/方式(M)/多个(U)]:U	输入 U,选择多次倒角
选择第一条直线或[多段线(P)/距离(D)/角度(A)/修剪(T)/方式(M)/多个(U)]:	单击直线 A,选取第一个倒角对象

选择第二条直线：	单击直线 B
选择第一条直线或[多段线(P)/距离(D)/角度(A)/修剪(T)/方式(M)/多个(U)]:	单击直线 A,再选第一个倒角对象
选择第二条直线：	单击直线 C
选择第一条直线或[多段线(P)/距离(D)/角度(A)/修剪(T)/方式(M)/多个(U)]:	回车,结束命令

以上各项提示的含义和功能说明如下：

选择第一条直线：选择要进行倒角处理的对象的第一条边，或要倒角的三维实体边中的第一条边。

多段线（P）：为整个二维多段线进行倒角处理。

距离（D）：创建倒角后，设置倒角到两个选定边的端点的距离。

角度（A）：指定第一条线的长度和第一条线与倒角后形成的线段之间的角度值。

修剪（T）：自行选择是否对选定边进行修剪，直到倒角线的端点。

方式（M）：选择倒角方式。倒角处理的方式有两种，"距离-距离" 和 "距离-角度"。

多个（U）：可为多个两条线段的选择集进行倒角处理。

注意

1）若要做倒角处理的对象没有相交，系统会自动修剪或延伸到可以做倒角的情况。

2）若为两个倒角距离指定的值均为 0，选择的两个对象将自动延伸至相交。

3）学生选择 "放弃" 时，使用倒角命令为多个选择集进行的倒角处理将全部被取消。

4.3.12 圆角

1. 运行方式

命令行：Fillet（F）

功能区："常用"→"修改"→"圆角"

工具栏："修改"→"圆角"

为两段圆弧、圆、椭圆弧、直线、多段线、射线、样条曲线或构造线以及三维实体创建以指定半径的圆弧形成的圆角。

2. 操作步骤

用 Fillet 命令将图 4-31a 所示的槽钢进行倒圆角，结果如图 4-31b 所示。操作如下：

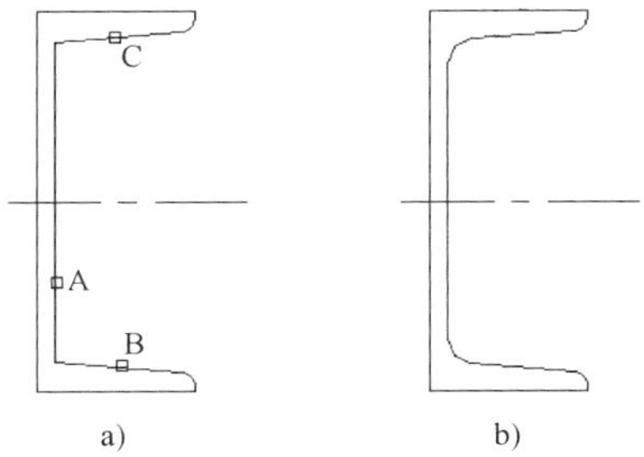

图 4-31　用 Fillet 命令绘制图形

命令:Fillet	执行 fillet 命令
当前设置:模式 = 修剪,半径 = 0.0000	
选择第一个对象或[多段线(P)/半径(R)/修剪(T)/多个(U)]: R	输入 R,选择圆角半径
指定圆角半径<0.0000>:10	设置的圆角半径
选择第一个对象或[多段线(P)/半径(R)/修剪(T)/多个(U)]: U	输入 U,选择多次倒角
选择第一个对象或[多段线(P)/半径(R)/修剪(T)/多个(U)]:	单击直线 A,选取第一个倒角对象
选择第二个对象：	单击直线 B
选择第一个对象或[多段线(P)/半径(R)/修剪(T)/多个(U)]:	单击直线 A,再选第一个倒角对象
选择第二个对象：	单击直线 C
选择第一个对象或[多段线(P)/半径(R)/修剪(T)/多个(U)]:	回车,结束命令

以上各项提示的含义和功能说明如下：

选取第一个对象：选取要创建圆角的第一个对象。

多段线（P）：在二维多段线中的每两条线段相交的顶点处创建圆角。

半径（R）：设置圆角弧的半径。

修剪（T）：在选定边后，若两条边不相交，选择此选项确定是否修剪选定的边使其延伸到圆角弧的端点。

多个（U）：为多个对象创建圆角。

注意

1）若选定的对象为直线、圆弧或多段线，系统将自动延伸这些直线或圆弧直到它们相交，然后再创建圆角。

2）若选取的两个对象不在同一图层，系统将在当前图层创建圆角线。同时，圆角的颜色、线宽和线型的设置也是在当前图层中进行。

3）若选取的对象是包含弧线段的单个多段线，创建圆角后，新多段线的所有特性（如图层、颜色和线型）将继承所选的第一个多段线的特性。

4）若选取的对象是关联填充（其边界通过直线线段定义），创建圆角后，该填充的关联性不再存在。若该填充的边界以多段线来定义，将保留其关联性。

5）若选取的对象为一条直线和一条圆弧或一个圆，可能会有多个圆角的存在，系统将默认选择最靠近作为中点的端点来创建圆角。

4.3.13 修剪

1. 运行方式

命令行：Trim（TR）

功能区："常用"→"修改"→"修剪"

工具栏："修改"→"修剪"

清理所选对象超出指定边界的部分。

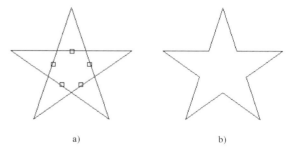

2. 操作步骤

用 Trim 将图 4-32a 所示的五角星内的直线剪掉，结果如图 4-32b 所示。操作如下：

a)   b)

图 4-32　用 Trim 命令将直线部分剪掉

命令:Trim	执行 Trim 命令
当前设置:投影=UCS,边=无	
选择剪切边...	全选五角星
选择对象或<全部选择>:	回车全选对象
选择要修剪的对象,或按住 shift 来选择要延伸的对象或[栏选(F)/窗交(C)/投影(P)/边缘模式(E)/删除(R)/撤消(U)]:	指定五角星的一条边剪切对象
选择要修剪的对象,或按住 shift 来选择要延伸的对象或[栏选(F)/窗交(C)/投影(P)/边缘模式(E)/删除(R)/撤消(U)]:	指定五角星的第二条边剪切对象
选择要修剪的对象,或按住 shift 来选择要延伸的对象或[栏选(F)/窗交(C)/投影(P)/边缘模式(E)/删除(R)/撤消(U)]:	指定五角星的第三条边剪切对象
选择要修剪的对象,或按住 shift 来选择要延伸的对象或[栏选(F)/窗交(C)/投影(P)/边缘模式(E)/删除(R)/撤消(U)]:	指定五角星的第四条边剪切对象
选择要修剪的对象,或按住 shift 来选择要延伸的对象或[栏选(F)/窗交(C)/投影(P)/边缘模式(E)/删除(R)/撤消(U)]:	指定五角星的最后一条边剪切
选择要修剪的对象,或按住 shift 来选择要延伸的对象或[栏选(F)/窗交(C)/投影(P)/边缘模式(E)/删除(R)/撤消(U)]:	回车结束命令

以上各项提示的含义和功能说明如下：

要修剪的对象：指定要修剪的对象。

边缘模式（E）：修剪对象的假想边界或与之在三维空间相交的对象。

栏选（F）：指定围栏点，将多个对象修剪成单一对象。

窗交（C）：通过指定两个对角点来确定一个矩形窗口，选择该窗口内部或与矩形窗口相交的对象。

投影（P）：指定在修剪对象时使用的投影模式。

删除（R）：在执行修剪命令的过程中将选定的对象从图形中删除。

撤消（U）：撤消使用 Trim 最近对对象进行的修剪操作。

注意

在按回车键结束选择前，系统会不断提示指定要修剪的对象，所以可指定多个对象进行修剪。在选择对象的同时按<Shift>键可将对象延伸到最近的边界，而不修剪它。

4.3.14　延伸

1. 运行方式

命令行：Extend（EX）

功能区："常用"→"修改"→"延伸"

工具栏："修改"→"延伸" —/

延伸线段、弧、二维多段线或射线，使之与另一对象相切。

2. 操作步骤

用 Extend 命令延伸图 4-33a，使之成为图 4-33b 所示的图形。操作如下：

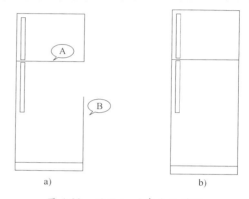

a)　　　　　　b)

图 4-33　用 Extend 命令延伸图

```
命令:Extend                                          执行 Extend 命令
当前设置:投影=UCS,边=无
选择边界的边...
选择对象或<全部选择>:找到 1 个                         单击点 A,提示找到一个对象
选择要延伸的对象,或按住<Shift>键选择要修剪的对象,或[栏选(F)/窗交(C)/投影(P)/边(E)/撤消(U)]:
                                                     单击点 B,指定延伸对象
选择要延伸的对象,或按住<Shift>键选择要修剪的对象,或[栏选(F)/窗交(C)/投影(P)/边(E)/撤消(U)]:
                                                     回车结束命令
```

以上各项提示的含义和功能说明如下：

边界的边：选定对象，使之成为对象延伸边界的边。

延伸的对象：选择要进行延伸的对象。

边（E）：若边界对象的边和要延伸的对象没有实际交点，但又要将指定对象延伸到两对象的假想交点处，可选择"边"。

围栏（F）：进入"围栏"模式，可以选取围栏点。围栏点是要延伸的对象上的开始点，延伸多个对象到一个对象。

窗交（C）：进入"窗交"模式，通过从右到左指定两个点定义选择区域内的所有对象，延伸所有的对象到边界对象。

投影（P）：选择对象延伸时的投影方式。

删除（R）：在执行 Extend 命令的过程中选择对象将其从图形中删除。

撤消（U）：放弃之前使用 Extend 命令对对象的延伸处理。

注意

在选择时，可根据系统提示选取多个对象进行延伸。同时，还可按住<Shift>键选定对象将其修剪到最近的边界边。若要结束选择，按回车键即可。

4.3.15 拉长

1. 运行方式

命令行：Lengthen （LEN）

功能区："常用"→"修改"→"拉长"

工具栏："修改"→"拉长"

为选取的对象修改长度，为圆弧修改包含的角度。

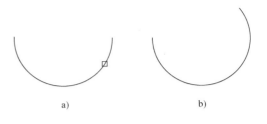

a)   b)

图 4-34　用 Lengthen 命令增加圆弧长度

2. 操作步骤

用 Lengthen 增加图 4-34a 中的圆弧长度，结果如图 4-34b 所示。操作如下：

命令:Lengthen	执行 Lengthen 命令
选择对象或[增量(DE)/百分数(P)/全部(T)/动态(DY)]:P	输入 P,选择拉长方式
输入长度百分比 <100.0000>:130	输入拉长后的百分比
选择要修改的对象或[放弃(U)]:	单击圆弧,指定拉长对象
选择要修改的对象或[放弃(U)]:	回车,结束命令

以上各项提示的含义和功能说明如下：

增量（DE）：以指定的长度为增量修改对象的长度，该增量从距离选择点最近的端点处开始测量。

百分数（P）：指定对象总长度或总角度的百分比来设置对象的长度或弧包含的角度。

全部（T）：指定从固定端点开始测量的总长度或总角度的绝对值来设置对象长度或弧包含的角度。

动态（DY）：开启"动态拖动"模式，通过拖动选取对象的一个端点来改变其长度。其他端点保持不变。

注意

增量方式拉长时，若选取的对象为弧，增量就为角度。若输入的值为正，则拉长扩展对象，若为负值，则修剪缩短对象的长度或角度。

4.3.16 分解

1. 运行方式

命令行：Explode （X）

功能区："常用"→"修改"→"分解"

工具栏："修改"→"分解"

对由多个对象组合而成的合成对象（例如图块、多段线等）分解为独立对象。

2. 操作实例

用 Explode 命令炸开矩形，令其成为 8 条直线和 2 条弧，如图 4-35 所示，操作如下：

命令:Explode	执行 Explode 命令
选择对象:点选双开门	指定分解对象
指定对角点:找到 1 个	提示选择对象的数量
回车	结束命令

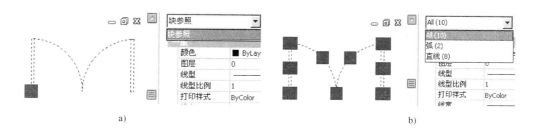

a)

b)

图 4-35 用 Explode 命令分解图形

注意

1）系统可同时分解多个合成对象，并将合成对象中的多个部件全部分解为独立对象。但若使用的是脚本或运行时扩展函数，则一次只能分解一个对象。

2）分解后，除了颜色、线型和线宽可能会发生改变，其他结果将取决于所分解的合成对象的类型。

3）将块中的多个对象分解为独立对象，但一次只能删除一个编组级。若块中包含一个多段线或嵌套块，那么对该块的分解是首先分解为多段线或嵌套块，然后再分别分解该块中的各个对象。

4.3.17 拉伸

1. 运行方式

命令行：Stretch（S）

功能区："常用"→"修改"→"拉伸"

工具栏："修改"→"拉伸"

拉伸选取的图形对象，使其中一部分移动，同时维持与图形其他部分的关系。

2. 操作实例

用 Stretch 命令把图 4-36a 中门的宽度拉伸，使之成为图 4-36b 所示的效果。操作如下：

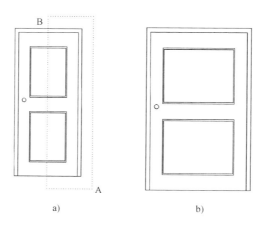

a) b)

图 4-36 用 Stretch 拉伸门的宽度

命令:Stretch	执行 Stretch 命令
以交叉窗口或交叉多边形选择要拉伸的对象...	
选择对象：	
指定对角点:找到 18 个	单击点 A,指定第一点
	单击点 B,指定第二点
	提示选中对象数量
选择对象：	回车结束选择
指定基点或[位移(D)] <位移>：	单击一点,指定拉伸基点
指定第二点的位移或者 <使用第一点当作位移>：	水平向右单击一点,指定拉伸距离

以上各项提示的含义和功能说明如下：

指定基点：使用 Stretch 命令拉伸选取窗口内或与之相交的对象，其操作与使用 Move 命令移动对象类似。

位移（D）：进行向量拉伸。

注意

可拉伸的对象包括与选择窗口相交的圆弧、椭圆弧、直线、多段线线段、二维实体、射线、宽线和样条曲线。

4.3.18　编辑多段线

1. 运行方式

命令行：Pedit（PE）

功能区："常用"→"修改"→"编辑多段线"

工具栏："修改Ⅱ"→"编辑多段线"

编辑二维多段线、三维多段线或三维网格。

2. 操作实例

用 Pedit 命令编辑图 4-37a 所示的多段线。操作如下：

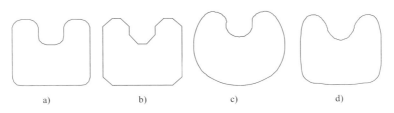

a)　　　　　　b)　　　　　　c)　　　　　　d)

图 4-37　用 Pedit 命令编辑多段线

命令:Pedit	执行 Pedit 命令
选择多段线或[多条(M)]：	选择对象,指定编辑对象
输入选项[闭合(C)/合并(J)/宽度(W)/编辑顶点(E)/拟合(F)/样条曲线(S)/非曲线化(D)/线型生成(L)/反转(R)/锥形(T)/放弃(U)]:D	输入 D,执行结果如图 4-37b 所示
输入选项[闭合(C)/合并(J)/宽度(W)/编辑顶点(E)/拟合(F)/样条曲线(S)/非曲线化(D)/线型生成(L)/反转(R)/锥形(T)/放弃(U)]:F	输入 F,执行结果如图 4-37c 所示
输入选项[闭合(C)/合并(J)/宽度(W)/编辑顶点(E)/拟合(F)/样条曲线(S)/非曲线化(D)/线型生成(L)/反转(R)/锥形(T)/放弃(U)]:S	输入 S,执行结果如图 4-37d 所示
输入选项[闭合(C)/合并(J)/宽度(W)/编辑顶点(E)/拟合(F)/样条曲线(S)/非曲线化(D)/线型生成(L)/反转(R)/锥形(T)/放弃(U)]:	回车结束命令

以上各项提示的含义和功能说明如下：

多条（M）：选择多个对象同时进行编辑。

编辑顶点（E）：对多段线的各个顶点逐个进行编辑。

闭合（C）：将选取的处于打开状态的三维多段线以一条直线段连接起来，成为封闭的三维多段线。

非曲线化（D）：删除"拟合"选项所建立的曲线拟合或"样条"选项所建立的样条曲线，并拉直多段线的所有线段。

拟合（F）：在顶点间建立圆滑曲线，创建圆弧拟合多段线。

连接（J）：从打开的多段线的末端新建线、弧或多段线。

线型生成（L）：改变多段线的线型模式。

反转（R）：改变多段线的方向。

样条（S）：将选取的多段线对象改变成样条曲线。

锥形（T）：通过定义多段线起点和终点的宽度来创建锥状多段线。

宽度（W）：指定选取的多段线对象中所有直线段的宽度。

撤消（U）：撤消上一步操作，可一直返回到使用 Pedit 命令之前的状态。

退出（X）：退出 Pedit 命令。

注意

选择多个对象同时进行编辑时要注意，不能同时选择多段线对象和三维网格进行编辑。

任务 4.4 编辑对象属性

对象属性包含一般属性和几何属性。对象的一般属性包括对象的颜色、线型、图层及线宽等，几何属性包括对象的尺寸和位置。学生可以直接在"属性"窗口中设置和修改对象的这些属性。

4.4.1 使用"属性"窗口

"属性"窗口中显示了当前选择集中对象的所有属性和属性值，当选中多个对象时，将显示它们共有属性，如图 4-38 所示。学生可以修改单个对象的属性，快速选择集中对象共有的属性，以及多个选择集中对象的共同属性。

命令行：Properties

功能区："工具"→"选项板"→"属性"

工具栏："标准"→"特性"

这三种方法都可以打开"属性"窗口，可以浏览、修改对象的属性，也可以浏览、修改满足应用程序接口标准的第三方应用程序对象。

4.4.2 属性修改

1. 运行方式

命令行：Change

修改选取对象特性。

图 4-38 "属性"窗口

2. 操作实例

用 Change 命令改变圆形对象的线宽，如图 4-39 所示。操作如下：

a)　　　　　　　　　b)

图 4-39　用 Change 命令改变图形线宽

命令:Change	执行 Change 命令
选择对象:	选择对象,指定编辑对象
指定修改点或[特性(P)]:P	选择编辑对象特征
输入要改变的特性[颜色(C)/标高(E)/图层(LA)/线型(LT)/线型比例(S)/	
线宽(LW)/厚度(T)]:LW	输入 LW,选择线宽
输入新的线宽 <Bylayer>:2	指定对象线宽
输入要改变的特性[颜色(C)/标高(E)/图层(LA)/线型(LT)/线型比例(S)/	
线宽(LW)/厚度(T)]:	回车,结束命令

以上各项提示的含义和功能说明如下：

修改点：通过指定改变点来修改选取对象的特性。

特征（P）：修改选取对象的特性。

颜色（C）：修改选取对象的颜色。

标高（E）：为对象上所有的点都具有相同 Z 坐标值的二维对象设置 Z 轴标高。

图层（LA）：为选取的对象修改所在图层。

线型（LT）：为选取的对象修改线型。

线型比例（S）：修改选取对象的线型比例因子。

线宽（LW）：为选取的对象修改线宽。

厚度（T）：修改选取的二维对象在 Z 轴上的厚度。

注意

选取的对象除了线宽为 0 的直线外，其他对象都必须与当前学生坐标系（UCS）平行。若同时选择了直线和其他可变对象，由于选取对象顺序的不同，结果可能也不同。

任务 4.5　清理及核查

4.5.1　清理

运行方式

命令行：Purge（PU）

功能区："图标"→"图形实用工具"→"清理"

工具栏："修改"→"清理"

清除当前图形文件中未使用的已命名项目。例如图块、图层、线型、文字形式，或自己所定义但不使用于图形的恢复标注样式。

4.5.2　核查

运行方式

命令行：Recover

功能区："图标"→"图形实用工具"→"核查"

修复损坏的图形文件。

注意

Recover 命令只对 DWG 文件执行修复或核查操作。对 DXF 文件执行修复仅打开文件。

项目小结

　　没有任何一幅图形是不经修改就可以完成的，由于各种原因需要对图形进行修改。一些编辑过程就是绘图过程的一部分，例如复制一个对象而不是重新开始绘制。而另外一些编辑操作设计同时对大量对象进行更改，如变更图形的图层。此外，还经常需要对对象进行删除、移动、旋转和缩放等操作。学生要把项目内容配合绘图的内容一起学习，达到熟能生巧。

练习

1. 选择题

1）在中望 CAD 中，用鼠标选择删除目标和用工具栏中删除命令进行删除目标时，对先选目标和后选目标而言，操作鼠标按钮的次数是（　　　）。

A. 先选目标时多操作一次

B. 后选目标时少操作一次

C. 后选目标时多操作一次

D. 都一样

2）关于中望 CAD 的 Move 命令的移动基点，描述正确的是（　　　）。

A. 须选择坐标原点

B. 须选择图形上的特殊点

C. 可以是绘图区域上的任意点

D. 可以直接回车作答

3）用旋转命令"Rotate"旋转对象时：（　　　）。

A. 必须指定旋转角度

B. 必须指定旋转基点

C. 必须使用参考方式

D. 可以在三位一体空间缩放对象

4）不能应用修剪命令"Trim"进行修剪的对象是：（　　　）。

A. 圆弧

B. 圆

C. 直线

D. 文字

2. 画图题

画出图 4-40 所示图形。

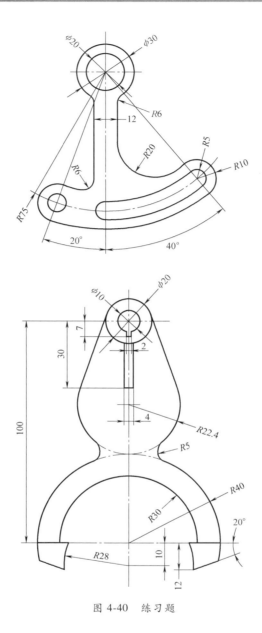

图 4-40　练习题

05

项目5
辅助绘图工具与图层

本课导读

　　本项目主要学习线型、图形范围、图形单位、栅格、光标捕捉、正交、草图设置、坐标系与坐标、对象捕捉、查询、设计中心和工具选项板等命令的使用。

　　图层概念的引入，将复杂的一个图形分解成简单的几个部分分别进行绘制。这样在绘制和管理大型复杂的工程图时，学生就可以做到有条不紊、快速准确。

项目要点

- 栅格、光标捕捉、正交的设置
- 对象捕捉
- 线型
- 图层
- 查询图形信息
- 设计中心和工具选项板的使用

绘图参数的设置是进行绘图之前的必要准备工作。它可指定在多大的图纸上进行绘制；指定绘图采用的单位、颜色、线宽等，中望 CAD 提供了强大的精确绘图功能，其中包括对象捕捉、对象追踪、极轴、栅格、正交等，通过绘图工具参数的设置，我们可以精确、快速地进行图形定位。

利用精确绘图可以进行图形处理和数据分析，数据结果的精度能够达到工程应用所需的程度，以降低大量的工作量，提高设计的效率。

任务 5.1　设置栅格

栅格由一组规则的点组成（图 5-1），虽然栅格在屏幕上可见，但它既不会打印到图形文件上，也不影响绘图位置。栅格只在绘图范围内显示，帮助辨别图形边界，安排对象以及对象之间的距离。可以按需要打开或关闭栅格，也可以随时改变栅格的尺寸。

图 5-1　打开栅格显示结果

GRID 命令

GRID 命令可按学生指定的 X、Y 轴方向间距在绘图界限内显示一个栅格点阵。栅格显示模式的设置可让学生在绘图时有一个直观的定位参照。当栅格点阵的间距与光标捕捉点阵的间距相同时，栅格点阵就形象地反映出光标捕捉点阵的形状，同时直观地反映出绘图界限。

1. 运行方式

命令行：Grid

在当前视口显示小圆点状的栅格，作为视觉参考点。

2. 操作步骤

中望 CAD 通过执行 GRID 命令来设定栅格间距，并打开栅格显示，结果如图 5-1 所示，其操作步骤如下：

```
命令:Grid                                                    执行 Grid 命令
指定栅格间距(X)或[开(ON)/关闭(OFF)/捕捉(S)/纵横向间距(A)] <10.0000>:A

                                                             输入 A,设置间距
指定水平间距(X)<10.0000>:10                                   设置水平间距
指定垂直间距(Y)<10.0000>:10                                   设置垂直间距
命令:Grid                                                    再执行 Grid 命令
指定栅格间距(X)或[开(ON)/关闭(OFF)/捕捉(S)/纵横向间距(A)] <10.0000>:S

                                                             输入 S,设置栅格间距与捕捉间距相同
```

提示选项介绍如下：

关闭（OFF）：选择该项后，系统将关闭栅格显示。

打开（ON）：选择该项后，系统将打开栅格显示。

捕捉（S）：设置栅格间距与捕捉间距相同。

纵横向间距（A）：设置栅格 X 轴方向间距和 Y 轴方向间距，一般用于设置不规则的间距。

栅格间距的设置可通过执行 Dsettings 命令在"草图设置"中设置，也可以在状态栏上的"栅格"或"捕捉"按钮上单击鼠标右键，弹出快捷菜单选择"设置"选项，都会弹出"草图设置"对话框，如图 5-2 所示。

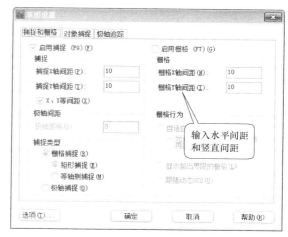

图 5-2　"草图设置"对话框

栅格 X 轴间距：指定 X 轴方向栅格点的间距。

栅格 Y 轴间距：指定 Y 轴方向栅格点的间距。

注意

1）在任何时间切换栅格的打开或关闭，可双击状态栏中的"栅格"，或单击设置工具栏的"栅格"工具或按<F7>。

2）栅格就像是坐标纸，可以大大提高作图效率。

3）栅格中的点只是作为一个定位参考点被显示，它不是图形实体，改变 Point 点的形状、大小对栅格点不会起作用，它不能用编辑实体的命令进行编辑，也不会随图形输出。

任务 5.2　设置 SNAP 命令

SNAP 命令可以用栅格捕捉光标，使光标只落在某个栅格点上。通过光标捕捉模式的设置，很好地控制绘图精度，加快绘图速度。

1．运行方式

命令行：Snap（SN）

2．操作步骤

执行 Snap 命令后，系统提示：

指定捕捉间距或[开(ON)/关(OFF)/纵横向间距(A)/旋转(R)/样式(S)/类型(T)]　　　　<10.0000>：

提示选项介绍如下：

开（ON）／关（OFF）：打开/关闭栅格捕捉命令。

纵横向间距（A）：设置栅格 X 轴方向间距和 Y 轴方向间距，一般用于设置不规则的栅格捕捉。

旋转（R）：该选项可指定一个角度，使栅格绕指定点旋转一定角度，而且十字光标也进行相同角度的旋转。

样式（S）：确定栅格捕捉的方式，有标准（S）、等轴测（I）两个选项。

◆ 标准（S）：在该样式下，捕捉栅格为矩形栅格。

◆ 等轴测（I）：选择此项，使绘制方式为三维的等轴测方式，此时十字光标也不再垂直。

类型（T）：确定栅格的方式，有极轴（P）、栅格（G）两个选项。

栅格捕捉的设置也可通过执行 Dsettings 命令，在"草图设置"对话框完成，如图 5-3 所示。

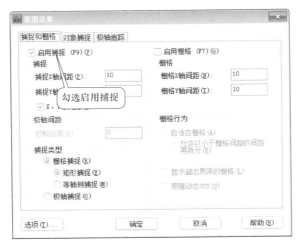

图 5-3　栅格捕捉的设置

注意

1）学生可将光标捕捉点视为一个无形的点阵，点阵的行距和列距为指定的 X、Y 轴方向间距，光标的移动将锁定在点阵的各个点位上，因而拾取的点也将锁定在这些点位上。

2）设置栅格的捕捉模式可以很好地控制绘图精度。例如：一幅图形的尺寸精度是精确到十位数。这时，学生就可将光标捕捉设置为沿 X、Y 轴方向间距为 10mm，打开 SNAP 命令后，光标精确地移动 10 或 10 的整数倍距离，学生拾取的点也就精确地定位在光标捕捉点上；如果是建筑图纸，可设为 500、1000 或更大值。

3）栅格捕捉模式不能控制由键盘输入坐标来指定的点，它只能控制由鼠标拾取的点。

4）可以单击状态栏中的"捕捉模式"按钮或按<F9>键，切换栅格捕捉的开关。

任务 5.3　设置正交

正交是指两个对象互相垂直相交。打开正交绘图模式后，通过限制光标只在水平或垂直轴上移动，来达到直角或正交模式下的绘图目的。

1. 运行方式

命令行：Ortho

直接按<F8>键，<F8>键是正交开启和关闭的切换键。

例如在默认 0°方向时（0°为"3 点位置"或"东"向），打开正交模式操作，线的绘制将严格地限制为 0°、90°、180°或 270°，在画线时生成的线是水平或垂直的取决于哪根轴离光标远。当激活等轴测捕捉和栅格时，光标移动将在当前等轴测平面上等价地进行。

2. 操作步骤

打开正交操作步骤如下：

```
命令:Ortho                                    执行 Ortho 命令
输入模式[开(ON)/关(OFF)]<关闭(OFF)>:on        打开正交绘图模式
```

命令行各选项介绍如下：

打开（ON）：打开正交绘图模式。

关闭（OFF）：关闭正交绘图模式。

在设置了栅格捕捉和栅格显示的绘图区后，用正交绘图方式绘制图 5-4 所示的图形（500mm×250mm）。该图形与 X 轴方向呈 45°夹角。其操作步骤如下：

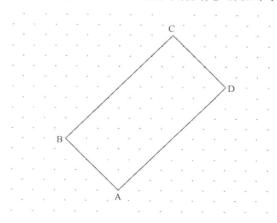

图 5-4　用正交绘图方式绘制结果

命令:Ortho	执行 Ortho 命令
输入模式［开(ON)/关(OFF)］<关闭(OFF)>:on	打开正交绘图模式
命令:Snap	执行 Snap 命令
指定捕捉间距或［开(ON)/关(OFF)/纵横向间距(A)/旋转(R)/样式(S)/类型(T)］	
<10.0000>:50	将捕捉间距改为 50mm
命令:Snap	再执行 Snap 命令
指定捕捉间距或［开(ON)/关(OFF)/纵横向间距(A)/旋转(R)/样式(S)/类型(T)］	
<50.0000>:r	输入 R 改变角度
指定基点 <0.0000,0.0000>:	直接回车
指定旋转角度 <0>:45	输入旋转角度 45°
命令:Line	执行画线命令
Line 指定第一个点:	拾取 A 点,指定线段的起点
［角度(A)/长度(L)/放弃(U)］:	在 -45°角方向距 A 点 5 个单位间距处拾取 B 点
［角度(A)/长度(L)/放弃(U)］:	在 45°角方向上距 B 点 10 个单位间距处拾取 C 点
［角度(A)/长度(L)/闭合(C)/放弃(U)］:	同理拾取 D 点
［角度(A)/长度(L)/闭合(C)/放弃(U)］:c	输入 C,闭合图形

注意

1）任意时候切换正交绘图，可单击状态栏的"正交"，或按<F8>键。

2）中望 CAD 在从命令行输入坐标值或使用对象捕捉时将忽略正交绘图。

3）Ortho 正交方式与 Snap 捕捉方式相似，它只能限制鼠标拾取点的方位，而不能控制由键盘输入坐标值确定的点位。

4）Snap 命令中"旋转"选项的设置对正交方向同样起作用。例如，当学生将光标捕捉旋转 30°，打开正交绘图模式后，正交方向也旋转 30°，系统将限制鼠标在相对于前一拾取点呈 30°或呈 120°的方向上拾取点。该设置对于具有一定倾斜角度的正交对象的绘制非常有用。

5）当栅格捕捉设置了旋转角度后，无论栅格捕捉、栅格显示、正交方式是否打开，十字光标都将按旋转了的角度显示。

任务 5.4　设置对象捕捉

对象捕捉用于绘图时指定已绘制对象的几何特征点，利用对象捕捉功能可以快速捕捉各种特征点。

5.4.1　"对象捕捉"工具栏

在中望 CAD 中打开"对象捕捉"工具栏，里面包含了多种目标捕捉工具，如图 5-5 所示。

图 5-5　"对象捕捉"工具栏

对象捕捉工具是临时运行捕捉模式，它只能执行一次。在绘图过程中，可以在命令栏输入捕捉方式的英文简写，然后根据系统提示进行相应操作即可准确捕捉到相关的特征点；也可以在操作过程中，单击鼠标右键在快捷菜单中选择对象捕捉点，"对象捕捉"工具栏中的各按钮含义及功能见表 5-1。

表 5-1　目标捕捉类型

按钮	类型	简写	功　　能
	临时追踪点	TK	启用后,指定一临时追踪点,其上将出现一个小的加号(+)。移动光标时,将相对于这个临时点显示自动追踪对齐路径,学生在路径上以相对于临时追踪点的相对坐标取点。在命令行输入 TT 也可捕捉临时追踪点
	捕捉自	From	建立一个临时参照点作为偏移后续点的基点,输入自该基点的偏移位置作为相对坐标,或使用直接距离输入。也可在命令中途用 from 调用
	捕捉到端点	End	利用端点捕捉工具可捕捉其他对象的端点,这些对象可以是圆弧、直线、复合线、射线、平面或三维面,若对象有厚度,端点捕捉也可捕捉对象边界端点
	捕捉到中点	Mid	利用中点捕捉工具可捕捉另一对象的中间点,这些对象可以是圆弧、线段、复合线、平面或辅助线(infinite line),当为辅助线时,中点捕捉第一个定义点,若对象有厚度也可捕捉对象边界的中间点
	捕捉到交点	Int	利用交点捕捉工具可以捕捉三维空间中任意相交对象的实际交点,这些对象可以是圆弧、圆、直线、复合线、射线或辅助线,如果靶框只选到一个对象,程序会要求选取有交点的另一个对象,利用它也可以捕捉三维对象的顶点或有厚度对象的交点
	捕捉到外观交点	App	平面视图交点捕捉工具可以捕捉当前 UCS 下两对象投射到平面视图时的交点,此时对象的 Z 坐标可忽略,交点将用当前标高作为 Z 坐标,当只选取到一对象时,程序会要求选取有平面视图交点的另一对象
	捕捉到延长线	Ext	当光标经过对象的端点时,显示临时延长线,以便学生使用延长线上的点绘制对象
	捕捉到圆心点	Cen	利用圆心点捕捉工具可捕捉一些对象的圆心点,这些对象包括圆、圆弧、多维面、椭圆、椭圆弧等,捕捉中心点,必须选择对象的可见部分
	捕捉到象限点	Qua	利用象限捕捉工具,可捕捉圆、圆弧、椭圆、椭圆弧的最近四分圆点

（续）

按钮	类型	简写	功　能
	捕捉到切点	Tan	利用切点捕捉工具可捕捉对象切点，这些对象为圆或圆弧，当和切点相连时，形成对象的切线
	捕捉到垂足点	Per	利用垂直点捕捉工具可捕捉到圆弧、圆、椭圆、椭圆弧、直线、多线、多段线、射线、面域、实体、样条曲线或参照线的垂足
	捕捉到平行线	Par	在指定矢量的第一个点后，如果将光标移动到另一个对象的直线段上，即可获得第二点。当所创建对象的路径平行于该直线段时，将显示一条对齐路径，可以用它来创建平行对象
	捕捉到插入点	Ins	利用插入点捕捉工具可捕捉外部引用、图块、文字的插入点
	捕捉到节点	Nod	设置点捕捉，利用该工具捕捉点
	捕捉到最近点	Nea	捕捉到圆弧、圆、椭圆、椭圆弧、直线、多线、点、多段线、射线、样条曲线或参照线的最近点
	清除对象捕捉		利用清除对象捕捉工具，可关掉对象捕捉，而不论该对象捕捉是通过菜单、命令行、工具栏或草图设置对话框设定的
	对象捕捉设置		捕捉方式的设置，即 OSNAP 命令的对话框

中望 CAD 默认的 Ribbon 界面中没有对象捕捉工具栏，可以通过 Customize 命令调出"定制"对话框，选择"对象捕捉"就调出"对象捕捉"工具栏，学生还可以在此调出其他工具栏，如图 5-6 所示。

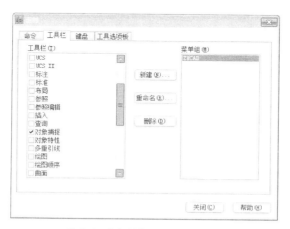

图 5-6　"定制"工具栏对话框

5.4.2　自动对象捕捉功能

在绘图的过程中，使用对象捕捉的频率非常高，因此中望 CAD 还提供了一种自动对象捕捉模式。当光标放在某个对象上时，系统自动捕捉到对象上所有符合条件的几何特征点。

学生可以根据需要事先设置好对象的捕捉方式，在状态栏上的"对象捕捉"按钮上单击鼠标右键，弹出快捷菜单选择"设置"选项，在"草图设置"中设置；或者执行 Dsettings 命令，都会弹出"草图设置"对话框，选择需要捕捉的几何特征点，如图 5-7 所示。

1. 运行方式

命令行：Osnap（OS）

2. 操作步骤

用中点捕捉方式绘制矩形各边中点的连线，如图 5-8 所示，其具体命令及操作如下：

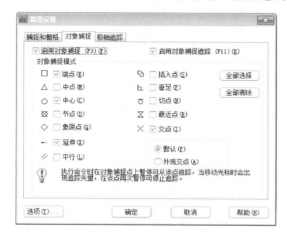

图 5-7 "对象捕捉"设置对话框

图 5-8 绘制中点的连线

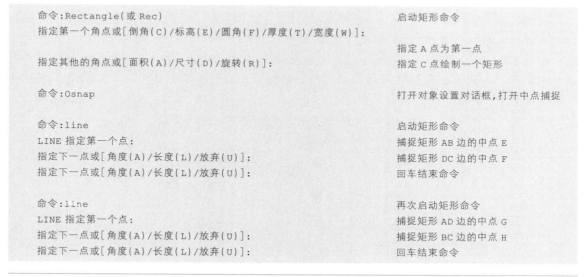

5.4.3 对象捕捉快捷方式

绘图时可以按下<Ctrl>键或<Shitf>键，右击打开对象捕捉的快捷菜单，如图 5-9 所示，选择需要的捕捉点，把光标移到捕捉对象的特征点附近，即可捕捉到相应的特征点。

注意

1）绘图时可以单击状态栏的"对象捕捉"按钮，或按<F3>键打开或关闭对象捕捉。

2）程序在执行对象捕捉时，只能识别可见对象或对象的可见部分，所以不能捕捉关闭图层的对象或虚线的空白部分。

图 5-9 对象捕捉快捷菜单

任务 5.5 设置靶框

当定义了一个或多个对象捕捉时，十字光标将出现一个捕捉靶框，另外，在十字光标附近会有一个图标表明激活对象捕捉类型。当选择对象时，程序捕捉距离靶框中心最近的特征点。下面介绍一下捕捉标记和靶框大小的设置方法。

运行方式

命令行：Options

通过执行 Options 命令，弹出"选项"对话框，在"草图"选项卡中可以改变靶框大小、显示状态等，也可以设置捕捉标记的大小、颜色等，如图 5-10 所示。

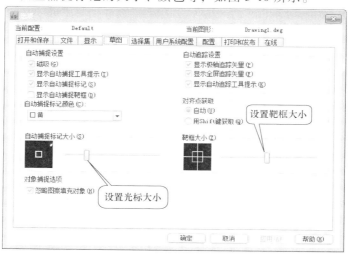

图 5-10 "捕捉标记"对话框

系统默认的捕捉标记是浅黄色，如图 5-10 所示，对黑色背景绘图区，反差大，比较好。但当把屏幕背景设置成白色后，浅黄色就看不清楚了（反差太小），这时可将捕捉小方框设置成其他颜色，如经常要截图到 Word 文档，就要改成反差大的颜色。单击"自动捕捉标记颜色"下拉箭头选择其他颜色，或者选择"选择颜色"项，在弹出的对话框中选择想要的颜色，如图 5-11 所示。

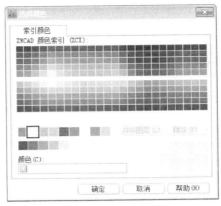

图 5-11　改变捕捉光标颜色

在"选项"对话框中还可以对一些系统环境进行设置，如十字光标长短、默认保存格式、文件自动保存时间、绘图区背景颜色等。

任务5.6　设置极轴追踪

1. 运行方式

命令行：Dsettings

在"草图设置"对话框中除了提供捕捉和栅格、对象捕捉设置，还能设置极轴追踪。极轴追踪是用来追踪在一定角度上的点的坐标智能输入方法。

2. 操作步骤

执行 Dsettings 命令后，系统将弹出图 5-12 所示"草图设置"下的"极轴追踪"设置对话框，草图设置其实在项目中已用过多次，用极轴追踪要先勾选上"启用极轴追踪"项，以及设置角度，让系统在一定角度上进行追踪。

要追踪更多的角度，可以设置增量角，所有 0° 和增量角的整数倍角度都会被追踪到，还可以设置附加角以追踪单独的极轴角。

当把极轴追踪增量角设置成 30°，勾选"附加角"，添加 45°时，如图 5-13 所示。

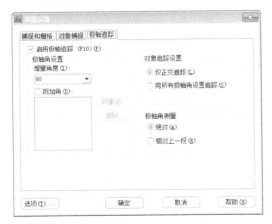

图 5-12　"极轴追踪"设置

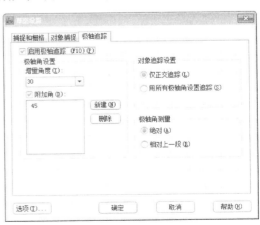

图 5-13　设置增量角，添加附加角

　　启用极轴追踪功能后，当中望 CAD 提示学生确定点位置时，拖动鼠标，使鼠标接近预先设定的方向（即极轴追踪方向），中望 CAD 自动将橡皮筋线吸附到该方向，同时沿该方向显示出极轴追踪的矢量，并浮出一小标签，标签中说明当前鼠标位置相对于前一点的极坐标，所有 0° 和增量角的整数倍角度都会被追踪到，如图 5-14 所示。

　　由于我们设置的增量角为 30°，凡是 30° 的整数倍角度都会被追踪到，如图 5-14 所示是追踪到 330°。

　　当把极轴追踪附加角设置成某一角度，如 45° 时，当鼠标接近 45° 方向时被追踪到，如图 5-15 所示。

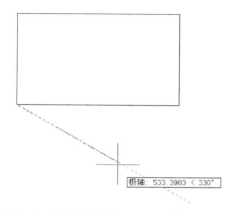

图 5-14　增量角的整数倍数角度都会被追踪到

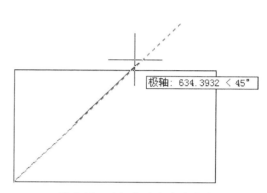

图 5-15　附加角的角度被追踪

　　这里注意附加角只是追踪单独的极轴角，因此在 135° 等处，是不会出现追踪的。

任务 5.7　设置线型

1. 运行方式
命令行：Linetype

图形中的每个对象都具有其线型特性。Linetype 命令可对对象的线型特性进行设置和管理。

线型是由沿图线显示的线、点和间隔组成的图样，可以使用不同线型代表特定信息，例如：若你正在画一张工地平面图，可利用一个连续线型画路，或使用含横线与点的界定线型画出所有物线条。

每一个图面均预设至少有三种线型："Continuous" "Bylayer" "Byblock"。这些线型不可以重新命名或删除，图面可能也含有无限个额外的线型，可以从一个线型库文件加载更多的线型，或新建并储存自己定义的线型。

2. 设置当前线型
通常情况下所创建的对象采用的是当前图层中的 Bylayer 线型。也可以对每一个对象分配自己的线型，这种分配可以覆盖原有图层线型设置。另一种做法是将 Byblock 线型分配给对象，借此可以使用此种线型直到将这些对象组成一个图块。当对象插入时对象继承当前线型设置。设置当前线型的操作步骤：

1）执行 Linetype 命令，弹出图 5-16 所示线型管理器。这时可以选择一种线型作为当前线型。

2）当要选择另外的线型时，就单击"加载"按钮，弹出图 5-17 所示可用线型列表。

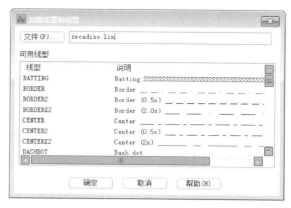

图 5-16　线型管理器　　　　　　　　　　　图 5-17　可用线型列表

3）选择相应的线型。

4）结束命令返回图形文件。

注意

为了设置当前层的线型，既可以选择线型列表中的线型，也可以双击线型名称。

加载附加线型：

在选择一个新的线型到图形文件之前，必须建立一个线型名称或者从线型文件（＊.lin）中加载一个已命名的线型。中望 CAD 有 ZwCADISO.lin、ZwCAD.lin 等线型文件，每个文件包含了很多已命名的线型，操作步骤如下：

1）执行 Linetype 命令，弹出"线型管理器"。

2）单击"加载"。

3）单击"文件"按钮，浏览系统已有的线型文件。

4）选择线型库文件，单击并打开。

5）选取要加载的线型。

6）单击"确定"，关闭窗口。

任务5.8　设置图层

5.8.1　图层的概念

学生可以将图层想象成一叠没有厚度的透明纸，将具有不同特性的对象分别置于不同的图层，然后将这些图层按同一基准点对齐，就可得到一幅完整的图形。

通过图层作图，可将复杂的图形分解为几个简单的部分，分别对每一层上的对象进行绘制、修改、编辑，再将它们合在一起，这样复杂的图形绘制起来就变得简单、清晰、容易管理。实际上，使用中望 CAD 绘图，图形总是绘在某一图层上，这个图层可能是由系统生成的默认图层，也可能是由学生自己创建的图层。

对象都是存在一个图层上，当学生绘制对象时，该对象建立在当前的图层上。学生可以将有联系的对象放到同一图层上，以方便管理，如将图形、文字、标注分别放到不同的图层中，如图 5-18 所示。

每个图层均具有线型、颜色和状态等属性。当对象的颜色、线型都设置为 Bylayer 时，对象的特性就由图层的特性来控制。这样既可以在保存对象时减少实体数据，节省存储空间；同时也便于绘图、显示和图形输出的控制。

例如，在绘制工程图形时，可以创建一个中心线图层，将中心线特有的颜色、线型等属性赋予这个图层。每当需要绘制中心线时，学生只需切换到中心线图层上，而不必在每次画中心线时都必须为中心线对象设置中心线的线型、颜色。这样，不同类型的中心线、粗实线、细实线分别放在不同的图层上，在使用绘图机输出图形时，只需将不同图层的对象定义给不同的绘图笔，不同类型的对象输出将变得十分方便。如果不想显示或输出某一图层，可以关闭这一图层。

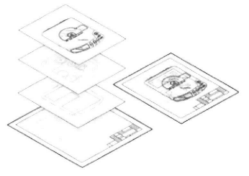

图 5-18　图层概念图

5.8.2　图层特性管理

在中望 CAD 中，系统对图层数虽没有限制，对每一图层上的对象数量也没有任何限制，但每一图层都应有一个唯一的名字。当开始绘制一幅新图时，中望 CAD 自动生成层名为 "0" 的默认图层，并将这个默认图层置为当前图层。0 图层既不能被删除也不能重命名。除了层名为 "0" 的默认图层外，其他图层都是由学生根据自己的需要创建并命名。学生可以打开图层特性管理器来创建图层。

1. 运行方式

命令行：Layer（LA）

功能区："常用"→"图层"→"图层特性"

工具栏："图层"→"图层特性管理器"

在图层特性管理器中可为图形创建新图层，设置图层的线型、颜色和状态等特性。虽然一幅图可有多个图层，但学生只能在当前图层上绘图。

（1）图层状态　执行 LA 命令后，系统将弹出图 5-19 所示对话框，里面几个图层的介绍见表 5-2。

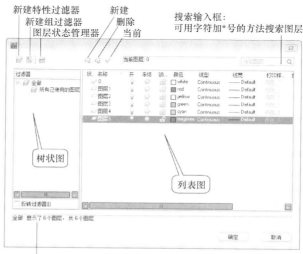

图 5-19　图层特性管理器

表 5-2 图层状态

按钮	项 目	功 能
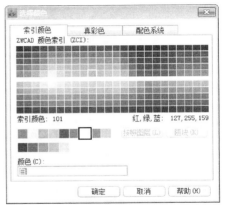	新建	该按钮用于创建新图层。单击该按钮,在图层列表中将出现一个名为"图层 1"的新图层。图层创建后可在任何时候更改图层的名称(0 层和外部参照依赖图层除外) 选取某一图层,再单击该图层名,图层名被执行为输入状态后,学生输入新层名,再按回车键即可
	当前	该按钮用于设置当前图层。虽然一幅图中可以定义多个图层,但绘图只能在当前图层上进行。如果学生要在某一图层上绘图,必须将该图层设置为当前图层 选中该层后,单击该按钮即可将它设置为当前图层;双击图层显示框中的某一图层名称也可将该图层设置为当前图层;在图层显示窗口中单击鼠标右键,在弹出的快捷菜单中单击"当前"项,也可置此图层为当前图层
	关闭/打开	被关闭图层上的对象不能显示或输出,但可随图形重新生成。在关闭一图层时,该图层上绘制的对象就看不到,而当再开启该图层时,其上的对象就又可显示出来。例如,正在绘制一个楼层平面,可以将灯具配置画在一个图层上,而配管线位置画在另一图层上。选取图层开或关,可以从同一图形文件中打印出电工图与管路图
	冻结/解冻	画在冻结图层上的对象,不会显示出来,不能打印,也不能重新生成。冻结一图层时,其对象并不影响其他对象的显示或打印。不可以在一个冻结的图层上画图,直到解冻,也不可将一冻结的图层设为目前使用的图层,不可以冻结目前的图层,若要冻结目前的图层,需要先将别的图层置为当前层
	锁定/解锁	锁定或解锁图层。锁定图层上的对象是不可编辑的,但图层若是打开并处于解冻状态,则锁定图层上的对象是可见的。可以将锁定图层置为当前图层并在此图层上创建新对象,但不能对新建的对象进行编辑。在图层列表框中单击某一图层锁定项下的是或否,可将该层锁定或解锁

关闭和冻结的区别仅在于运行速度的快慢,后者比前者快。当学生不需要观察其他层上的图形时,请利用冻结选项,以增加"Zoom""Pan"等命令的运行速度。

（2）设置图层颜色 不同的颜色可用来表示不同的组件、功能和区域,在图形中具有非常重要作用。图层的颜色实际上是图层中图形对象的颜色。每个图层都有自己的颜色,对不同的图层可以设置相同的颜色,也可以设置不同的颜色,绘制复杂图形时就可以很容易区分图形的各部分。

新建图层后,要改变图层的颜色,可在"图层特性管理器"对话框中单击图层的"颜色"列对应的图标,打开"选择颜色"对话框,在此选择所需的颜色,如图 5-20 所示。

（3）设置图层线宽和线型 在"图层特性管理器"对话框中还可以设置线宽和线型,单击图层的"线型"相对应的项,在弹出的"选择线型"对话框中选择所需的线型,也可以单击"加载"按钮,加载

图 5-20 "选择颜色"对话框

更多线型，如图 5-21 所示。

单击图层的"线宽"相对应的项，还可以修改线宽，在弹出的"线宽"的对话框中，选择所需要的线宽宽度，如图 5-22 所示。

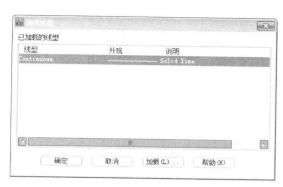

图 5-21　"选择线型"对话框

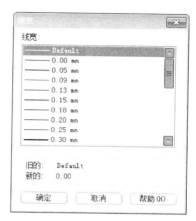

图 5-22　"线宽"对话框

2. 操作步骤

新建两个图层，进行相应的图层设置，分别命名为"中心线"和"轮廓线"，用于绘制中心线和轮廓线。

根据中心线和轮廓线的特点，可将中心线设置为红色、DASHDOT 线型，将轮廓线设置为蓝色、Continuous 线型。

其具体命令及操作如下：

1）单击"常用"→"图层"→"图层特性"按钮，弹出"图层特性管理器"。

2）单击"新建"按钮，在"名称"中输入"中心线"。

3）单击新建图层的"颜色"项，在打开的"选择颜色"对话框中选择"红色"，然后单击"确认"按钮。

4）再单击该图层"线型"项，在打开的"选择线型"对话框中选择"DASHDOT"线型，单击"确定"按钮。

5）回到"特性管理器"界面，再次单击"新建"按钮，创建另一图层。

6）在"名称"中输入"轮廓线"。

7）单击该图层的"颜色"项，在打开的"选择颜色"对话框中选择"蓝色"，然后单击"确定"按钮。

8）最后单击"确定"按钮。

由于系统默认线型为"Continuous"，"轮廓线"这一层也是采用连续线型，所以设置线型可省略，设置效果如图 5-23 所示。

注意

1）学生可用前面所讲的 Color、Linetype 等命令为对象实体定义与其所在图层不同的特性值，这些特性相对于 Bylayer、Byblock 特性来说是固定不变的，它不会随图层特性的改变而改变。对象的 Byblock 特性，将在图块中介绍。

2）当学生绘制的图形较混杂，多重叠交叉，则可将妨碍绘图的一些图层冻结或关闭。如果不想输出某些图层上的图形，既可冻结或关闭这些图层，使其不可见；冻结图层和外部参照依赖图层不能被置为当前图层。

3）如果学生在创建新图层时，图层显示窗口中存在一个选定图层，则新建图层将沿用选定图层的特性。

4）线宽的设置有必要重新强调一下：一张图纸是否好看、是否清晰，其中重要的一条因素就是是否层次分明。一张图里有 0.13mm 的细线，有 0.25mm 的中等宽度线，有 0.35mm 的粗线，这样打印出来的图纸，一眼看上去就能够根据线的粗细来区分不同类型的对象，什么地方是墙，什么地方是门窗，什么地方是标注。

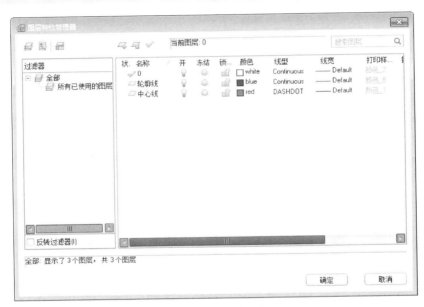

图 5-23　图层对话框

5.8.3　图层状态管理器

通过图层管理，学生可以保存、恢复图层状态信息，同时还可以修改、恢复或重命名图层状态。

运行方式

命令行：LAYERSTATE

功能区："常用"→"图层"→"图层状态管理器"

工具栏："图层"→"图层状态管理器"

"图层状态管理器"对话框（图 5-24）中的按钮及选项介绍如下：

新建：打开图 5-25 所示的"要保存的新图层状态"对话框，创建新图层状态的名称和说明。

保存：保存某个图层状态。

编辑：编辑某个状态中图层的设置。

重命名：重命名某个图层状态和修改说明。

删除：删除某个图层状态。

输入：将先前输出的图层状态（.las）文件加载到当前图形，也可输入 DWG 文件中的图层状态。输入图层状态文件可能导致创建其他图层，但不会创建线型。

输出：以".las"形式保存某图层状态的设置。

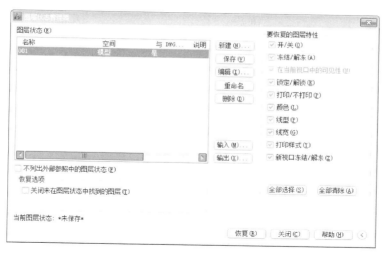

图 5-24 "图层状态管理器"对话框

恢复：恢复保存的某个图层状态。

保存的图层状态，还可以在"要恢复的图层特性"面板中修改图层状态的其他选项。如果没有看到这一部分，可单击对话框右下角的"更多恢复选项"箭头按钮。

图 5-25 "要保存的新图层状态"对话框

5.8.4 图层相关的其他命令

在 Ribbon 界面的"常用"选项卡→"图层"面板中，中望 CAD 还提供一系列与图层相关的功能，方便学生使用，如图 5-26 所示。这里面的图层特性管理器和图层状态管理器的功能上文已介绍过，这里就不再重复，其他命令的功能介绍见表 5-3。

图 5-26 图层面板

表 5-3 图层面板命令

按钮	命令	命令行	功　　能
	隔离	Layiso	关闭其他所有图层使一个或多个选定的对象所在的图层与其他图层隔离
	取消隔离	Layuniso	打开使用 Layiso 命令隔离的图层
	关闭	Layoff	关闭选定对象所在的图层
	冻结	Layfrz	冻结选定对象所在的图层,并使其不可见,不能重新生成,也不能打印

（续）

按钮	命令	命令行	功 能
	锁定	Laylck	执行该命令可锁定图层
	解锁	Layulk	将选定对象所在的图层解锁
	打开所有图层	Layon	打开全部关闭的图层
	解冻所有图层	Laythw	解冻全部被冻结的图层
	图层浏览	Laywalk	浏览图形中所包含的图层信息,动态显示选中的图层中的对象
	将对象的图层设为当前	Laymcur	将选定对象所在图层置设为当前图层
	移至当前层	Laycur	将一个或多个图层的对象移至当前图层
	上一个图层	Layerp	放弃对图层设置(例如颜色或线型)的上一个或上一组更改
	改层复制	Copytolayer	用来将指定的图形一次复制到指定的新图层中
	图层合并	Laymrg	将指定的图层合并到同一层
	图层匹配	Laymch	把源对象上的图层特性复制给目标对象,以改变目标对象的特性

学生除了可以单击按钮启动这些命令外，还可以在命令栏输入英文命令以执行这些命令。

任务 5.9　查询命令操作

5.9.1　查询距离与角度

1. 运行方式

命令行：Dist

工具栏："查询"→"距离"

Dist 命令可以计算任意选定两点间的距离，得到如下信息：

1）以当前绘图单位表示的点间距。

2）在 XY 平面上的角度。

3）与 XY 平面的夹角。

4）两点间在 X、Y、Z 轴上的增量 ΔX、ΔY、ΔZ。

2. 操作步骤

执行 Dist 命令后，系统提示：

距离起始点：指定所测线段的起始点。

终点：指定所测线段的终点。

用 Dist 命令查询图 5-27 中 BC 两点间的距离及夹角 D。

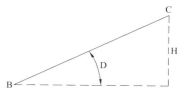

图 5-27　用 Dist 命令查询

命令:Dist　　　　　　　　　　　　　　　　　执行 Dist 命令
指定第一点：　　　　　　　　　　　　　　　　捕捉起始点 B
指定第二点：　　　　　　　　　　　　　　　　捕捉终点 C,回车
距离=150,XY 平面中的倾角=30,与 XY 平面的夹角=0　　结果 BC 两点间的距离为 150mm
X 增量=129.9038,Y 增量=75,Z 增量=0.0000　　　夹角 D 为 30°,H 为 75mm

注意

选择特定点，最好使用对象捕捉来精确定位。

5.9.2　查询面积

1. 运行方式

命令行：Area

工具栏："查询"→"距离"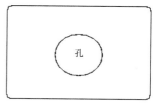

Area 命令可以测量：

1）用一系列点定义的一个封闭图形的面积和周长。

2）用圆、封闭样条线、正多边形、椭圆或封闭多段线所定义的面积和周长。

3）由多个图形组成的复合面积。

图 5-28　用 Area 命令测量面积

2. 操作步骤

用 Area 命令测量图 5-28 所示带一个孔的垫圈的面积。

命令:Area　　　　　　　　　　　　　　　　　执行 Area 命令
指定第一个角点或[对象(O)/加(A)/减(S)]<对象(O)>:a　键入 A,选择添加
指定第一个角点或[对象(O)/减(S)]:o　　　　　键入 O,选择对象模式
("加"模式)选择对象：　　　　　　　　　　　　选取对象"矩形"
面积(A)=15858.0687,周长(P)=501.3463　　　系统显示矩形的面积
总面积(T)=15858.0687
("加"模式)选择对象：　　　　　　　　　　　　回车结束添加模式
指定第一个角点或[对象(O)/减(S)]:s　　　　　键入 S,选择减去
指定第一个角点或[对象(O)/加(A)]:o　　　　　键入 O,选择对象模式
("减"模式)选择对象：　　　　　　　　　　　　选取对象"圆孔"
面积(A)=1827.4450,圆周(C)=151.5399　　　　显示测量结果
总面积(T)=14030.6237
("减"模式)选择对象：　　　　　　　　　　　　回车结束命令

执行 Area 命令后，命令行提示选项介绍如下：

对象（O）：为选定的对象计算面积和周长，可被选取的对象有圆、椭圆、封闭多段线、多边形、实体和平面。

加（A）：计算多个对象或选定区域的周长和面积总和，同时也可计算出单个对象或选定区域的周长和面积。

减（S）：与"加"类似，是减去选取的区域或对象的面积和周长。

<第一点>：可以对由多个点定义的封闭区域的面积和周长进行计算。程序依靠连接每个点所构成的虚拟多边形围成的空间来计算面积和周长。

注意

选择点时，可在已有图线上使用对象捕捉方式。

5.9.3 查询图形信息

1. 运行方式

命令行：List（li）

工具栏："查询"→"列表" ▤

List 命令可以列出选取对象的相关特性，包括对象类型、所在图层、当前学生坐标系（UCS）的 X、Y、Z 位置等。信息显示的内容，视所选对象的种类而定，上述信息会显示于"ZWCAD 文本窗口"与命令行中。

2. 操作步骤

执行 List 命令后，系统提示：

命令:List	执行 List 命令
选择对象:找到 1 个	选择对象
选择对象:	系统列出对象相关的特征
图层:"图层 1"	
空间:模型空间	
句柄=183	
正中点,X=150.0574 Y=423.9168 Z=0.0000	
半径 100.0000	
周长 628.3185	
面积 31415.9265	

任务 5.10 设置设计中心

5.10.1 设计中心的功能

中望 CAD "设计中心"为学生提供一个方便又有效率的工具，它与 Windows 资源管理器类似。利用此设计中心，不仅可以浏览、查找、预览和管理中望 CAD 图形、块、外部参照及光栅图像等不同的资源文件，而且还可以通过简单的拖放操作，将位于本地计算机或"网上邻居"中文件的块、图层、外部参照等内容插入到当前图形。

如果打开多个图形文件，在多文件之间也可以通过简单的拖放操作实现图形的插入。所插入的内容除包含图形本身外，还包括图层定义、线型及字体等内容，从而使已有资源得到再利用和共享，提高了图形管理和图形设计的效率。

1. 运行方式

命令行：Adcenter<Ctrl+2>

功能区："工具"→"选项板"→"设计中心" ▦

2. 操作步骤

利用设计中心，可以很方便地打开所选的图形文件，也可以方便地把其他图形文件中的图层、图块、文字样式和标注样式等复制到当前图形中。

执行 Adcenter 命令后，系统弹出图 5-29 所示对话框。

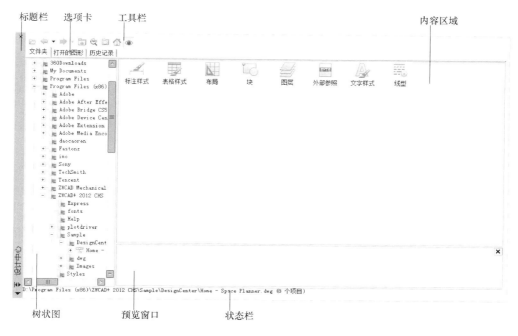

图 5-29　"设计中心"对话框

对话框中各个页面介绍如下：

1）选项卡。

文件夹：显示计算机或网络驱动器（包括"我的电脑"和"网上邻居"）中文件和文件夹的层次结构。

打开的图形：显示当前工作任务中打开的所有图形，包括最小化的图形。

历史记录：显示最近在设计中心打开文件的列表。显示历史记录后，在一个文件上单击鼠标右键显示此文件信息，或从"历史记录"列表中删除此文件。

2）工具栏。学生可通过该窗口顶部的"工具栏"按钮显示和访问选项。其中"上一页""下一页""上一级"这几个按钮只有在打开"文件夹"选项卡时才可使用。

加载：从设计中心打开已经保存好的图形文件。此时，"文件夹"选项卡处于打开状态，并在设计中心的左窗口显示从设计中心加载的图形文件的路径，右边窗口显示加载的图形文件中包含的命名对象（层、线型、文字样式、块和标注样式）。

上一页：返回到历史记录列表中最近一次的位置。同时也可单击该按钮后在下拉框中选择要返回的文件位置。

下一页：返回到历史记录列表中下一次的位置。

上一级：返回上一级目录。

收藏夹：在右侧的内容区域中显示"收藏夹"文件夹的内容。"收藏夹"文件夹包含经常访问项目的快捷方式。要在"收藏夹"中添加项目，可以在内容区域或各个选项卡列出的树状图项目上单击鼠标右键，然后单击"添加到收藏夹"。要删除"收藏夹"中的项目，使用右键快捷菜单中的"组织收藏夹"选项，然后使用快捷菜单中的"刷新"选项。

注意

将 DesignCenter 文件夹自动添加到收藏夹中。此文件夹包含具有可以插入在图形中的特定组织块的图形。

搜索：单击此按钮，开启"搜索"对话框，从中可以指定搜索条件以便在图形中查找图形、块和非图形对象。搜索也显示保存在桌面上的自定义内容。

主页：单击按钮，切换到"文件夹"选项卡。安装时，默认文件夹被设定为".. \ Sample \ DesignCenter"。可以使用树状图中的快捷菜单更改默认文件夹。

隐藏预览框：显示和隐藏内容区域窗格中选定项目的预览。如果选定项目没有保存的预览图像，"预览"区域将为空。

3）其他。

树状图：显示学生计算机和网络驱动器上的文件与文件夹的层次结构、打开图形的列表、自定义内容以及上次访问过位置的历史记录。选择树状图中的项目以便在内容区域中显示其内容。

内容区域：显示树状图中当前选定"容器"的内容。容器是包含设计中心可以访问的信息网络、计算机、磁盘、文件夹、文件或网址（URL）。根据树状图中选定的容器，内容区域的典型显示如下：

◆ 含有图形或其他文件的文件夹。
◆ 图形。
◆ 图形中包含的命名对象（命名对象包括块、线型、层、标注样式和文字样式）。
◆ 图像或图标表示块或图案填充。

在内容区域中，通过拖动、双击或单击鼠标右键并选择"插入为块"，可以在图形中插入块或通过拖动或单击鼠标右键向图形中添加其他内容（例如图层、标注样式）。

注意

1）单击设计中心标题栏上的"自动隐藏"按钮，可使设计中心自动隐藏。
2）当设计中心自动隐藏后，在标题栏单击鼠标右键会显示一个快捷菜单，其中有几个

> 移动(M)
> 大小(S)
> 关闭(C)
> ✓ 允许固定(D)
选项可供选择 ✓ 自动隐藏(A)。

5.10.2　设计中心的应用

1. 向图形添加内容

打开设计中心后，除了可以直接将某个项目拖到当前图形中，还可以选择项目后单击鼠标右键，弹出相应的对话框，将项目添加到当前图形中。如选择块后，弹出快捷菜单，选择"插入块"项，将块插入到当前图形，如图 5-30 所示。

2. 打开文件

学生通过设计中心直接打开某个文件，一般有以下两种方法：

1）在内容区域中选择要打开的文件，然后单击鼠标右键，在出现的快捷菜单中选择"在应用程序窗口中打开"，如图 5-31 所示。

2）用拖动的方式打开图形。

选中需要打开的文件并按住左键，将其拖动到主窗口中除绘图框以外的任何地方（如工具栏或命令区），松开左键后即打开该文件。

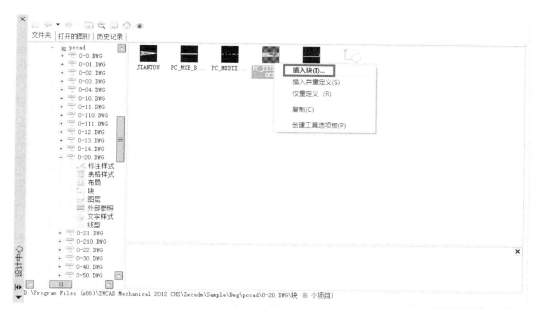

图 5-30 设计中心"插入块"

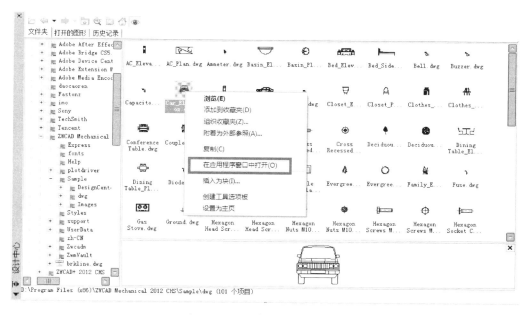

图 5-31 设计中心"打开文件"

如果将文件拖动到绘图区，则文件将以一个块的形式插入到当前图形中，而不是打开该文件。

3. 查找对象

学生可以通过查找的方式找到相关的对象，并添加到当前图样中，下面介绍加载图案填充实例具体的操作方法：

1）执行 Adcenter 命令，弹出"设计中心"对话框。

2）单击"搜索"按钮 🔍，弹出"搜索"对话框，如图 5-32 所示。

3）在"搜索"对话框中，单击"搜索"下拉列表，然后选择"填充图案文件"选项。

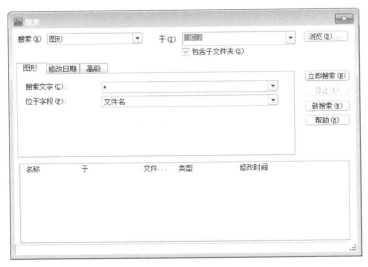

图 5-32　设计中心"搜索"对话框

4）在"填充图案文件"选项卡的"搜索名称"框中，输入"＊"。

5）单击"立即搜索"按钮，系统会搜索出所有"pat"的图案填充文件，如图 5-33 所示。

名称	于	文件大小	类型	修改时间
ZWCADiso.pat	D:\Program File...	16KB	PAT 文件	2013/3/31 3:34
ZWCAD.pat	D:\Program File...	16KB	PAT 文件	2013/3/31 3:33
ZWCADiso.pat	D:\Program File...	16KB	PAT 文件	2013/3/31 3:33
ZWCAD.pat	D:\Program File...	16KB	PAT 文件	2013/3/30 19:34
ZWCADiso.pat	D:\Program File...	16KB	PAT 文件	2013/3/30 19:34
ZWCAD.pat	D:\Program File...	16KB	PAT 文件	2013/3/30 19:33
ZWCADiso.pat	D:\Program File...	16KB	PAT 文件	2013/3/30 19:33

图 5-33　设计中心搜索列表

6）双击其中一个找到的填充图案文件（如 ZWCADiso.pat），相关的填充图案文件会被加载到设计中心，如果图 5-34 所示，学生可以像使用块一样使用图案填充。

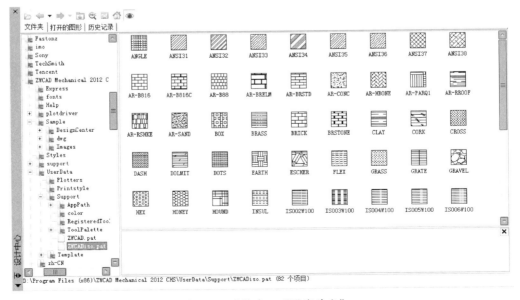

图 5-34　设计中心"图案填充"

学生可以用相同的方法把图案填充添加到工具选项板中，关于图案填充的应用会在项目 6 中详细说明。

任务 5.11　设置工具选项板

5.11.1　工具选项板的功能

在中望 CAD 中，还为学生提供了一个非常方便的工具——"工具选项板"，工具选项板以选项卡形式来组织、共享和放置块以及图案填充等，还可以包含由第三方开发人员提供的自定义工具。

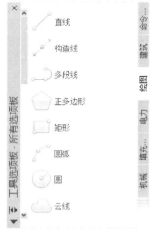

"工具选项板"窗口与"特性"选项板类似，通过拖曳选择固定或悬浮在 ZWCAD+程序中，但只支持将选项板附着到绘图区域左侧或右侧。"工具选项板"窗口标题栏上的"自动隐藏"按钮，可控制"工具选项板"是否自动隐藏。

1. 运行方式

命令行：Toolpalettes<Ctrl+3>

功能区："工具"→"选项板"→"工具选项板"

2. 操作步骤

执行 Toolpalettes 命令后，系统弹出图 5-35 所示窗口。学生可以将常用的命令、块和图案填充等放置在工具选项板上，需要时只需从工具选项板拖动至图形中，即可执行相关命令或添加相应对象到相关图形。

图 5-35　"工具选项板"

5.11.2　更改工具选项板设置

学生可以对工具选项板的选项和设置自定义，包括透明度、视图、图标位置等。

1. 透明度

工具选项板的窗口可以设置为透明，从而不会遮挡住下面的对象。

1）将鼠标放在工具选项板窗口内，单击鼠标右键，在弹出的快捷菜单中选择"透明度"，如图 5-36 所示。

2）在弹出的"透明度"对话框中，调整所需的透明度级别，如图 5-37 所示。

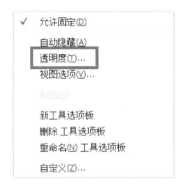

图 5-36　"工具选项板"右键快捷菜单　　　　　图 5-37　工具选项板"透明度"

3）最后单击"确定"按钮结束命令，工具选项板窗口变透明后，后面的对象就会显现出来。

2．视图

工具选项板上图标的显示样式和大小是可以更改的，具体步骤如下：

1）在工具选项板窗口内，单击鼠标右键，在弹出的快捷菜单中选择"视图选项"。

2）在弹出的"视图选项"对话框中，使用滑标调整图标显示的大小，如图 5-38 所示。

3）还可以指定视图样式的显示方式，有"仅图标""图标和文字""列表视图"三种选择。

4）单击"应用于"的下拉选项，选择"当前工具选项板"或"所有工具选项板"，指定当前的设置应用到哪个选项板。

5）最后单击"确定"按钮结束命令，工具选项板窗口会按照相关的设定调整图标显示的方式。

3．添加和删除选项板

学生可以根据需要，在工具选项板中添加新选项板，将自己常用的命令都放到新选项板中，提高绘图效率。

（1）新建选项板

1）在工具选项板内，单击鼠标右键，在弹出的快捷菜单中选择"新工具选项板"。

2）系统出现一个新的选项板，输入新选项板的名称，就成功建立一个空白的选项板，如图 5-39 所示。

图 5-38　工具选项板"视图选项"

图 5-39　新建工具选项板

（2）删除选项板　删除工具选项板的方法也十分简单，步骤如下：

1）在工具选项板要删除的选项卡内，单击鼠标右键，在弹出的快捷菜单中选择"删除工具选项板"。

2）在弹出对话框中单击"确定"按钮，即可删除当前选项板，如图 5-40 所示。

4．添加图标

学生可以根据日常工作需要，将一些经常使用的图标添加到新建的工具选项板中，需要时可直接调用，提高工作效率。使用以下方法可以在工具选项板中添加图标：

1）将以下任意元素拖至工具选项板内：几何对象（如直线、圆和多段线等）、标注、图

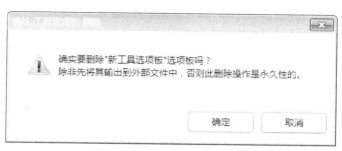

图 5-40　删除工具选项板

案填充、块。

2）使用"剪切""复制"和"粘贴"，可将选项卡中的图标移动或复制到另一个选项卡中。操作步骤如下：

① 将鼠标移到需要复制或剪切的工具图标上，单击鼠标右键，在弹出的快捷菜单中选择"复制"或者"剪切"，如图 5-41 所示。

② 切换到需要粘贴的选项卡中，单击鼠标右键，在弹出的快捷菜单中选择"粘贴"，即可将图标粘贴到当前选项卡中，如图 5-42 所示。

图 5-41　工具选项板图标快捷菜单

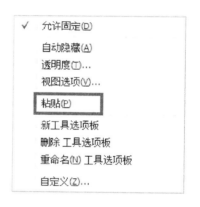

图 5-42　工具选项板"粘贴"

3）利用设计中心添加图标到工具选项板中。

（1）直接添加　打开设计中心后，学生可以将图形、块、图案填充，甚至将整张的 DWG 图样从设计中心直接拖至工具选项板中。使用时将已添加到工具选项板的图形直接拖到图样的绘图区域，图形将作为块插入。

学生还可以利用上文提过的在设计中心查找对象的方法查找目标图形，然后再添加到工具选项板中。

（2）创建工具选项板　在设计中心插入图标的同时创建新的选项卡，操作步骤如下：

1）打开设计中心，选择要插入的对象后，单击鼠标右键。

2）在弹出的快捷菜单中选择"创建工具选项板"项，如图 5-43 所示。

3）系统会自动在工具选项板中新建一个选项卡，并将刚才选中的对象添加到工具选项板中。

如果在设计中心同时选中多个对象，然后单击鼠标右键，

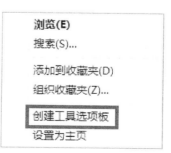

图 5-43　工具选项板
"创建工具选项板"

选择"创建工具选项板"项，系统则会将所有选中的对象添加到一个新建的工具选项板中，如图 5-44 所示。

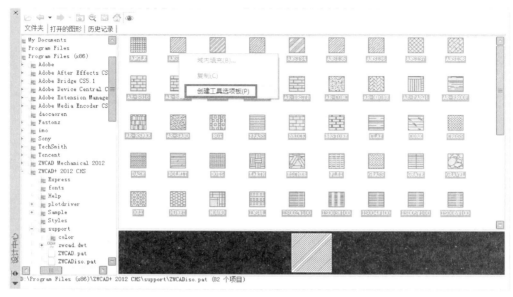

图 5-44　工具选项板中同时多选对象

5. 调整位置

（1）选项卡位置　学生根据自己习惯调整工具选项板各选项卡的先后位置：将鼠标放到要调整的选项卡名称处，单击右键，选择"上移"或"下移"调整各选项卡的先后位置，如图5-45所示。

（2）图标位置　在同一选项卡中，学生还能任意调整图标的位置。将鼠标放到要调整的图标上，单击鼠标，即可将图标上下拖动。如果要将图标放置到其他选项卡，只能使用上文提到的复制或剪切的方法，不能直接拖动。

　　注意
　　删除工具选项板的操作是永久性的，而且不可逆，要谨慎使用。

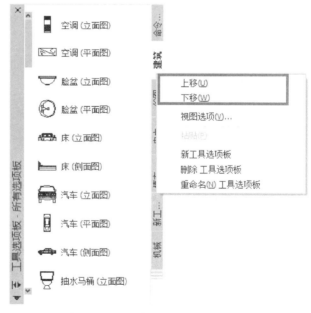

图 5-45　工具选项板"上移和下移"

5.11.3　控制工具特性

通过控制工具特性可以更改工具选项板上图标工具的插入特性或图案特性。例如，可以更改块插入比例或图案填充的角度。修改步骤如下：

1）在某个要修改的图标上单击鼠标右键，在弹出快捷菜单中单击"特性"选项。

2）系统弹出"工具特性"对话框，学生可以根据需求修改图标特性，如块的名称、旋转角度、比例、是否分解等，如图 5-46 所示。

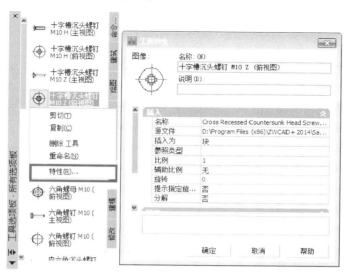

图 5-46 工具选项板 "工具特性"

5.11.4 共享工具选项板

通过将工具选项板输出或输入为文件，可以保存和共享工具选项板。工具选项板文件默认保存在一个特定目录下，可以打开"选项"对话框（输入 options 命令），在"文件"选项卡→"工具选项板文件位置"查看或调整工具选项板路径，如图 5-47 所示。

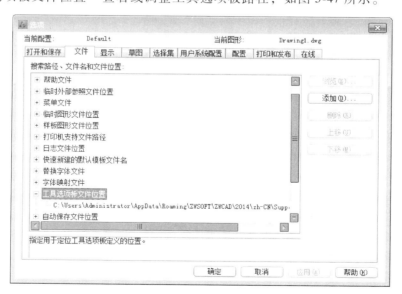

图 5-47 "选项"对话框

输出工具选项板文件步骤如下：

1）在工具选项板内空白处单击鼠标右键，在弹出的快捷菜单中单击"自定义"选项，如图 5-48 所示。

2）系统弹出"定制"对话框，选择"工具选项板"选项卡，然后选中要输出的选项板，单击鼠标右键，在弹出的快捷菜单中选择"输出"，如图 5-49 所示。

3）再指定输出路径，单击"保存"按钮即可输出工具选项板文件。也可以用类似的方法输入工具选项板文件。

图 5-48　工具选项板"自定义"

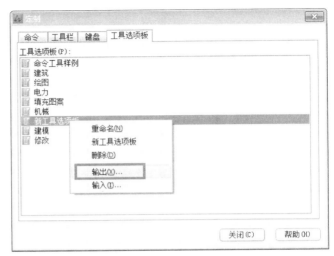

图 5-49　工具选项板"输出"

项目小结

1）本项目主要介绍了中望 CAD 提供的目标捕捉方式、设置图层控制、设计中心和工具选项板的使用方法等。通过项目的学习，能够更迅速、更准确地绘制和编辑图形。有些概念和功能初学者可能一时还难以理解和掌握，随着中望 CAD 绘图和编辑方法的逐渐深入，不断加强训练，相信读者对项目内容和概念将会有进一步的认识和了解。

2）图层，也称为层，是图形软件中极具特色且十分重要的概念，这一概念几乎贯穿了所有图形图像软件。在其他各种软件中，图层又有它的特殊含义，只有把图层问题搞透了，才能灵活运用。

3）对于新建的层，其颜色和线型将自动定义为 White 和 Continuous，状态为打开。在层的使用过程中，我们可以根据需要设置层的特性。中望 CAD 支持 255 种颜色选择，线型库中包括了多种待选线型。选择设置不同的颜色和线型，可以使得屏幕上的图形美观且便于区分。线型的设置比较简单，颜色的设置根据个人喜好，选择各种颜色。

4）对象捕捉（Osnap）是捕捉绘图区中对象实体的特征点，如端点、圆心点、交叉点等。而 Snap 命令是捕捉绘图区的辅助栅格点。它们的作用是将十字光标强制性地准确定位在已存在的对象特定点或特定位置上。利用这一功能，可以绘制出很精确的工程图。需要强调的是，在发出对象捕捉命令前，首先必须要执行绘图和修改命令，然后才能使用对象捕捉和对象追踪命令来精确定位点。

5）中望 CAD 具有各种查询功能。通过项目的介绍，学生可以根据需要随时查询了解任意两点的距离、对象目标的面积、对象的属性、当前图形文件属性信息、定点坐标及作图过程中的时间信息。

6）图形文件的再利用和共享有助提高绘图效率，中望 CAD 提供了设计中心功能，帮助使用者通过设计中心更好地管理和应用这些图形文件。

练习

1. 填空题

1）按住（　　）键，在图形窗口任意位置单击鼠标右键出现对象捕捉快捷菜单，选择所需对象捕捉。

2）中望 CAD 中的（　　）命令可查询当前图形文件中任意两点之间的直线距离，点之间相对位置的夹角，以及点 X、Y 坐标值的差。

2. 选择题

1）线型是由短线、点和（　　）组成的图案的重复。

A. 长线

B. 空格

C. 多义线

2）如果图层被（　　），该层上的图形对象将不能被显示出来或绘制出来，而且也不参加图形之间的运算。

A. 冻结

B. 关闭

C. 锁定

3）中望 CAD 中提供的（　　）可查询由若干点所确定区域（或由指定对象所围成区域）的周长。

A. Area 命令

B. Grid 命令

C. Dist 命令

3. 综合题

1）建立 2 种新的线型，并应用到图形中。

2）制作如图 5-50 所示练习题图形并查询相关信息，回答下列 5 个问题。

① 圆 A 的面积是多少？

A. 1074. 326

B. 1075. 326

C. 1076. 326

D. 1077. 326

② 圆 C 的面积为（　　）mm^2。

③ 圆心 C 至圆心 D 的直线距离为（　　）mm。

④ E 点至圆心 D 的距离为（　　）mm。

⑤ 正五边形 F 的周长是多少？

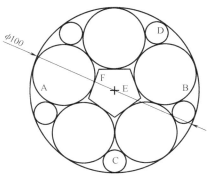

图 5-50　练习图

06

项目 6
填充、面域与图像

本课导读

    在图样绘制过程中，学生经常要重复绘制某些图案来填充图形中的一个区域，以表示该区域的特征，这样的操作在中望 CAD 中称为图案填充。本项目主要介绍图案填充命令的使用。

项目要点

- 创建图案填充
- 渐变色填充
- 区域填充
- 创建面域
- 控制图像的显示

任务 6.1　图案填充

6.1.1　创建图案填充

在进行图案填充时，使用对话框的方式进行操作，非常直观和方便。

1. 运行方式

命令行：Bhatch/Hatch（H）

功能区："常用"→"绘制"→"填充"

工具栏："绘图"→"图案填充"　▨

图案填充命令都能在指定的填充边界内填充一定样式的图案。图案填充命令以对话框设置填充方式，包括填充图案的样式、比例、角度，填充边界等。

2. 操作步骤

用 Bhatch 命令将图 6-1a 填充成图 6-1b 所示的效果，操作步骤如下：

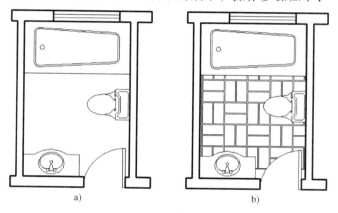

a)　　　　　　　　　　　　　b)

图 6-1　填充界面

1）执行 Bhatch 命令，系统弹出"图案填充和渐变色"对话框，如图 6-2 所示。

图 6-2　图案填充界面

2）在"填充"选项卡的"类型和图案"区里，"类型"选择"预定义"，然后在"图案"选择一种需要的图案。

3）在"角度和比例"区中，把"角度"设为0，"比例"设为1。

4）勾选上"动态预览"，可以实时预览填充效果。

5）在"边界"项中，单击"拾取点"按钮后，在要填充的卫生间内单击一点来选择填充区域，预览填充结果如图6-3所示。

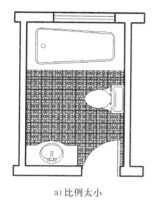
a) 比例太小
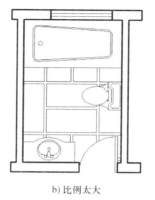
b) 比例太大
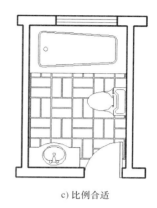
c) 比例合适

图6-3 预览填充结果

6）在图6-3中，比例为"1"时出现图a的情况，说明比例太小；重新设定比例为"10"，出现图b的情况，说明比例太大；不断重复地改变比例，当比例为"3"时，出现图c的情况，说明此比例合适。

7）满意效果后单击"确定"按钮执行填充，卫生间就会填充成图6-1b所示的效果。

注意

1）区域填充时，所选择的填充边界需要形成封闭的区域，否则中望CAD 2014会提示警告信息"没找到有效边界"。

2）填充图案是一个独立的图形对象，填充图案中所有的线都是关联的。

3）如果有需要可以用Explode命令将填充图案分解成单独的线条，一旦被分解，那么它与原边界对象将不再具有关联性。

6.1.2 设置图案填充

执行图案填充命令后，弹出"图案填充和渐变色"对话框，下面对"填充"选项卡里面的各项分别讲述：

1. 类型和图案

类型：类型有三种：单击下拉箭头可选择方式，分别是预定义、学生定义、自定义，中望CAD默认选择预定义方式。

图案：显示填充图案文件的名称，用来选择填充图案。单击下拉箭头可选择填充图案，也可以单击列表后面的按钮，开启"填充图案选项板"对话框，通过预览图像，选择需要的图案来进行填充，如图6-4所示。

样例：用于显示当前选中的图案样式。单击所选的图案样式，也可以打开"填充图案选项板"对话框。

2. 角度和比例

角度：图样中剖面线的倾斜角度。默认值是0，可以输入值改变角度。

比例：图样填充时的比例因子。中望 CAD 提供的各图案都有默认的比例，如果此比例不合适（太密或太稀），可以输入值给出新比例。

3. 图案填充原点

原点用于控制图案填充原点的位置，也就是图案填充生成的起点位置。

使用当前原点：以当前原点为图案填充的起点，一般情况下，原点设置为"0，0"。

指定的原点：指定一点，使其成为新的图案填充的原点。还可以进一步调整原点相对于边界范围的位置，共有 5 种情况：左下、右下、左上、右上、正中。如图 6-5 所示。

默认为边界范围：指定新原点为图案填充对象边界的矩形范围中 4 个角点或中心点。

存储为默认原点：把当前设置保存成默认的原点。

图 6-4　"填充图案选项板"对话框

指定原点前

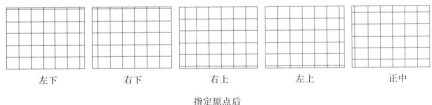

指定原点后

图 6-5　图案填充指定原点

4. 确定填充边界

在中望 CAD 中为学生提供了两种指定图案边界的方法，分别是通过拾取点和选择对象来确定填充的边界。

拾取点：单击需要填充区域内一点，系统将寻找包含该点的封闭区域填充。

选择对象：用鼠标来选择要填充的对象，常用于多个或多重嵌套的图形。

删除边界：将多余的对象排除在边界集外，使其不参与边界计算，如图 6-6 所示。

重新创建边界：以填充图案自身补全其边界，采取编辑已有图案的方式，可将生成的边界类型定义为面域或多段线，如图 6-7 所示。

查看选择集：单击此按钮后，可在绘图区域亮显当前定义的边界集合。

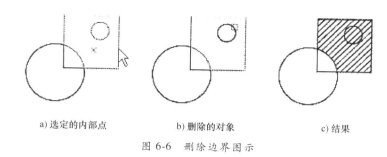

a) 选定的内部点   b) 删除的对象   c) 结果

图 6-6　删除边界图示

5. 孤岛

封闭区域内的填充边界称为岛屿。可以指定填充对象的显示样式，有普通、外部和忽略三种孤岛显示样式，如图 6-8 所示。"普通"是默认的孤岛显示样式。

孤岛检测：用于控制是否进行孤岛检测，将最外层边界内的对象作为边界对象。

普通：从外向内隔层画剖面线。

外部：只将最外层画上剖面线。

忽略：忽略边界内的孤岛，全图面画上剖面线。

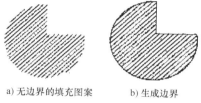

a) 无边界的填充图案   b) 生成边界

图 6-7　重新创建边界

a) 选取内部点   b) 检测边界   c) 普通   d) 外部   e) 忽略

图 6-8　孤岛显示样式

6. 预览

预览：可以在应用填充之前查看效果。单击"预览"按钮，将临时关闭对话框，在绘图区域预先浏览边界填充的结果，单击图形或按<ESC>键返回对话框。单击鼠标右键或按回车键接受填充。

动态预览：可以在不关闭"填充"对话框的情况下预览填充效果，以便动态地查看并及时修改填充图案。动态预览和预览选项不能同时选中，只能选择其中一种预览方法。

7. 其他高级选项

在默认的情况下，"其他选项"栏是被隐藏起来的，当单击"其他选项"按钮 >> 时，将其展开后可以弹出图 6-9 所示的对话框。

保留边界：此选项用于以临时图案填充边界创建边界对象，并将它们添加到图形中，在对象类型栏内选择边界的类型是面域或多段线。

边界集：可以指定比屏幕显示小的边界集，在一些相对复杂的图形中需要进行长时间分析操作时可以使用此项功能。

允许的间隙：一幅图形中有些边界区域并非是严格封闭的，接口处存在一定空隙，而且空隙往往比较小，不易观察到，造成边界计算异常。中望 CAD 考虑到这种情况，设计了此选项，使在可控的范围内即使边界不封闭也能够完成填充操作。

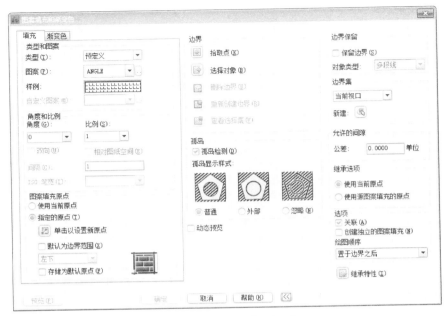

图 6-9 "其他选项"对话框

继承选项：当学生使用"继承特性"创建图案填充时，将以这里的设置来控制图案填充原点的位置。

"使用当前原点"项表示以当前的图案填充原点设置为目标图案填充的原点；"使用源图案填充的原点"表示以复制的源图案填充的原点为目标图案填充的原点。

关联：确定填充图样与边界的关系。若打开此项，那么填充图样与填充边界保持着关联关系，当填充边界被缩放或移动时，填充图样也相应地跟着变化，系统默认关联，如图 6-10a 所示。

如果把关联前的小框中的钩去掉，就是关闭此开关，那么图案与边界不再关联，也就是填充图样不跟着变化，如图 6-10b 所示。

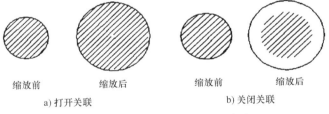

缩放前　　缩放后　　缩放前　　缩放后

a) 打开关联　　　　　　b) 关闭关联

图 6-10　填充图样与边界的关联

创建独立的图案填充：对于有多个独立封闭边界的情况下，中望 CAD 可以用两种方式创建填充，一种是将几处的图案定义为一个整体，另一种是将各处图案独立定义，如图 6-11 所示，通过显示对象夹点可以看出，在未选择此项时创建的填充图案是一个整体，而选择此项时创建的是 3 个填充图案。

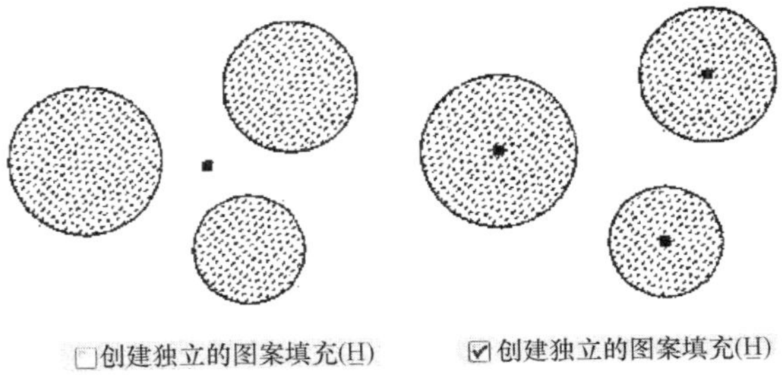

绘图次序：当填充图案发生重叠时，用此项设置来控制图案的显示层次。

□创建独立的图案填充(H)　　☑创建独立的图案填充(H)

图 6-11　通过显示对象夹点查看图案是否独立

继承特性：用于将源填充图案的特性匹配到目标图案上，并且可以在继承选项里指定继承的原点。

6.1.3　渐变色填充

渐变色填充是以色彩作为填充对象，丰富了图形的表现力，满足更广泛的需求。中望CAD 同时支持单色渐变填充和双色渐变填充，渐变图案包括直线形渐变、圆柱形渐变、曲线渐变、球形渐变、半球形渐变及对应的反转形态渐变。

1. 运行方式

渐变色运行方式与上面一节相同，这里不再重复，下面主要讲述渐变色填充界面。

渐变色填充的设置界面如图 6-12 所示，学生可以预览显示渐变颜色的组合效果，共有 9 种效果，右侧的示意图非常清楚地展现其效果。在方向一栏内调整"居中"和"角度"，在示意图中选择一种渐变形态，即可完成渐变色填充设置。对于使用单色状态时还可以调节着色的渐浅变化。

渐变色填充提供了在同一种颜色不同灰度间或两种颜色之间平滑过渡的填充样式，图6-13就是双色渐变填充。

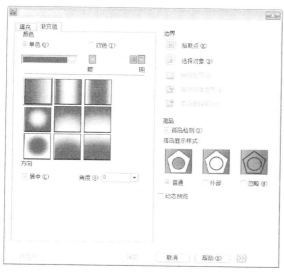

图 6-12　渐变色填充界面

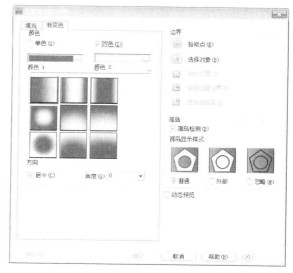

图 6-13　双色渐变填充

无论单色或双色，除系统所默认的颜色外，读者也可以自行设置其他的颜色。只要单击"单色"后面的按钮，系统就会打开图 6-14 所示的"选择颜色"对话框，可以在此挑选颜色。

2. 操作步骤

（1）渐变色单色填充实例

1）在一个圆里画一个五边形，然后在五边形中间再画一圆，如图 6-15a 所示线框。

2）拷贝两个线框放到右边，如图 6-15b、c 所示。

3）打开"图案填充"对话框，切换到"渐变色"选项卡。如图 6-12 所示。

4）对图 6-15a 采用普通方式填充，选渐"渐变色"选项卡，颜色为单色，方向居中，角度为 0，直线形填充类型。

5）在"边界"选项卡中，单击"添加"，用鼠标拉出一个矩形选择对象，把图 6-15a 全部选中。

6）先预览一下，满意就单击"确定"，得到图 6-15a 的填充效果。

7）依此类似方法作图，图 6-15b 选为"外部"方式，图 6-15c 选"忽略"方式，其余步骤相同，最后得到的效果如图 6-15 所示。

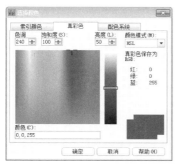

图 6-14 "选择颜色"对话框

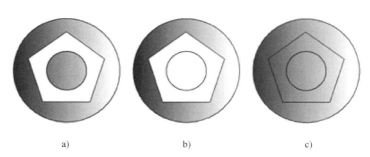

图 6-15 渐变色填充实例

（2）渐变色双色填充实例

1）绘制一棵树的轮廓，如图 6-16a 所示。

2）打开"图案填充"对话框，切换到"渐变色"选项卡。

3）选择"双色"，在"选择颜色"对话框中选择"索引颜色"标签，拾取绿和黄。

4）选择"半球形"，在树冠区域拾取点，勾选上"动态预览"。预览后满意结果就单击"确认"按钮。

5）回车重新打开"填充"对话框。选择"单色"，在"选择颜色"对话框中选择棕色。

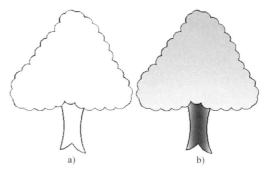

图 6-16 用"渐变色填充"对图形上色

6）选择"反转圆柱形"，在树干区域拾取点，预览后满意结果就单击"确认"按钮。

7）填充之后的图形如图 6-16b 所示。

关于"方向"选项各功能说明如下：

居中：控制渐变色是否对称。

角度：设置渐变色的填充角度。

6.1.4 区域填充

1. 运行方式

命令行：Solid（SO）

功能区："实体"→"曲面"→"二维填充"

工具栏："曲面"→"二维填充" 🔷

二维填充命令可以绘制矩形、三角形或四边形的有色填充区域。

2. 操作步骤

用 Solid 命令绘制图 6-17 所示图形，其具体操作如下：

命令:Solid	执行 Solid 命令
指定第一点：	单击 A 点
指定第二点：	单击 B 点
指定第三点：	单击 C 点
指定第四点或 <退出>：	单击 D 点
指定第三点：	回车完成命令

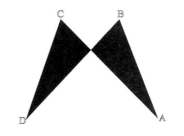

图 6-17 顺着一个方向填充的结果

注意

1) 当系统变量 Fillmode 值设置为 0 时，则不填充区域，如果值设置为 1 时，则填充区域；当系统变量 Fill 设置为 OFF 时，则不填充区域，如果设置为 ON 时，则填充区域。

2) 输入点的顺序应按"左、右""左、右"……依次输入，否则会出现遗漏现象，如图 6-18 所示，当然，在某些场合也需要做出这样的图形。Solid 命令是按奇数点连接奇数点，偶数点连接偶数点的规则，只要清楚这一点，就能灵活操作。

3) 当提示第三点和第四点时，如果均单击同一点，则合成一个尖点，如图 6-18 所示。

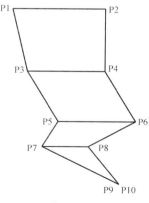

图 6-18　奇偶数分别在一边

任务 6.2　绘制面域

面域是指内部可以含有孤岛的具体边界的平面，它不但包含了边的信息，还包含边界内的面的信息。在中望 CAD 中，能够把由某些对象围成的封闭区域创建成面域，这些封闭区域可以是圆、椭圆、封闭的二维多段线等。

创建面域的方法：

1. 运行方式

命令行：Region（REG）

功能区："常用"→"绘制"→"面域"

工具栏："绘图"→"面域" ⊙

在中望 CAD 中，使用 Region 命令可以创建面域。

2. 操作步骤

命令:Region	执行 Region 命令
选择对象:	选择要创建面域的对象
找到 N 个	提示已选中 N 个对象
选择对象:	回车完成命令或继续选择对象
N 循环 提取;N 面域创建	提示已创建了 N 个面域

注意

1) 面域通常是以线框的形式来显示。

2) 自相交或端点不连接的对象不能转换成面域。

3) 学生可以将面域通过拉伸、旋转等操作绘制成三维实体对象。

4) 在中望 CAD 中，允许学生对面域进行并集、差集、交集等布尔运算，以创建更复杂的面域对象，并集、差集、交集等布尔运算的操作方法会在项目 12 中详细介绍。

任务 6.3　图像设置

用扫描仪、数码相机、航拍所得图片都为光栅图像，光栅图像由于是像素点组成，所以也称为"点阵图或位图"。还有一种类型图像是矢量图像，矢量图像也称为"面向对象的图像或绘图图像"，在数学上定义为一系列由线连接的点。因为光栅图像文件通常比矢量图形文件小，所以光栅图像相比矢量图像缩放和平移速度要快。

6.3.1 插入光栅图像

1. 运行方式

命令行：Imageattach（IAT）

功能区："插入"→"图像"→"附着"

中望 CAD 支持常见的光栅图像文件，如 bmp、jpg、gif、png、tif、pcx、tga 等类型的光栅图像文件。

2. 操作步骤

执行 Imageattach 命令后，打开"选择图像文件"对话框，如图 6-19 所示。选择所需图像文件后，单击"打开"按钮，弹出"图像"对话框，如图 6-20 所示。

图 6-19 "选择图像文件"对话框

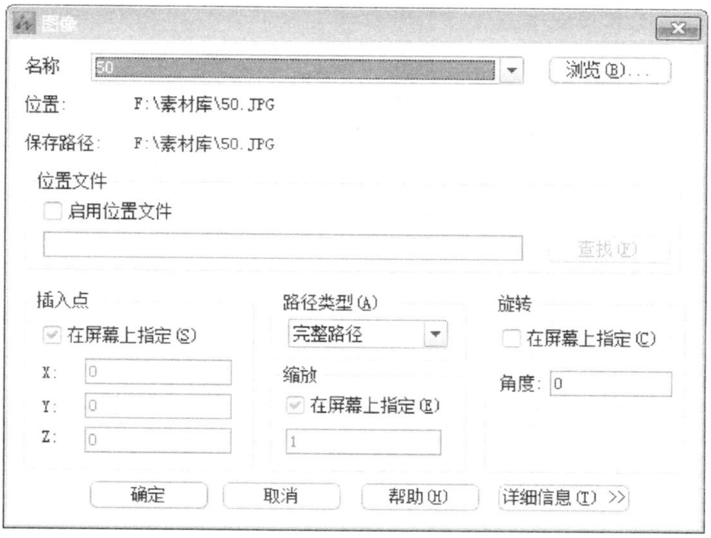

图 6-20 "图像"对话框

"图像"对话框的功能选项和操作都与"外部参照"对话框相似。单击"确定"按钮后根据命令行的提示可确定图像的大小。

注意

光栅图像如果放得太大，就会出现马赛克状的像素点，如果需要放很大的话，需要高质量的分辨率图像。

6.3.2 图像管理

1. 运行方式

命令行：Image（IM）

2. 操作步骤

图像管理器可对当前图形中插入的光栅图像进行查看、更新、删除等操作。执行该命令后，打开"图像管理器"对话框，如图 6-21 所示。

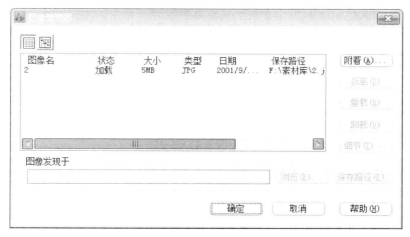

图 6-21 "图像管理"对话框

列表框中显示当前图形中所有图像名、状态、大小、类型、日期和保存路径等信息。

图像管理器的选项介绍如下：

附着：可从中选择需要的图像插入到当前绘图区域中。

拆离：从当前图形文件中删除指定的图像文件。

重载：加载最新版本的图像文件，或重载以前被卸载的图像文件。

卸载：从当前图形文件中卸载指定的图像文件，但图像对象不从图形中删除。

6.3.3 图像调整

1. 运行方式

命令行：Imageadjust（IAD）

功能区："插入"→"图像"→"调整"

2. 操作步骤

执行 Imageadjust 命令后，打开"图像调整"对话框，如图 6-22 所示。在此对话框中，使用左右滑块来调整图像的亮度、对比度、淡入度。在预览框中可以即时预览到相应效果。此命令只影响图像的显示和打印输出的结果，而不影响原来的光栅图像文件。

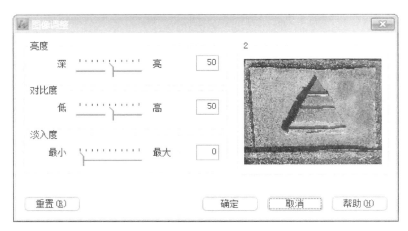

图 6-22 "图像调整"对话框

6.3.4 图像质量

1. 运行方式

命令行：Imagequality

功能区："插入"→"图像"→"质量"

图像质量控制图像显示的质量，图像显示的质量将直接影响显示性能，高质量图像降低程序性能。改变此设置后不必重新生成，此命令的改变将影响到图形中所有图像的显示，在打印时都是使用高质量的图像显示。

2. 操作步骤

| 命令:Imagequality | 执行 Imagequality 命令 |
| 输入图像质量设置[高(H)/草稿(D)]<高>:h | 输入 h 选择高质量 |

6.3.5 图像边框

1. 运行方式

命令行：Imageframe

功能区："插入"→"图像"→"图像边框"

图像边框控制当前图样中的图像边框是否显示和打印。光栅图像不带边框也可显示。一般情况下，选择光栅图像是通过单击图像边框来选择的。为了避免意外选择图像，所以需要关闭图像边框。

2. 操作步骤

| 命令:Imageframe | 执行 Imageframe 命令 |
| 输入图像边框设置[开(ON)/关(OFF)]<ON>:off | 输入 OFF 不显示图像边框 |

6.3.6 图像剪裁

1. 运行方式

命令行：Imageclip（ICL）

功能区："插入"→"图像"→"剪裁"

为选取的图像对象创建新的剪裁边界。必须在与图像对象平行的平面中指定边界。

2. 操作步骤

把图 6-23a 编辑为图 6-23b，按如下步骤操作得到图 6-23b：

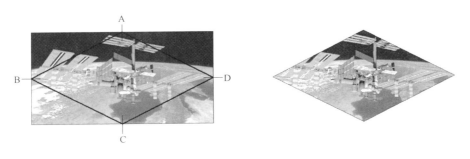

a) 图像剪裁前　　　　　　　　　　　　b) 图像剪裁后

图 6-23　图像剪裁

请选择一个图像实体：	选取图 6-23a 图像
输入图像剪裁选项[开(ON)/关(OFF)/删除(D)/新建边界(N)]<新建边界>:N	输入 N,新建一个四边形
请选择剪切边界类型 多边形(P)/<矩形(R)>:p	输入 P
第一点：	拾取 A 点
指定下一点或[放弃(U)]	拾取 B 点
指定下一点或[放弃(U)]	拾取 C 点
指定下一点或[闭合(C)/放弃(U)]	拾取 D 点
指定下一点或[闭合(C)/放弃(U)]:C	输入 C,闭合 A 和 D 点

任务6.4　绘图顺序设置

1. 运行方式

命令行：Draworder

工具栏："绘图顺序"

默认情况下，对象绘制的先后顺序就决定了对象的显示顺序，Draworder 命令可修改对象的显示顺序，例如把一个对象移到另一个之后。当两个或更多对象相互覆盖时，图形顺序将保证正确的显示和打印输出。例如，如果将光栅图像插入到现有对象上面，就会遮盖现有对象，这时就有必要调整图形顺序。

2. 操作步骤

使用 Draworder 命令把图 6-24a 的绘图顺序改为图 6-24b 的显示效果，按如下步骤操作：

a) 先绘制实心填充三角形后再绘制矩形　　　　b) 使矩形置于三角形之下

图 6-24　绘图顺序设置

命令:Draworder	执行 Draworder 命令
选择对象:找到 1 个	选择矩形后,提示找到 1 个对象
选择对象:	回车结束选择对象
输入对象排序选项［对象上(A)/对象下(U)/最前(F)/最后(B)］	<最后>:u 输入 U,置于对象之下
选择参照对象:找到 1 个	选择三角形为参照对象
选择参照对象:	回车结束命令

项目小结

1）通过本项目学习学会如何管理图像和控制图像的显示。

2）采用渐变的颜色进行填充，填充区域可呈现类似光照反射效果，使图形的表现形式得到增强。我们可采用渐变色填充创建高质量演示图片而无须渲染。由于这个功能提供了更多的灵活选项，所以还可以用来为图形进行着色。

3）学生可以为图案填充单独创建一个图层。根据需要可关闭或冻结图案填充图层，以降低视觉干扰或辅助选择对象。

练习

1. 选择题

1）控制是否显示图像边界的命令是（　　　）。

A. Imageadjust

B. Imageclip

C. Image

D. Imageframe

2）可以将光栅图像的边界剪裁成（　　　）。

A. 圆

B. 椭圆

C. 多边形

D. 样条线构成的封闭形状

2. 画图题

1）画出图 6-25 所示的图形，并创建成面域。

2）画出图 6-26、图 6-27 所示图形的剖面线。

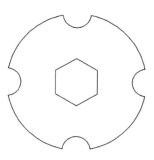

图 6-25　练习题（一）

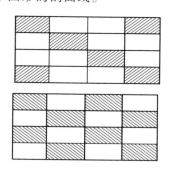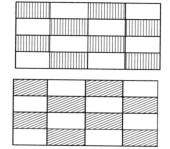

图 6-26　练习题（二）

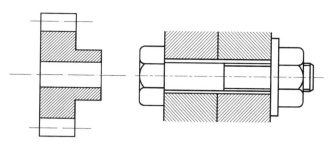

图 6-27 练习题（三）

3）画出图 6-28 所示的奥运五环图案（环的颜色分别为蓝、黄、黑、绿、红五色）。

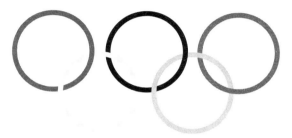

图 6-28 练习题（四）

07

项目 7
文字和表格

本课导读

在中望 CAD 图样中，除了图形对象外，文字和表格也是非常重要的组成部分。在绘图过程中，有时需要给图形标注一些恰当的文字说明，使图形表达更加明白、清楚，完整地表示设计意图。表格则用于显示数字和其他项，以便快速引用、统计和分析，并方便学生查阅。

本项目主要学习如何设置字体与样式、输入特殊字符、标注文本、文本编辑、创建表格样式和空白表格、编辑表格、使用字段等知识，使学生能熟练地在图形中加入文本说明和明细表格。

项目要点

- 设置文字样式
- 标注文本
- 编辑文本
- 文本工具
- 创建表格
- 编辑表格
- 使用字段

任务 7.1　设置文字样式

在中望 CAD 中标注的所有文本，都有其文字样式设置。本节主要讲述字体、文字样式的定义以及如何设置文字样式等知识。

7.1.1　字体与文字样式

字体是由具有相同构造规律的字母或汉字组成的字库。例如：英文有 Roman、Romantic、Complex、Italic 等字体；汉字有宋体、黑体、楷体等字体。中望 CAD 提供了多种可供定义样式的字体，包括 Windows 系统 Fonts 目录下的"*.ttf"字体和中望 CAD 的 Fonts 目录下支持大字体及西文的"*.shx"字体。

学生可根据自己需要定义具有字体、字符大小、倾斜角度、文本方向等特性的文字样式。在中望 CAD 绘图过程中，所有的标注文本都具有其特定的文字样式，字符大小由字符高度和字符宽度决定。

7.1.2　设置文字样式

1. 运行方式

命令行：Style（ST）

功能区："工具"→"样式管理器"→"文字样式"

工具栏："文字"→"文字样式"

Style 命令用于设置文字样式，包括字体、字符高度、字符宽度、倾斜角度、文本方向等参数的设置。

2. 操作步骤

执行 Style 命令，系统自动弹出"字体样式"对话框。设置新样式为"宋体"字体，如图 7-1 所示，其操作步骤如下：

图 7-1　"字体样式"对话框

命令:Style	执行 Style 命令
单击"当前样式名"对话框的"新建"按钮	系统弹出"新文字样式"对话框
在对话框中输入"宋体",单击"确定"按钮	设定新样式名"宋体"并回到主对话框
在文本字体框中选宋体	设定新字体"宋体"
在文本度量框中填写	设定字体的高度、宽度、角度
单击"应用"按钮	将新样式"宋体"加入图形
单击"确定"按钮	完成新样式设置,关闭对话框

读者可以自行设置其他的文字样式。图 7-1 对话框中各选项的含义和功能介绍如下：

当前样式名：该区域用于设定样式名称，可以从该下拉列表框选择已定义的样式或者单击"新建"按钮创建新样式。

新建：用于定义一个新的文字样式。单击该按钮，在弹出的"新文字样式"对话框的"样式名称"编辑框中输入要创建的新样式的名称，然后单击"确定"按钮。

重命名：用于更改图中已定义的某种样式的名称。在左边的下拉列表框中选取需更名的样式，再单击"确定"按钮，在弹出的"重命名文字样式"对话框的"样式名称"编辑框中输入新样式名，然后单击"确定"按钮即可。

　　删除：用于删除已定义的某样式。在左边的下拉列表框选取需要删除的样式，然后单击"删除"按钮，系统将会提示是否删除该样式，单击"确定"表示确定删除，单击"取消"按钮表示取消删除。

　　文本字体：该区域用于设置当前样式的字体、字体格式、字体高度。

◆ 字体名：该下拉列表框中列出了 Windows 系统的 TrueType（TTF）字体与中望 CAD 本身所带的字体。可在此选一种需要的字体作为当前样式的字体。

◆ 字型：该下拉列表框中列出了字体的几种样式，如常规、粗体、斜体等字体，可任选一种样式作为当前字型的字体样式。

◆ 大字体：选用该复选框，可使用大字体定义字型。

　　文本度量：

◆ 文本高度：该编辑框用于设置当前字型的字符高度。

◆ 宽度因子：该编辑框用于设置字符的宽度因子，即字符宽度与高度之比。取值为 1 时表示保持正常字符宽度，大于 1 表示加宽字符，小于 1 表示使字符变窄。

◆ 倾斜角：该编辑框用于设置文本的倾斜角度。大于 0°时，字符向右倾斜；小于 0°时，字符向左倾斜。

　　文本生成：

◆ 文本反向印刷：选择该复选框后，文本将反向显示。

◆ 文本颠倒印刷：选择该复选框后，文本将颠倒显示。

◆ 文本垂直印刷：选择该复选框后，字符将以垂直方式显示字符。"True Type"字体不能设置为垂直书写方式。

　　预览：该区域用于预览当前字型的文本效果。

　　设置完样式后单击"应用"按钮将新样式加入当前图形。完成样式设置后，单击"确定"按钮关闭"字体样式"对话框。

注意

　　1）中望 CAD 图形中所有文本都有其对应的文字样式。系统默认样式为 Standard 样式，需预先设定文本的样式，并将其指定为当前使用样式，系统才能将文字按指定的文字样式写入字形中。

　　2）更名（Rename）和删除（Delete）选项对 Standard 样式无效。图形中已使用样式不能被删除。

　　3）对于每种文字样式而言，其字体及文本格式都是唯一的，即所有采用该样式的文本都具有统一的字体和文本格式。如果想在一幅图形中使用不同的字体设置，则必须定义不同的文字样式。对于同一字体，可将其字符高度、宽度因子、倾斜角度等文本特征设置为不同，从而定义成不同的字型。

　　4）可用 Change 命令改变选定文本的字型、字体、字高、字宽、文本效果等设置，也可选中要修改的文本后单击鼠标右键，在弹出的快捷菜单中选择属性设置，以改变文本的相关参数。

任务 7.2　标注文本

7.2.1　单行文本

1. 运行方式
命令行：Text

功能区："常用"→"注释"→"单行文字"

工具栏："文字"→"单行文本"

Text 可为图形标注一行或几行文本，每一行文本作为一个实体。该命令同时设置文本的当前样式、旋转角度（Rotate）、对齐方式（Justify）和字高（Resize）等。

中望软件

图 7-2　标注文本

2. 操作步骤

用 Text 命令在图 7-2 中标注文本，采用设置新字体的方法，中文采用仿宋字型，其操作步骤如下：

命令:Text	执行 Text 命令
当前文字样式:"STYLE1"文字高度:2.5000	显示当前的文字样式和高度
指定文字的起点或［对正(J)/样式(S)］:	输入 S,选择样式选项
输入样式名或[?]<STYLE1>:仿宋	设定当前文字样式为仿宋
当前文字样式:"仿宋"文字高度:2.5000	显示当前的文字样式和高度
指定文字的起点或［对正(J)/样式(S)］:J	输入 J,选择调整选项
输入选项［对齐(A)/布满(F)/居中(C)/中间(M)/右对齐(R)/左上(TL)/中上(TC)/右上(TR)/左中(ML)/正中(MC)/右中(MR)/左下(BL)/中下(BC)/右下(BR)］:mc	输入 MC,选择 MC(中心)对齐方式
指定文字的中间点:	拾取文字中心点
指定高度<2.5000>:10	输入 10,指定文字的高度
指定文字的旋转角度<180>:0	设置文字旋转角度为 0°
文字:中望软件	输入文本,按回车键结束文本输入

以上各项含义和功能说明如下：

样式（S）：此选项用于指定文字样式，即文字字符的外观。执行选项后，系统出现提示信息"输入样式名或［?］<Standard>:"输入已定义的文字样式名称或单击回车键选用当前的文字样式；也可输入"?"，系统提示"输入要列出的文字样式<*>:"，单击回车键后，屏幕转为文本窗口列表显示图形定义的所有文字样式名、字体文件、高度、宽度比例、倾斜角度、生成方式等参数。

对齐（A）：标注文本在指定的文本基线的起点和终点之间保持字符宽度因子不变，通过调整字符的高度来匹配对齐。

布满（F）：标注文本在指定的文本基线的起点和终点之间保持字符高度不变，通过调整字符的宽度因子来匹配对齐。

居中（C）：标注文本中点与指定点对齐。

中间（M）：标注文本的文本中心和高度中心与指定点对齐。

右对齐（R）：在图形中指定的点与文本基线的右端对齐。

左上（TL）：在图形中指定的点与标注文本顶部左端点对齐。

中上（TC）：在图形中指定的点与标注文本顶部中点对齐。

右上（TR）：在图形中指定的点与标注文本顶部右端点对齐。

左中（ML）：在图形中指定的点与标注文本左端中间点对齐。

正中（MC）：在图形中指定的点与标注文本中部中心点对齐。

右中（MR）：在图形中指定的点与标注文本右端中间点对齐。

左下（BL）：在图形中指定的点与标注文本底部左端点对齐。

中下（BC）：在图形中指定的点与字符串底部中点对齐。

右下（BR）：在图形中指定的点与字符串底部右端点对齐。

ML、MC、MR 三种对齐方式中所指的中点均是文本大写字母高度的中点，即文本基线到文本顶端距离的中点；Middle 所指的文本中点是文本的总高度（包括如 j、y 等字符的下沉部分）的中点，即文本底端到文本顶端距离的中点，如图 7-3 所示。如果文本串中不含 j、y 等下沉字母，则文本底端线与文本基线重合，MC 与 Middle 相同。

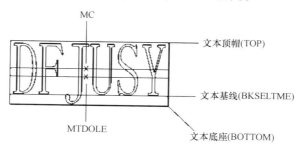

图 7-3　文本底端到文本顶端距离的中点

注意

1）在"输入样式名或［？］<Standard>："提示后输入"？"，需列出清单直接回车，系统将在文本窗口中列出当前图形中已定义的所有字型名及其相关设置。

2）在输入一段文本并退出 Text 命令后，若再次进入该命令（无论中间是否进行了其他命令操作）将继续前面的文字标注工作，上一个 Text 命令中最后输入的文本将呈高亮显示，且字高、角度等文本特性将沿用上一次的设定。

7.2.2　多行文本

1. 运行方式

命令行：Mtext（MT、T）

功能区："常用"→"注释"→"多行文字"

工具栏："绘图"→"多行文本"Ａ

Mtext 可在绘图区域指定的文本边界框内输入文字内容，并将其视为一个实体。此文本边界框定义了段落的宽度和段落在图形中的位置。

2. 操作步骤

在绘图区标注一段文本，结果如图 7-4 所示。操作步骤如下：

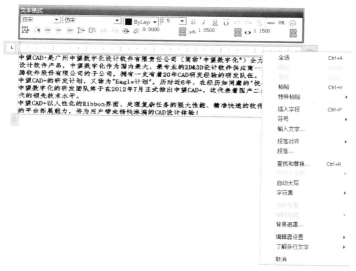

图 7-4　多行文字编辑对话框及右键菜单

```
命令:Mtext                                                      执行 Mtext 命令
当前文字样式:"Standard"文字高度:2.5                              显示当前文字样式及高度
多行文字:字块第一点:在屏幕上拾取一点                              选择段落文本边界框的第一角点
指定对角点或/高度(H)/对正(J)/行距(L)/旋转(R)/样式(S)/宽度(W)/:s  输入 S,重新设定样式
输入样式名或[?]<Standard>:仿宋                                   选择仿宋为当前样式
指定对角点或/高度(H)/对正(J)/行距(L)/旋转(R)/样式(S)/宽度(W)/:    拾取另一点
```

选择字块对角点，弹出对话框输入汉字"广州中望龙腾软件股份有限公司......（此处略）"，单击"OK"按钮结束文本输入。

中望 CAD 实现了多行文字的所见即所得效果。也就是在编辑对话框中看到显示效果与图形中文字的实际效果完全一致，并支持在编辑过程中使用鼠标中键进行缩放和平移。

由以往的多行文字编辑器改造为在位文字编辑器，对文字编辑器的界面进行了重新部署。新的在位文字编辑器包括三个部分：文字格式工具栏、菜单选项和文字格式选项栏，增强了对多行文字的编辑功能，如上划线、标尺、段落对齐、段落设置等。对话框中部分按钮和设置的简单说明如图 7-5 所示。其他主要选项功能说明见表 7-1。

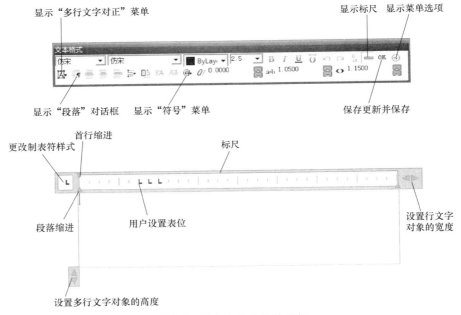

图 7-5　多行文字编辑对话框

表 7-1　"文字格式"工具栏选项及按钮说明

图　标	名　称	功　能　说　明
仿宋 ▼	样式	为多行文字对象选择文字样式
仿宋 ▼	字体	从该下拉列表框中任选一种字体修改选定文字或为新输入的文字指定字体
■ ByLay ▼	颜色	学生可从颜色列表中为文字任意选择一种颜色,也可指定 Bylayer 或 Byblock 的颜色,使之与所在图层或所在块相关联;或在颜色列表中选择"其他颜色"打开"选择颜色"对话框,选择颜色列表中没有的颜色
5 ▼	文字高度	设置当前字体高度。可在下拉列表框中选取,也可直接输入

（续）

图　　标	名　　称	功　能　说　明
B I U Ō	粗体/斜体/ 上划线/下划线	设置当前标注文本是否加黑、倾斜、加下划线、加上划线
↰	撤消	撤消上一步操作
↱	重做	重做上一步操作
₆̣α	堆叠	设置文本的重叠方式。只有在文本中含有"/""^""#"这三种 分隔符号，且含这三种符号的文本被选定时，该按钮才被执行

在文字输入窗口中单击鼠标右键，将弹出一个快捷菜单，通过此快捷菜单可以对多行文本进行更多设置，如图 7-4 所示。

⚙ 该快捷菜单中的各命令含义如下：

全部选择：选择"在位文字编辑器"文本区域中包含的所有文字对象。

选择性粘贴：粘贴时可能会清除某些格式，可以根据需要，将粘贴的内容做出相应的格式清除，以达到所期望的结果。

◆ 无字符格式粘贴：清除粘贴文本的字符格式，仅粘贴字符内容和段落格式，无字体颜色、字体大小、粗体、斜体、上下划线等格式。

◆ 无段落格式粘贴：清除粘贴文本的段落格式，仅粘贴字符内容和字符格式，无制表位、对齐方式、段落行距、段落间距、左右缩进、悬挂等段落格式。

◆ 无任何格式粘贴：粘贴进来的内容只包含可见文本，既无字符格式也无段落格式。

插入字段：打开"字段"对话框，通过该对话框创建带字段的多行文字对象。

符号：选择该命令中的子命令，可以在标注文字时输入一些特殊的字符，例如"φ""°"等。

输入文字：选择该命令，打开"选择文件"对话框，利用该对话框可以导入在其他文本编辑中创建的文字。

段落对齐：设置多行文字对象的对齐方式。

段落：设置段落的格式。

查找和替换：在当前多行文字编辑器中的文字中搜索指定的文字字段并用新文字替换。但要注意的是，替换的只是文字内容，字符格式和文字特性不变。

改变大小写：改变选定文字的大小写。可以选择"大写"和"小写"。

自动大写：设置即将输入的文字全部为大写。该设置对已存在的文字没有影响。

字符集：字符集中列出了平台所支持的各种语言版本。学生可根据实际需要，为选取的文字指定语言版本。

合并段落：选择该命令，可以合并多个段落。

删除格式：选择该命令，可以删除文字中应用的格式，例如：加粗、倾斜等。

背景遮罩：打开"背景遮罩"对话框，为多行文字对象设置不透明背景。

堆叠/非堆叠：为选定的文字创建堆叠，或取消包含堆叠字符文字的堆叠。此菜单项只在选定可堆叠或已堆叠的文字时才显示。

堆叠特性：打开"堆叠特性"对话框，编辑堆叠文字、堆叠类型、对齐方式和大小。此菜单项只在选定已堆叠的文字时才显示。

编辑器设置：显示"文字格式"工具栏的选项列表。

◆ 始终显示为 WYSIWYG（所见即所得）：控制在位文字编辑器及其中文字的显示。

◆ 显示工具栏：控制"文字格式"工具栏的显示。要恢复工具栏的显示，在"在位文字编辑器"的文本区域中单击鼠标右键，并选择"编辑器设置"→"显示工具栏"菜单项。

◆ 显示选项：控制"文字格式"工具栏下的"文字格式"选项栏的显示。选项栏的显示是基于"文字格式"工具栏的。

◆ 显示标尺：控制标尺的显示。

◆ 不透明背景：设置编辑框背景为不透明，背景色与界面视图中背景色相近，用来遮挡住编辑器背后的实体。默认情况下，编辑器是透明的。

注意：选中"始终显示为 WYSIWYG"项时，此菜单项才会显示。

◆ 弹出切换文字样式提示：当更改文字样式时，控制是否显示应用提示对话框。

◆ 弹出退出文字编辑提示：当退出"在位文字编辑器"时，控制是否显示保存提示的对话框。

了解多行文字：显示在位文字编辑器的帮助菜单，包含多行文字功能概述。

取消：关闭"在位文字编辑器"，取消多行文字的创建或修改。

注意

1）Mtext 命令与 Text 命令有所不同，Mtext 输入的多行段落文本是作为一个实体，只能对其进行整体选择、编辑；Text 命令也可以输入多行文本，但每一行文本单独作为一个实体，可以分别对每一行进行选择、编辑。Mtext 命令标注的文本可以忽略字型的设置，只要在文本标签页中选择了某种字体，那么不管当前的字型设置采用何种字体，标注文本都将采用选择的字体。

2）若要修改已标注的 Mtext 文本，可选取该文本后，单击鼠标右键，在弹出的快捷菜单中选择"参数"项，即弹出"对象属性"对话框进行文本修改。

3）输入文本的过程中，可对单个或多个字符进行不同的字体、高度、加粗、倾斜、下划线、上划线等设置，这点与字处理软件相同。其操作方法是：按住并拖动鼠标左键，选中要编辑的文本，然后再设置相应选项。

7.2.3 特殊字符输入

在标注文本时，常常需要输入一些特殊字符，如上划线、下划线、直径、度数、公差符号和百分比符号等。多行文字可以用上（下）划线按钮及右键菜单中的"符号"菜单来实现。针对单行文字（Text），中望 CAD 提供了一些带两个百分号（%%）的控制代码来生成这些特殊符号。

1. 特殊字符说明

表 7-2 列出了一些特殊字符的控制代码及说明。

表 7-2 特殊字符的输入及说明

特殊字符	代码输入	说明
±	%%P	公差符号
—	%%O	上划线
—	%%U	下划线
%	%%%	百分比符号
Φ	%%C	直径符号
°	%%D	角度
	%%nnn	nnn 为 ASCII 码

2. 操作步骤

用 Text 命令输入几行包含特殊字符的文本，如图 7-6 所示，其操作步骤如下：

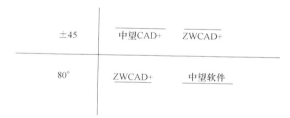

图 7-6 用 Text 命令输入特殊字符的文本

命令：Text	执行 Text 命令
当前文字样式："Standard"文字高度：2.5000	显示当前的文字样式和高度
指定文字的起点或[对正(J)/样式(S)]：S	选择更改文字样式
输入样式名或[?]<Standard>：仿宋	选用仿宋字型
当前文字样式："仿宋"文字高度：2.5000	显示当前的文字样式和高度
指定文字的起点或[对正(J)/样式(S)]：	在屏幕上拾取一点来确定文字起点
指定高度<2.5000>：10	设置文字大小
文字旋转角度<0>：	回车接受默认不旋转
文字：%%p45	输入文本
命令：Text	执行 Text 命令
当前文字样式："仿宋"文字高度：10.0000	显示当前的文字样式和高度
指定文字的起点或/对正(J)/样式(S)/：	确定文字起点
字高<10>：	回车接受默认字高
文字旋转角度<0>：	回车接受默认不旋转
文字：80%%d	输入文本

同样方法，在提示"文字："后，分别输入：
%%oZwCAD%%o
%%o中望CAD%%o
%%uZwCAD%%u
%%u中望CAD广州中望公司%%u
%%c100

即可显示如图 7-6 所示的特殊字符的文本。

注意

1）如果输入的"%%"后无控制字符（如 c、p、d）或数字，系统将视其为无定义，并删除"%%"及后面的所有字符；如果只输入一个"%"，则此"%"将作为一个字符标注于图形中。

2）上下划线是开关控制，输入一个%%O（%%u）开始上（下）划线，再次输入此代码则结束，如果一行文本中只有一个划线代码，则自动将行尾作为划线结束处。

3. 其余特殊字符代码的输入（表 7-3）

表 7-3 其他特殊字符的输入码及说明

特殊字符	代码输入	说明	特殊字符	代码输入	说明
$	%%36	—	&	%%38	—
%	%%37	—	'	%%39	单引号

（续）

特殊字符	代码输入	说明	特殊字符	代码输入	说明
(	%%40	左括号	?	%%63	问号
)	%%41	右括号	@	%%64	—
*	%%42	乘号	A～Z	%%65～90	大写英文 26 个字母
+	%%43	加号	[	%%91	左方括号
,	%%44	逗号	\	%%92	反斜杠
−	%%45	减号	]	%%93	右方括号
。	%%46	句号	^	%%94	—
/	%%47	除号	_	%%95	—
0～9	%%48～57	数字 0～9	'	%%96	单引号
:	%%58	冒号	a～z	%%97～122	小写英文 26 个字母
;	%%59	分号	|	%%123	左大括号
<	%%60	小于号	|	%%124	—
=	%%61	等号	|	%%125	右大括号
>	%%62	大于号	~	%%126	—

任务 7.3 编辑文本

运行方式

命令行：Ddedit

工具栏："文字"→"编辑文字" A₂

Ddedit 命令可以编辑、修改或标注文本的内容，如增减或替换 Text 文本中的字符、编辑 Mtext 文本或属性定义。

用 Ddedit 命令将图 7-7 所示标注的字加上"中望 CAD+2014"，其操作步骤如下：

命令：Ddedit	执行 Ddedit 命令
选择注释对象或[撤消(U)]：	选取要编辑的文本

选取文本后，该单行文字自动进入编辑状态，单行文字在中望 CAD 也支持所见即所得，如图 7-7 所示。

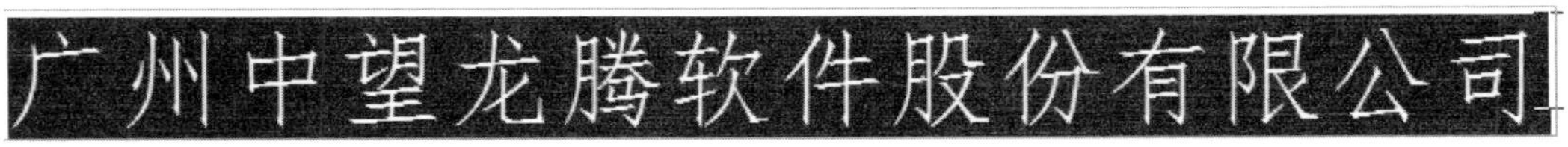

图 7-7　编辑文字

用鼠标选在字符串"广州中望龙腾软件股份有限公司"的后面，输入"中望 CAD2014"，然后回车或单击其他地方，即可完成修改，如图 7-8 所示。

图 7-8　输入文字

注意

1) 可以双击一个要修改的文本实体，然后直接对标注文本进行修改。也可以在选择后单击鼠标右键，在弹出的快捷菜单中选择"编辑"。

2) 中望 CAD 支持多行文字中多国语言的输入。对于跨语种协同设计的图样，图中的文字对象分别以多种语言同时显示，极大方便了图样在不同国家设计人员之间顺畅交互。

任务 7.4 文本工具设置

7.4.1 快显文本

1. 运行方式

命令行：Qtextmode

Qtextmode 命令可设置文本快速显示，当图形中采用了大量的复杂构造文字时会降低 Zoom、Redraw 等命令的速度，Qtextmode 命令可采用外轮廓线框来表示一串字符，对字符本身不予显示，这样就可以大大提高图形的重新生成速度。

2. 操作步骤

将文本以快显方式打开，然后重新显示图 7-9a 所示的文本，结果如图 7-9b 所示。其操作步骤如下：

a)   b)

图 7-9 文本以快显方式打开

命令:Qtextmode	执行 Qtextmode 命令
输入 Qtextmode 的新值<0>:1	文本快显打开
命令:Regen	图形重新生成

注意

1) 绘图时，可用简体字型输入全部文本，待最后出图时，再用复杂的字体替换，这样可加快缩放（Zoom）、重画（Redraw）及重生成（Regen）的速度。

2) 在标注文本时可以采用 Qtextmode 命令来实现文本快显，在打印文件时应该将文本快显设置关掉，否则打印出的文本将是一些外轮廓框线。

7.4.2 调整文本

1. 运行方式

命令行：Textfit

功能区："扩展工具"→"文本工具"→"调整文本"

Textfit 命令可使 Text 文本在字高不变的情况下，通过调整宽度，在指定的两点间自动匹配对齐。对于那些需要将文字限制在某个范围内的注释可采用该命令编辑。

2. 操作步骤

用 Textfit 命令将图 7-10a 所示文本移动并压缩至与椭圆匹配，结果如图 7-10b 所示。其操作步骤如下：

图 7-10　用 Textfit 命令将文本调整与椭圆匹配

命令：Textfit	执行 Textfit 命令
请选择要编辑的文字：	点取图 7-10a 中的文本
请输入文字长度或选择终点：	鼠标点取或直接输入数字

注意

1）文本的拉伸或压缩只能在水平方向进行。如果指定对齐的两点不在同一水平线上，系统会自动测量两点间的距离，并以此距离在水平方向上的投影长作为基准进行拉伸或缩放。

2）该命令只对 Text 文本有效。

7.4.3　文本屏蔽

1. 运行方式

命令行：Textmask

功能区："扩展工具"→"文本工具"→"文本屏蔽"

Textmask 命令可在 Text 或 Mtext 命令标注的文本后面放置一个遮罩，该遮罩将遮挡其后面的实体，而位于遮罩前的文本将保留显示。采用遮罩在实体与文本重叠相交的地方，实体部分将被遮挡，从而使文本内容容易观察，使图样看起来清楚而不杂乱。

2. 操作步骤

用 Textmask 命令将图 7-11a 中与文本重叠的部分图形屏蔽挡住，结果如图 7-11b 所示。其操作步骤如下：

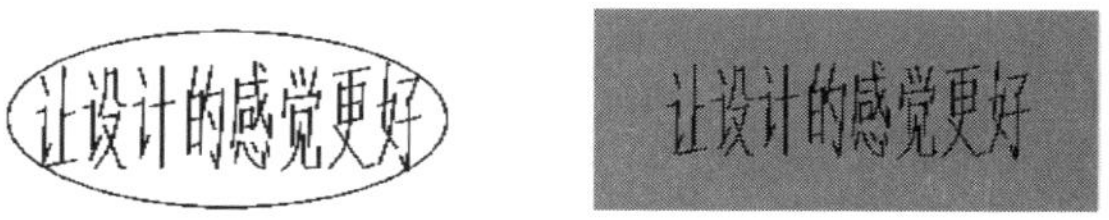

图 7-11　图形被屏蔽挡住

命令：Textmask	执行 Textmask 命令
当前设置：偏移因子 = 0.500000,屏蔽类型 = WIPEOUT	显示当前偏移因子和屏蔽类型
选择要屏蔽的文本对象或[屏蔽类型[M]/偏移因子[O]]:M	输入 M,修改屏蔽类型
屏蔽类型当前被设为 WipeOut.	
指定屏蔽使用的实体类型[Wipeout/3dface/Solid] <Wipeout>:S	输入 S,选择 Solid 的屏蔽类型
弹出索引颜色对话框	选择"7"洋红颜色
选择要屏蔽的文本对象或 [屏蔽类型[M]/偏移因子[O]]:	找到 1 个单击图 7-3a 文本,提示找到 1 个文本

以上各项提示的含义和功能说明如下：

屏蔽类型：设置屏蔽方式，包括以下 3 种：

◆ Wipeout：以 Wipeout（光栅图像）屏蔽选定的文本对象。

◆ 3dface：以 3dface 屏蔽选定的文本对象。

◆ Solid：用指定背景颜色的 2D Solid 屏蔽文本。

偏移因子：该选项用于设置矩形遮罩相对于标注文本向外的偏移距离。偏离距离通过输入文本高度的倍数来决定。

注意

1）文本与其后的屏蔽共同构成一个整体，将一起被移动、复制或删除。用 Explode 命令可将带屏蔽的文本分解成文本和一个矩形框。

2）带屏蔽的文本仍可用 Ddedit 命令进行文本编辑，更新后仍保持原有屏蔽文本的形状和大小。

7.4.4　解除屏蔽

1. 运行方式

命令行：Textunmask

功能区："扩展工具"→"文本工具"→"解除屏蔽"

Textunmask 命令与 Textmask 命令相反，它用来取消文本的屏蔽。

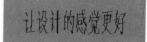 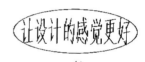

　　　　　　　　　　　　a)　　　　　　　　　　　b)

2. 操作步骤

用 Textunmask 将图 7-12a 文本屏蔽取消，结果如图 7-12b 所示。操作步骤如下：

图 7-12　文本的屏蔽被取消

命令：Textunmask	执行 Textunmask 命令
选择要移除屏蔽的文本或多行文本对象指定对角点：	
找到 2 个，1 个编辑	提示选取要解除的文本，和选中的对象数
选择要移除屏蔽的文本或多行文本对象	回车结束选取
从 1 个文本移除了屏蔽	提示解除屏蔽的文本数量

7.4.5　对齐文本

运行方式

命令行：Tjust

功能区："扩展工具"→"文本工具"→"对齐方式"

工具栏："ET：文本"→"对齐方式" A

对齐文字，不改变文字的位置。可对齐的对象有单行文字，多行文字、标注和对象的属性。

7.4.6　旋转文本

1. 运行方式

命令行：Torient

功能区："扩展工具"→"文本工具"→"旋转文本"

工具栏："ET：文本"→"旋转文本"

将文本、多行文本标注和图块属性等对象按新的方向排列。

旋转文本、多行文本标注和图块属性等对象的方向，让其尽可能靠近水平线或者右端对齐（与标注文本类似）。对象围绕着自身的中心点旋转正 180°，如果文本是右边向下的，就会在执行了 Torient 命令之后右侧向上。类似的，从左到右的文本会变成从右到左。整个对象的位置没有改变。作为一个选项，可以为所有选定的文本对象指定一个新的方向角度。

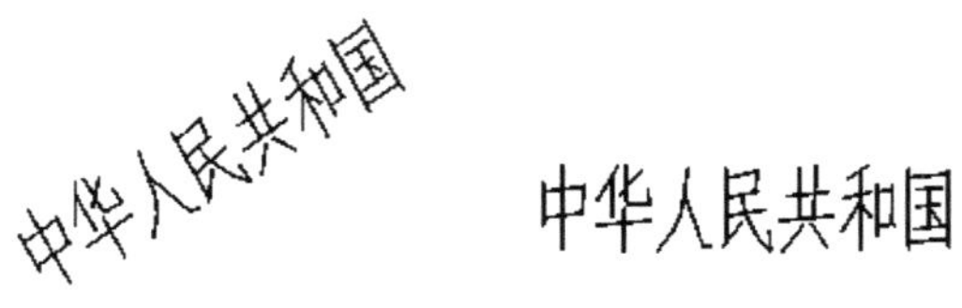

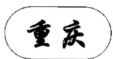

a)　　　　　　　　　　b)

图 7-13　旋转文本效果

2. 操作步骤

将图 7-13a 所示文字，转换成如图 7-13b 所示。其操作步骤如下：

命令:Torient	执行 Torient 命令
请选择文字,多行文字或属性定义...	提示选择需要修改的文字对象
选择对象:找到 1 个	选择欲旋转的文本,提示选中的对象数
选择对象:	回车结束选择
新的绝对旋转角度<最可读>:0	输入绝对旋转角度
一个对象被修改..	回车后结果如图 7-13b 所示

7.4.7　文本外框

1. 运行方式

命令行：TCIRCLE

功能区："扩展工具"→"文本工具"→"文本外框"

工具栏："文本工具"→"文本外框" 📄

在每一个选定的文本对象或者多行文本对象的周围画圆，矩形或圆槽作为文本外框。

2. 操作步骤

将图 7-14 所示文字，用圆和双头圆弧作为文字外框。其操作步骤如下：

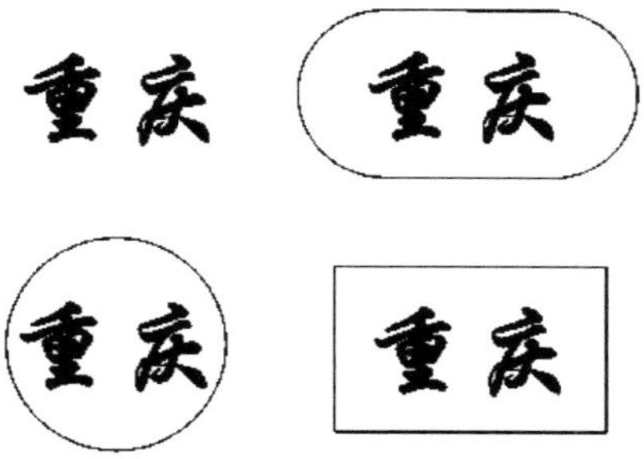

图 7-14　用圆、圆槽、矩形作文字外框

命令:Tcircle	执行 Tcircle 命令
请选择文字,多行文字或属性定义...	提示选择需要修改的文字对象
选择对象:找到 1 个	选择文本,提示选中的对象数
选择对象:	回车结束选择
输入偏移距离伸缩因子<0.35>:0.2	输入偏移距离伸缩因子
选择包围文本的对象[圆(C)/圆槽(S)/矩形(R)]<圆槽(S)>:c.	输入 C,选择包围文本的外框类型
用固定或可变尺寸创建 circles[固定(C)/可变(V)]<可变(V)>:	回车后结果如图 7-14 左下图
命令：Tcircle	执行 Tcircle 命令
请选择文字,多行文字或属性定义...	提示选择需要修改的文字对象
选择对象:找到 1 个	选择文本,提示选中的对象数
选择对象:	回车结束选择
输入偏移距离伸缩因子<0.35>:0.2	输入偏移距离伸缩因子
选择包围文本的对象[圆(C)/圆槽(S)/矩形(R)]<圆槽(S)>:s	输入 S,选择包围文本的外类型
用固定或可变尺寸创建 slots[固定(C)/可变(V)]<可变(V)>:	回车后结果如图 7-14 右上图所示
同理,选矩形(R)项	结果如图 7-14 右下图所示

7.4.8　自动编号

1. 运行方式

命令行：Tcount

功能区："扩展工具"→"文本工具"→"自动编号"

工具栏："ET:文本"→"自动编号"

选择几行文字后，再为字前或字后自动加注指定增量值的数字。

2. 操作步骤

执行 Tcount 命令，系统提示选择对象，确定选择对象的方式并指定起始编号和增量，然后选择在文本中放置编号的方式，图 7-15 为选择的几行文字，图 7-16 为执行 Tcount 命令后的三种放置编号的方式。

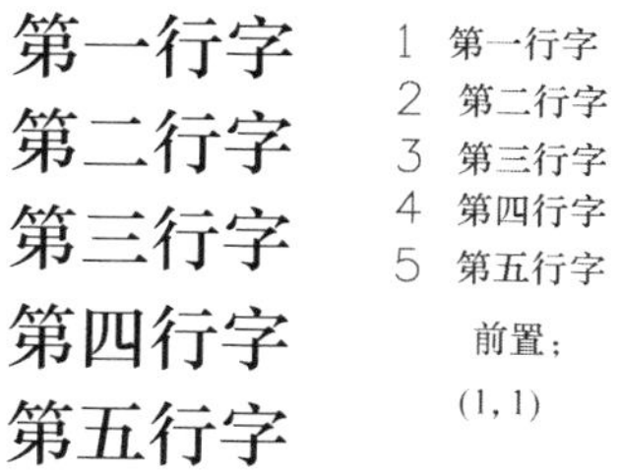

第一行字
第二行字
第三行字
第四行字
第五行字
图 7-15　选择几行文字

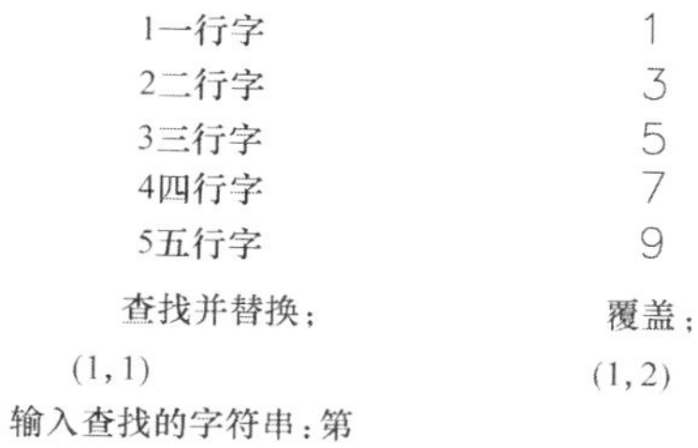

1 第一行字
2 第二行字
3 第三行字
4 第四行字
5 第五行字
前置：
(1,1)
1一行字
2二行字
3三行字
4四行字
5五行字
查找并替换：
(1,1)
输入查找的字符串：第
1
3
5
7
9
覆盖：
(1,2)
图 7-16　自动编号的方式

7.4.9　文本形态

1. 运行方式

命令行：Tcase

功能区："扩展工具"→"文本工具"→"文本形态"

工具栏："ET:文本"→"文本形态"

改变字的大小写功能。

2. 操作步骤

执行 Tcase 命令，系统提示选择对象，确定对象后出现图 7-17 所示"改变文本大小写"对话框。

在该对话框中选择需要的选项，单击"确定"按钮，退出对话框，结果如图 7-18 所示。

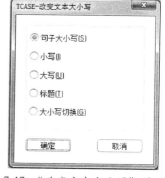

TCASE-改变文本大小写
句子大小写(S)
小写(l)
大写(U)
标题(T)
大小写切换(G)
确定
取消
图 7-17　"改变文本大小写"对话框

HOW ARE YOU!
How are you!
how are you!
HOW ARE YOU!
How Are You!
how are you!
句子大小写
小写
大写
标题
大小写切换
图 7-18　改变文本大小写的结果

7.4.10　弧形文字

1. 运行方式

命令行：Arctext

功能区："扩展工具"→"文本工具"→"弧形文本"

工具栏："ET:文本"→"弧形对齐文本"

弧形文字主要是针对钟表、广告设计等行业而开发出的弧形文字功能。

2. 操作步骤

先使用 Arc 命令绘制一段弧线，再执行 Arctext 命令，系统提示选择对象，确定对象后出现图 7-19 所示"弧线对齐文字"对话框。根据之前图中的弧线，绘制两端对齐的弧形文字，

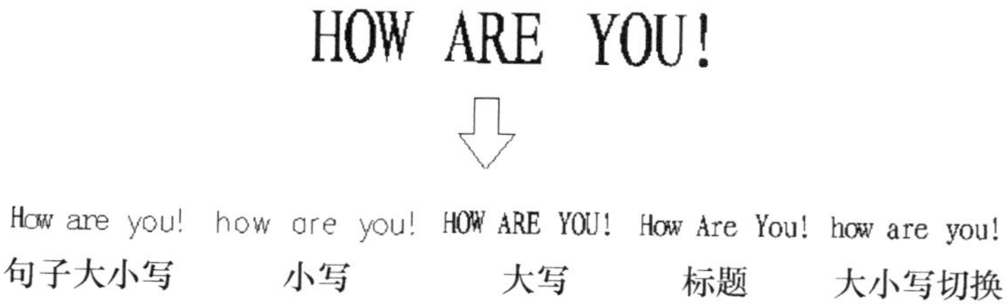

设置如图 7-20 所示。

在后期编辑中，所绘的弧形文字有时还需要调整，可以通过属性框来简单调整属性，也可以通过弧形文字或相关联的弧线夹点来调整位置。

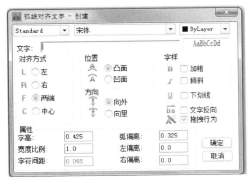

图 7-19　"弧线对齐文字"对话框

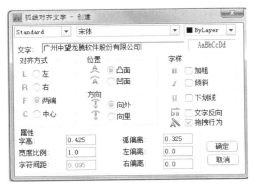

图 7-20　文字为两端对齐的弧形文字

（1）属性框里的调整　CAD 软件为弧形文字创建了单独的对象类型，并可以直接在属性框里修改属性。如：直接修改文本内容，便会根据创建弧形文字时的设置自动调整到最佳位置。

（2）夹点调整　选择弧形文字后，可以看到三个夹点，左右两个夹点分别调整左右两端的边界，而中间的夹点调整弧形文字的曲率半径。如调整了右端点往左后，曲率半径变化。

此外，弧形文字与弧线之间存在关联性，可以直接拖动弧线两端夹点来调整，弧形文字将自动根据创建时的属性调整到最佳位置。图 7-21 为原来的弧形文字，调整后如图 7-22 所示。

图 7-21　原来的弧形文字

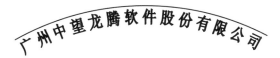

图 7-22　调整后的弧形文字

⚙ 图 7-20 所示弧形对齐文字对话框各选项介绍如下：文字特性区：在对话框的第一行提供设置弧形文字的特性，包括文字样式、字体选择及文字颜色。单击"文字样式"后面的下拉框，显示当前图所有文字样式，可直接选择；也可以直接选择字体及相应颜色。

文字输入区：在这里输入想创建的文字内容。

对齐方式：提供了"左""右""两端""中心"四种对齐方案，配合"位置""方向""偏离"设置，可以轻松指定弧形文字位置。

位置：指定文字显示在弧的凸面或凹面。

方向：提供两种方向供选择，分别为"向里""向外"。

字样：可设置文字的"加粗""倾斜""下划线"及"文字反向"效果。

属性：指定弧形文字的"字高""宽度比例""文字间距"等属性。

偏离：指定文字偏离弧线、左端点或右端点的距离。

这里需要注意，"属性""偏离"与"对齐方式"存在着互相制约关系。如：当对齐方式为两端时，弧形文字可自动根据当前弧线长度来调整文字间距，此时"文字间距"选项是不可设置的，同理类推。

任务 7.5　创建表格

表格一种是由行和列组成的单元格集合，以简洁清晰地的形式提供信息，常用于一些组件的图形中。在中望 CAD 中，可以通过表格和表格样式工具来创建和制作各种样式的明细栏表格。

7.5.1　创建表格样式

1. 运行方式

命令行：Tablestyle

功能区："工具"→"样式管理器"→"表格样式"

工具栏："样式"→"表格样式管理器"

Tablestyle 命令用于创建、修改或删除表格样式。表格样式可以控制表格的外观。学生可以使用默认表格样式 Standard，也可以根据需要自定义表格样式。

2. 操作步骤

执行 Tablestyle 命令，打开"表格样式"对话框，如图 7-23 所示。

"表格样式"对话框用于管理当前表格样式，通过该对话框，可新建、修改或删除表格样式。该对话框中各项说明如下：

当前表格样式：显示当前使用的表格样式的名称。默认表格样式为 Standard。

"样式"列表：显示所有表格样式。当前被选定的表格样式将被亮选。

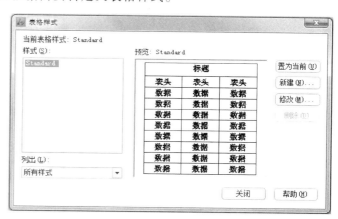

图 7-23　"表格样式"对话框

列出：在"样式"列表框下拉菜单中选择显示样式，包括"所有样式"和"正在使用的样式"。如果选择"所有样式"，样式列表框中将显示当前图形中所有可用的表格样式，被选定的样式将被突出显示。如果选择"正在使用的样式"，样式列表框中只显示当前使用的表格样式。

预览：显示"样式"列表中选定表格样式的预览效果。

置为当前：将"样式"列表中被选定的表格样式设定为当前样式。如果不做新的修改，后续创建的表格都将默认使用当前设定的表格样式。

新建：打开"创建新的表格样式"对话框，如图 7-24 所示。通过该对话框创建新的表格样式。

修改：打开修改表格样式对话框，如图 7-25 所示。通过该对话框对当前表格样式的相关参数和特性进行修改。

删除：删除"样式"列表中选定的多重引线样式。标准样式（Standard）和当前正在使用的样式不能被删除。

图 7-24　"创建新的表格样式"对话框

在"表格样式"对话框中，单击"新建"按钮，打开"创建新的表格样式"对话框，如图 7-24 所示在"新样式名"中输入新的表格样式名称，在"基础样式"下拉列表框中选择用于创建新样式的基础样式，中望 CAD 将基于所选样式来创建新的表格样式。

单击"继续"按钮，打开"修改表格样式"对话框，如图 7-25 所示。该对话框中设置内容包表格方向、表格样式预览、单元样式及选项卡和单元样式预览五部分。该对话框中各项说明如下：

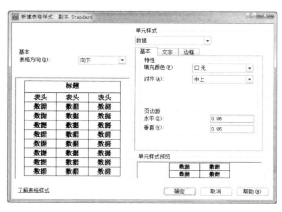

图 7-25　修改表格样式对话框

表格方向：更改表格方向。表格方向包括"向上"和"向下"两种选项。

表格样式预览：显示当前表格样式设置效果。

单元样式：在下拉列表框中选择要设置的对象，包括标题、表头、数据三种选项。学生也可选择"创建新的单元样式"来添加单元样式，或选择"管理单元样式"来新建、重命名、删除单元格样式。

单元样式选项卡：包括"基本""文字"和"边框"三个选项卡，用于分别设置标题、表头和数据单元样式中的基本内容、文字和边框。

单元样式预览：显示当前单元样式设置的预览效果。

完成表格样式的设置后，单击"确定"按钮，系统返回到"表格样式"对话框，并将新定义的样式添加到"样式"列表框中。单击该对话框中的"确定"按钮关闭对话框，完成新表格样式的定义。

7.5.2　创建表格

1. 运行方式

命令行：Table

功能区："注释"→"表格"→"表格"

工具栏："绘图"→"表格"▦

Table 命令用于创建新的表格对象。表格由一行或多行单元格组成，用于显示数字和其他项以便快速引用和分析。

2. 操作步骤

使用 Table 命令创建一个图 7-26 所示的空白表格对象，并对表格内容进行编辑后，使最终效果如图 7-27 所示。

图 7-26　使用 Table 命令创建空白表格

通风隔热屋面选用表					
编号	保温隔热材料	导热系数 [W/ (m·k)]	修正系数	保温隔热材料 厚度 D (mm)	平均传热系数 [W/ (m²·k)]
H1-20101103	蒸压加气 混凝土砌砖	0.18	1.25	200	0.89
				250	0.78
				300	0.68
H2-20101104	复合硅酸盐板	0.07	1.2	100	0.76
				110	0.72
				120	0.66
备注：					

图 7-27　表格最终效果

执行 Tablestyle 命令，打开"表格样式"对话框，如图 7-23 所示。在该对话框中单击"新建"按钮，在"创建新的表格样式"对话框中输入新样式的名称，如图 7-28 所示。

图 7-28　为新表格样式命名

单击对话框中的"继续"按钮，打开"创建新表格样式：隔热材料明细表"对话框，在"单元样式"下拉列表中选择"数据"样式，选择"文字"选项卡，如图 7-29 所示。

在"特性"选项组中，单击"文字样式"下拉列表框右侧的 ... 按钮，打开"字体样式"对话框，修改字体样式，如图 7-30 所示。

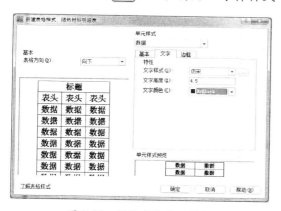

图 7-29　设置表格单元样式

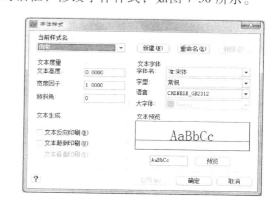

图 7-30　设置字体样式

设置完成后，单击"确定"按钮，返回"创建新表格样式：隔热材料明细表"对话框，在"文字高度"栏中输入文字高度，如图 7-31 所示。

选择"基本"选项卡，在该选项卡中设置对齐方式，如图 7-32 所示。

在"单元样式"下拉列表中选择"表头"样式，在"文字"选项卡中设置该样式的文字高度，如图 7-33 所示。

在该对话框中单击"确定"按钮，返回到"表格样式"对话框，所设置的"隔热材料明

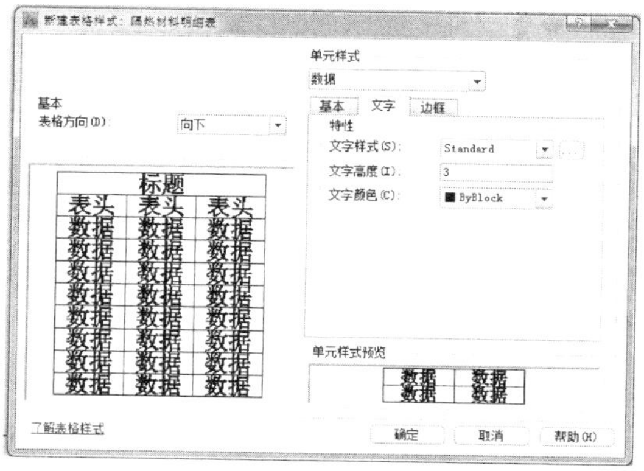

图 7-31　设置文字高度

细表"样式出现在预览框内，如图 7-34 所示。

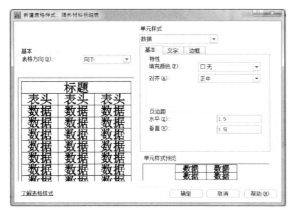

图 7-32　设置对齐方式

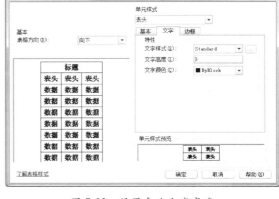

图 7-33　设置表头文字高度

在"样式"列表框中选择"隔热材料明细表"样式，单击"置为当前"按钮，将此样式设置为当前样式，然后单击"关闭"按钮退出"表格样式"对话框，完成表格样式的设置。

执行 Table 命令，打开"插入表格"对话框，在"列和行设置"选项组中，输入列数、行数、列宽和行高，如图 7-35 所示。

图 7-34　新样式设置预览

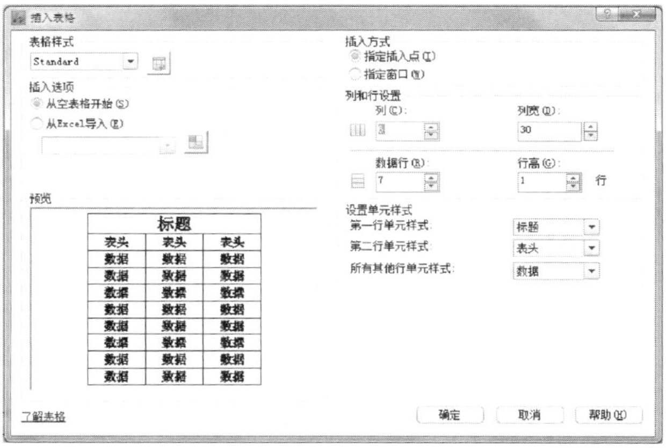

图 7-35　设置表格行和列

完成设置后，在该对话框中单击"确定"按钮，在命令行"指定插入点："提示下，在绘图区域中拾取一点，插入表格，完成图 7-26 所示的空白表格对象的创建。

任务 7.6　编辑表格

7.6.1　编辑表格文字

1. 运行方式

命令行：Tabledit

Tabledit 命令用于编辑表格单元中的文字。

2. 操作步骤

执行 Tabledit 命令，在命令行"拾取表格单元："提示下，拾取一个表格单元，系统同时打开"文字格式"工具栏和文本输入框，如图 7-36 所示。

图 7-36　"文字格式"工具栏

在当前光标所在单元格内，输入文字内容"通风隔热屋面选用表"，如图 7-37 所示。

图 7-37　输入表头单元文字

按<Tab>键，切换到下一个单元格，然后在当前单元格内输入文字内容"编号"，如图 7-38所示。

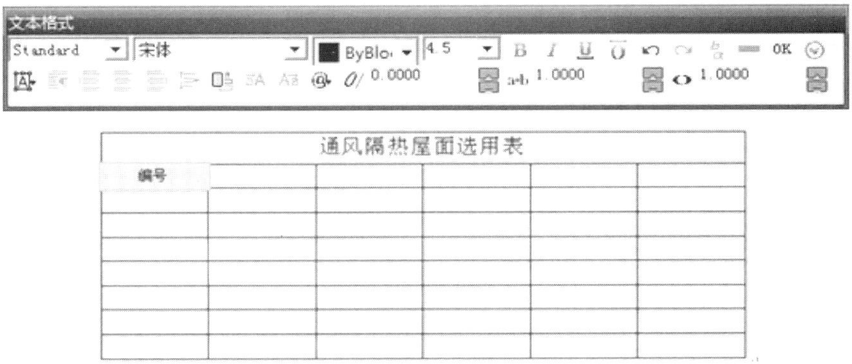

图 7-38　输入标题单元文字

通过按<Tab>键依次激活其他单元格，输入相应的文本内容，并插入相关的特殊符号。最后单击"文字格式"工具栏中的"确定"按钮，结束表格文字的创建，效果如图 7-39 所示。

通风隔热屋面选用表					
编号	保温隔热材料	导热系数 [W/(m·k)]	修正系数	保温隔热材料 厚度 D(mm)	平均传热系数 [W/(m²·k)]
H1-20101103	蒸压加气 混凝土砌砖	0.18	1.25	200	0.89
				250	0.78
				300	0.68
H2-20101104	复合硅酸盐板	0.07	1.2	100	0.76
				110	0.72
				120	0.66
备注：					

图 7-39　输入表格文字

注意

学生还可以通过以下两种方式来选择表格单元，编辑单元格文字内容：

1）双击指定的表格单元。

2）选择指定的表格单元，单击鼠标右键，在弹出的快捷菜单中选择"编辑文字"选项。

7.6.2　表格工具

在所创建的表格对象中，拾取一个或多个表格单元格如图 7-40 所示，Ribbon 界面的功能区会出现"表格单元"选项卡，如图 7-41 所示，显示编辑表格的一些常用的命令。

8月记录登记		
序号	日期	部门
1	8/1	研发
2	8/1	研发
3	8/16	技术
4		

图 7-40　选择表格单元格

图 7-41　"表格单元"选项卡

表格工具栏上各项按钮功能说明见表 7-4。

表 7-4　表格工具栏按钮功能说明

按钮图标	按钮名称	功能说明
	从上方插入行	在指定的行或单元格的上方插入行
	从下方插入行	在指定的行或单元格的下方插入行
	删除行	删除当前选定的行

（续）

按钮图标	按钮名称	功能说明
	从左侧插入列	在指定的列或单元格的左侧插入列
	从右侧插入列	在指定的列或单元格的右侧插入列
	删除列	删除当前选定的列
	合并全部	将指定的多个单元格合并成大的单元格，合并方式有以下 3 种： 全部：将指定的多个单元格全部合并成一个单元格 按行：按行合并指定的多个单元格 按列：按列合并指定的多个单元格
	取消合并	取消之前进行单元格合并
	匹配单元	匹配图中单元格中内容的样式
	正中	指定单元格中内容的对齐方式
	编辑边框	将选定的边框特性应用到相应的边框

如图 7-42 所示，选中一个单元格后，按住<Shift>键选中其他单元格，在 "表格单元" 功能区单击 ▦ 按钮，并在下拉菜单中选择合并方式。

依次合并所有空白单元格，合并完成后最终效果如图 7-43 所示。

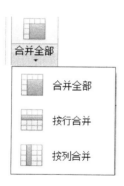

图 7-42　合并单元格

8月记录登记		
序号	日期	部门
1	8/1	研发
2	8/1	
3	8/16	技术
4		

图 7-43　表格最终效果

任务7.7　使用字段

字段是在图形生命周期中一种可更新的特殊文字。这种文字的内容会自动根据图形的环境（如系统变量、学生的自定义属性）而动态地发生改变。通过使用字段的动态更新和全局控制性，可以更好地为设计服务，来表达一些需要动态改变的文本信息，例如图样编号、日期和标题。中望 CAD 支持字段的创建和更新，可以通过 "字段" 对话框来创建包含各种字段类型的文本内容。

7.7.1　插入字段

1. 运行方式

命令行：Field

功能区："注释"→"字段"→"字段"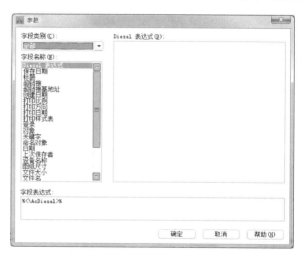

Field 命令用来创建带字段的多行文字对象。

2. 操作步骤

执行 Field 命令，打开"字段"对话框，如图 7-44 所示。在图形中插入字段，或者文字实体处于编辑状态时在文字实体中"插入字段"或"编辑字段"都会进入此对话框。编辑字段时，字段对话框会显示所编辑字段的属性，并可以对其进行修改。

"字段"对话框中的可用选项随字段类别和字段名称的变化而不同。该对话框中各项说明如下：

字段类别：根据字段使用范围进行分类，包括：命名对象（标注样式、表格样式、块、视图、图层、文字样式、线型），打印，日期和时间，文档，链接以及其他（Diesel 表达式和系统变量）等类型。选择任意一种字段类型，字段名称列表将会列出属于该字段类型的所有字段。

字段名称：列出所选字段类别的所有可用字段。选择一个字段名称，将会在右侧显示该字段对应的字段值、格式或其他设置选项。

图 7-44 "字段"对话框

字段表达式：显示当前状态下字段对应的表达式，字段表达式是包含字段名和格式的标识字符串。在对话框中字段表达式不可编辑，但可以通过阅读此区域来了解字段的构造方法。

字段值：显示字段的当前值；如果字段值无效，则显示一个空字符串。此选项的标签名称会随字段名称的变化而变化，当选择的是日期字段时，则显示格式列表中日期的格式。

格式：根据字段值的数据类型不同列出当前字段对应的数据格式列表，如：字符串的格式有大写、小写、首字母大写等，小数的格式有不同的单位类型。选择不同的格式字段值会发生相应变化。

使用 Field 命令，在图 7-45a 所示的文字对象中插入日期和时间字段，效果如图 7-45b 所示。

当前时间：   当前时间：11:37:57 上午

a)   b)

图 7-45 "日期"字段

双击文字对象，显示相应的文字编辑对话框和"文本格式"工具栏，如图 7-46 所示。

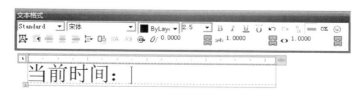

图 7-46 激活文字编辑

150

将光标移动到要显示字段文字的位置，单击鼠标右键，在弹出的快捷菜单中选择"插入字段"选项，如图 7-47 所示；或单击"文字格式"工具栏中的"插入字段"按钮 ，打开"字段"对话框，如图 7-44 所示。

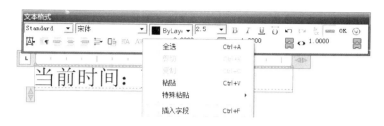

图 7-47　选择插入字段

在"字段"对话框的"字段类别"下拉框中选择"日期和时间"，在"字段名称"列表框中选择"日期"，在"样例"列表框中选择图 7-48 所示的日期格式，然后单击"确定"按钮退出该对话框，文本框中显示插入的字段。

字段文字所使用的文字样式与其插入的文字对象所使用的文字样式是相同的。默认情况下，字段文字带有浅灰色背景，打印时该背景将不会被打印。

插入独立存在的字段时，在"字段"对话框中设置完成后，在命令行将会出现以下命令提示：

图 7-48　"日期"字段

指定起点或[高度(H)/对正(J)]: H	输入 H,设置字段高度
指定高度 <2.5000>:	输入字段高度
指定起点或[高度(H)/对正(J)]: J	输入 J,指定字段对正方式
输入对正 [左上(TL)/中上(TC)/右上(TR)/左中(ML)/正中(MC)/右中(MR)/左下(BL)/中下(BC)/右下(BR)] < 左上>: TL	输入 MC,字段左上对正
指定起点或 [高度(H)/对正(J)]:	在屏幕中指定一点作为字段插入点 插入日期字段,如图 7-49 所示

10:15:28 上午

图 7-49　插入日期字段

7.7.2　更新字段

1. 运行方式
命令行：Updatefield
功能区："注释"→"字段"→"更新字段"
Updatefield 命令用来手动更新图形中所选对象所包含的字段。

2. 操作步骤
使用 Updatefield 命令，更新图 7-50a 中的日期字段，结果如图 7-50b 所示。

151

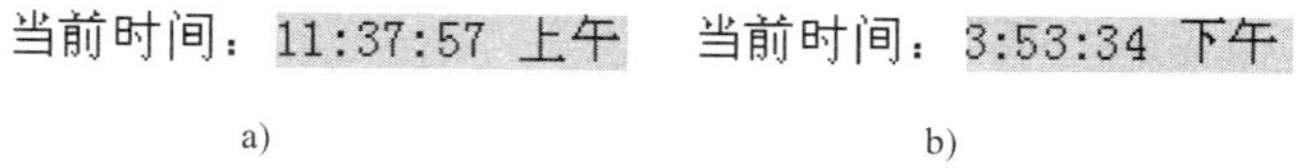

当前时间：11:37:57 上午　　当前时间：3:53:34 下午

　　　　　a)　　　　　　　　　　　　　　　　b)

图 7-50　更新日期字段

命令：Updatefield	执行 Updatefield 命令
选择对象：找到 1 个	选择字段对象,显示选中对象个数
选择对象：	按回车键,系统自动更新文字对象中的字段
找到了 1 个字段。	
更新了 1 个字段。	

7.7.3　编辑字段

字段作为文字对象的一部分不能直接被编辑，必须先选择该文字对象并激活编辑命令，在文本内容处于编辑状态时，选择所要编辑的字段，单击鼠标右键，在弹出的快捷菜单中通过"编辑字段"选项来编辑字段，如图 7-51 所示；或者在文本框中双击该字段，显示"字段"对话框，通过该对话框编辑所选字段。如果希望不再更新和编辑字段，可通过选择"将字段转化为文字"选项将字段转化为文字来保留当前值。

图 7-51　选择"编辑字段"选项

项目小结

1）本项目介绍了中望 CAD 中标注文字和编辑文字的方法，以及字体设置、文本标注、特殊字符输入、插入字段等方法。对于文本工具中的文本调整和文本对齐等，也可用其他的办法来解决，如采用夹点就可以十分方便地完成。

2）通过学习项目的内容，学生应当能熟练地标注各种样式、各种内容的文本，完善自己的图样。建议牢记并熟练掌握 Text、Mtext、Style、Ddedit 等命令。

3）写字有两个要素：输入法和字库。如果没有相应的字库支持就会出现乱码的问题。在别人的中望 CAD 软件上打开时是汉字，而在自己的中望 CAD 软件打开就成了乱字符，原因是别人使用的字型文件在你的中望 CAD2014 软件下没有。

4）在中望 CAD 软件中，可以利用的字库有两类：一类是存放在 CAD 目录下的 Fonts 中，字库的后缀名为"shx"，这一类是 CAD 的专有字库，英语字母和汉字分属于不同的字库。第二类是存放在 WINNT 或 WINXP 等（看系统采用何种操作系统）目录下的 Fonts 中，字库的后缀名为"ttf"，这一类是 Windows 系统的通用字库，除了 CAD 以外，其他如 Word、Excel 等软件也都是采用这个字库。其中，汉字字库包含英文字母。

在 CAD 中定义字体时，两种字库都可以采用，但它们分别有各自的特点，我们要区别使用。后缀名为"∗.shx"的字库的最大特点就在于占用系统资源较少。因此，一般情况下，都推荐使用这类字库。

5）有关字体文件问题，下面简单介绍部分国标字库的典型字体：

◆ Gbcbig.shx：中文大字体。

◆ Gbenor.shx：西方字体。

◆ Gbeitc.shx：文斜字体。

常用的 SHX 字体有：

◆ Txt：标准的 CAD 文字字体。这种字体通过很少的矢量来描述，它是一种简单的字体，因此绘制起来速度很快，Txt 字体文件为 Txt.shx，这个字体文件很小，只有 10K。

◆ Monotxt：等宽的 Txt 字体。在这种字体中，除了分配给每个字符的空间大小相同（等宽）以外，其他所有的特征都与 Txt 字体相同。因此，这种字体尤其适合于书写明细栏或在表格中需要垂直书写文字的情况。

◆ Romans：这种字体是由许多短线段绘制的 Roman 字体的简体（单笔划，没有衬线）。该字体可以产生比 Txt 字体看上去更为单薄的字符。

◆ Romand：这种字体与 Romans 字体相似，它是使用双笔划定义的。该字体能产生更粗、颜色更深的字符，特别适用于高分辨率的打印机（如激光打印机）上使用。

◆ Romanc：这种字体是 Roman 字体的繁体（双笔划，有衬线）。

◆ Romant：这种字体是与 Romanc 字体类似的 Roman 字体（三笔划，有衬线）。

还有其他不少的字体，字体选择范围广，网上也可下载。

6）如果选择了前面有@符号的字体，那是横放的字，也就是转了 90°。一般工程图常用长仿宋字，很少用行楷等，一个 Htxk.shx 就有 4M 多，说明汉字字体比较大。

7）如果使用其他 CAD 绘制的图样在中望 CAD 中打开后，里面的文字出现乱码，可以在"工具"→"选项"对话框的"文件"标签页中，将字体文件搜索路径里面添加相应的字体文件路径。

8）CAD 中找不到的原文字体的解决办法：选择要替换的字库文件如（Hztxt.shx），将其改为将被替换的字库名。例如：打开一个 CAD 文件，系统提示未找到字体 Hzst，若想用 Hz-txt.shx 替换它，可在"为文字样式指定字体"对话框中选择替换字体 Hztxt.shx。如果字体列表中没有可用于可替换的，则单击"浏览"按钮，在打开的 CAD 字体文件夹（fonts）中添加改字体文件就可以了；或者把 Hztxt.shx 复制一份，重新命名为 Hzst.shx，然后在把 Hzst.shx 放到 fonts 文件夹里面，再重新打开此图也可以。这样以后如果打开的文件包含 hzst 这种本地软件没有的字体，也不再不停的提示寻找替换字体。

9）作为以设计工作为主的工程师，如果在一幅工程图上输入大量汉字（如技术要求等）可请其他人先将技术要求录入到一个文本文件中，编辑修改也容易，再由工程技术人员插入到工程图中，这样可大大提高效率。

10）中望 CAD 增加了绘制表格功能。本项目详细介绍如何创建表格样式和空白表格，并对单元格内容和样式进行编辑。激活单元格的文本编辑框，将会弹出"文字格式"工具栏，通过该工具栏对单元格内容进行编辑。拾取一个或多个单元格时，则会弹出"表格"工具栏，如果在 Ribbon 界面则会在功能区出现"表格单元"的选项卡。通过表格工具栏可进行插入、删除行和列，合并、取消合并单元格，设置字体颜色、数据格式，对齐文字，设置单元格边框等操作。

11）中望 CAD 还增加了插入字段、编辑字段、更新字段等功能。学生可在文字对象中插入不同类型的字段，并对其进行更新和编辑，当不再需要更新或编辑该字段时，还可将其转化为文字。

练习

1. 填空题

1）在中望 CAD 中，标注文本有两种方式：一种方式是_____，即启动命令后每次只能输入一行文本，不会自动换行输入；而另一种是_____，一次可以输入多行文本。

2）标注文本之前，需要先给文本字体定义一种样式，字体的样式包括所用的_____、字体大小、_____等参数。

2. 综合题

1）根据工作设置几种新的文字样式，写出如图 7-52 所示的字体。

中望龙腾软件股份有限公司
中望龙腾软件股份有限公司
中望龙腾软件股份有限公司
中望龙腾软件股份有限公司
中望龙腾软件股份有限公司

图 7-52　练习题

2）制作如图 7-25 所示的文本，并进行文本复制、旋转、加框等操作。

3）输入各种特殊字符。

4）在文字对象中插入一个字段。

5）绘制一个包含完整内容的表格。

08

项目 8
尺寸标注

本课导读

尺寸是工程图中不可缺少的部分，在工程图中用尺寸来确定工程形状的大小。本项目介绍标注样式的创建和标注尺寸的方法。

项目要点

- 尺寸标注的组成
- 尺寸标注样式的设置
- 尺寸标注命令
- 尺寸标注编辑

任务8.1　尺寸标注的组成

一个完整的尺寸标注由尺寸界线、尺寸线、尺寸文字、尺寸箭头、中心标记等部分组成，如图 8-1 所示。

尺寸界线：从图形的轮廓线、轴线或对称中心线引出，有时也可以利用轮廓线代替，用以表示尺寸起始位置。一般情况下，尺寸界线应与尺寸线相互垂直。

尺寸线：用于标注指定方向和范围。对于线性标注，尺寸线显示为一直线段；对于角度标注，尺寸线显示为一段圆弧。

尺寸起止符号：尺寸起止符号位于尺寸线的两端，用于标注的起始、终止位置。"起止符号"是一个广义的概念，也可以用短划线、点或其他标记代替尺寸起止符号。

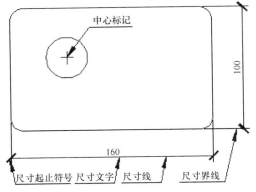

图 8-1　完整的尺寸标注

尺寸文字：显示测量值的字符串，包括前缀、后缀和公差等。

中心标记：指示圆或圆弧的中心。

任务8.2　设置尺寸标注样式

1. 运行方式

命令行：Ddim（D/DST）

功能区："工具"→"样式管理器"→"标注样式"

工具栏："标注"→"标注样式" 📐

在进行尺寸标注前，应首先设置尺寸标注的格式，然后再用这种格式进行标注，这样才能获得满意的效果。

如果开始绘制新的图形时选择了公制单位，则系统默认的格式为 ISO-25（国际标准组织），可根据实际情况对尺寸标注的格式进行设置，以满足使用的要求。

2. 操作步骤

命令：Ddim

执行 Ddim 命令后，将出现图 8-2 所示"标注样式管理器"对话框。

在"标注样式管理器"对话框中，可以按照国家标准的规定以及具体使用要求，新建标注格式。同时，也可以对已有的标注格式进行局部修改，以满足当前的使用要求。

单击"新建"按钮，系统打开"创建新标注样式"对话框，如图 8-3 所示。在该对话框中可以创建新的尺寸标注样式。

然后单击"继续"按钮，系统打开"新建标注样式"对话框，如图 8-4 所示。

8.2.1　直线和箭头选项卡

此区域用于设置和修改尺寸线和箭头的样式，如图 8-4 所示，箭头改成建筑标记。

◆ 尺寸线

颜色：下拉列表框用于显示标注线的颜色。

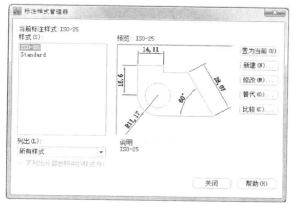

图 8-2　"标注样式管理器"对话框

图 8-3　"创建新标注样式"对话框

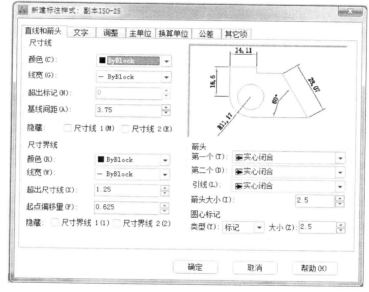

图 8-4　"新建标注样式"对话框

线宽：设置尺寸线的线宽。

超出标记：在使用箭头倾斜、建筑标记、积分标记或无箭头标记作为标注的箭头进行标注时，控制尺寸线超过尺寸界线的长度。

基线距离：设置基线标注中尺寸线之间的间距。

隐藏：控制尺寸线的显示。

◆ 尺寸界线

颜色：设置尺寸界线的颜色。

线宽：设置尺寸界线的线宽。

超出尺寸线：设置尺寸界线超出尺寸线的长度。

起点偏移量：设置尺寸界线与标注的对象之间的距离。

隐藏：控制尺寸界线的显示。

◆ 箭头

第一个：设置第一条尺寸线的箭头。当第一条尺寸线的箭头选定后，第二条尺寸线的箭头会自动跟随变为相同的箭头样式。

第二个：设置第二条尺寸线的箭头。也可在下拉列表框中选择"学生箭头"，在打开的"选择自定义箭头块"对话框中选择图块为箭头类型。要注意的是，该图块必须存在于当前图形文件中。

引线：设置引线的箭头类型。

箭头大小：定义箭头的大小。

◆ 圆心标记：为直径标注和半径标注设置圆心标记的特性。

类型：设置圆心标记的类型。

大小：控制圆心标记或中心线的大小。

屏幕预显区：从该区域可以直观看到从上述设置进行标注得到的效果。

8.2.2 文字选项卡

此对话框用于设置尺寸文本的字型、位置和对齐方式等属性，如图 8-5 所示。

◆ 文字外观

文字样式：在此下拉列表框中选择一种字体样式，供标注时使用。也可以单击右侧的按钮 ... ，系统打开"字体样式"对话框，在此对话框中对文字字体进行设置。

文字颜色：选择尺寸文本的颜色。在确定尺寸文本的颜色时，应注意尺寸线、尺寸界线和尺寸文本的颜色最好一致。

填充颜色：设定标注中文字背景的颜色。可通过下拉框选择需要的颜色，或在下拉框中单击"选择颜色"，在"选择颜色"对话框中选择适当的颜色。

文字高度：设置尺寸文本的高度。此高度值将优先于在字体类型中所设置的高度值。

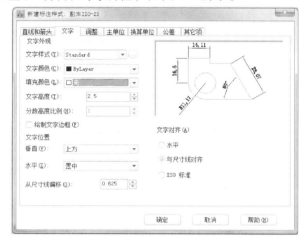

图 8-5 文字选项卡对话框

分数高度比例：以标注文字为基准，设置相对于标注文字的分数比例。此选项一般情况下为灰色，即不可使用。只有在"主单位"选项卡选择"分数"作为"单位格式"时，此选项才可用。在此处输入的值乘以文字高度，可确定标注分数相对于标注文字的高度。

绘制文字边框：勾选此选项，将在标注文字的周围绘制一个边框。

◆ 文字位置

垂直：确定标注文字在尺寸线垂直方向的位置。

水平：设置尺寸文本沿水平方向放置。文字位置在垂直方向有 4 种选项：置中、上方、外部、JIS。文字位置在水平方向共有 5 种选项：置中、第一条尺寸界线、第二条尺寸界线、第一条尺寸界线上方、第二条尺寸界线上方。

从尺寸线偏移：设置标注文字与尺寸线最近端的距离。

◆ 文字对齐：设置文本对齐方式。

水平：设置标注文字沿水平方向放置。

与尺寸线对齐：尺寸文本与尺寸线对齐。

ISO 标准：尺寸文本按 ISO 标准。

8.2.3　调整选项卡

该对话框用于设置尺寸文本与尺寸箭头的有关格式，如图 8-6 所示。

调整选项：该区域用于调整尺寸界线、尺寸文本与尺寸箭头之间的相互位置关系。在标注尺寸时，如果没有足够的空间将尺寸文本与尺寸箭头全写在两尺寸界线之间时，可选择以下的摆放形式来调整尺寸文本与尺寸箭头的摆放位置。

文字或箭头，取最佳效果：选择一种最佳方式来安排尺寸文本和尺寸箭头的位置。

箭头：当两条尺寸界线间的距离不够同时容纳文字和箭头时，首先从尺寸界线间移出箭头。

文字：当两条尺寸界线间的距离不够同时容纳文字和箭头时，首先从尺寸界线间移出文字。

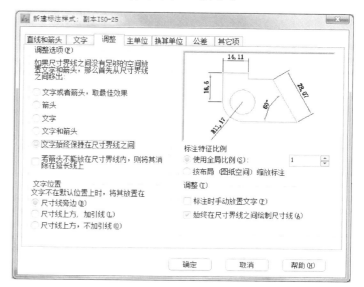

图 8-6　调整选项卡对话框

文字和箭头：当两条尺寸界线间的距离不够同时容纳文字和箭头时，将文字和箭头都放置在尺寸界线外。

标注时手动放置文字：在标注尺寸时，如果上述选项都无法满足使用要求，则可以选择此项，用手动方式调整尺寸文本的摆放位置。

文字位置：当标注文字不在默认位置时，设置文字的位置。

尺寸线旁边：将尺寸文本放在尺寸线旁边。

尺寸线上方，加引线：将尺寸文本放在尺寸线上方，并用引出线将文字与尺寸线相连。

尺寸线上方，不加引线：将尺寸文本放在尺寸线上方，不用引出线与尺寸线相连。

8.2.4　主单位选项卡

该对话框用于设置线性标注和角度标注时的尺寸单位和尺寸精度，如图 8-7 所示。

◆ 线性标注

单位格式：为线性标注设置单位格式。单位格式包括有科学、小数、工程、建筑、分数、Windows 桌面。

精度：设置尺寸标注的精度。

舍入：此选项用于设置所有标注类型的标注测量值的四舍五入规则（除角度标注外）。

测量单位比例：定义测量单位比例。

消零：设置标注主单位值的零压缩方式。

◆ 角度标注

单位格式：设置角度标注的单位格式，包括有十进制度数、度/分/秒、百分度、弧度。

8.2.5　换算单位选项卡

该对话框用于设置换算单位的格式和精度。通过换算单位，可以在同一尺寸上表现用两

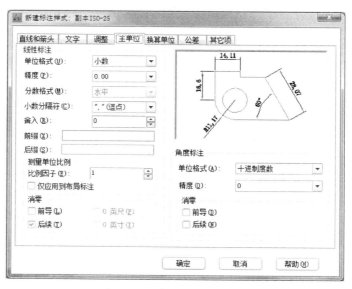

图 8-7 主单位选项卡对话框

种单位测量的结果，如图 8-8 所示，一般情况下很少采用此种标注。

显示换算单位：选择是否显示换算单位，选择此项后，将给标注文字添加换算测量单位。

换算单位设置：设置换算单位的样式。

单位格式：设置换算单位的格式，包括科学、小数、工程、建筑堆叠、分数堆叠等。

精度：设置换算单位的小数位数。

换算单位乘数：设置一个乘数，为主单位和换算单位之间的换算因子。一般情况下，线性距离（用标注和坐标来测量）与当

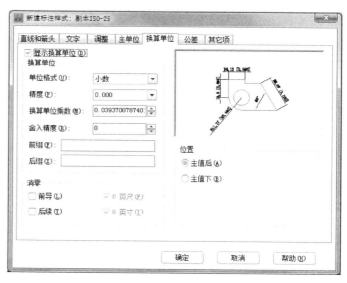

图 8-8 换算单位选项卡对话框

前线性比例值相乘可得到换算单位的值。此值对角度标注没有影响，而且对于舍入或者加减公差值也无影响。

舍入精度：除了角度标注外，为所有标注类型设置换算单位的舍入规则。

前缀/后缀：输入尺寸文本前辍或后辍，可以输入文字或用控制代码显示特殊符号。

消零：设置换算单位值的零压缩方式。

位置：选项组控制换算单位的放置位置。

8.2.6 公差选项卡

该对话框用于设置测量尺寸的公差样式，如图 8-9 所示。

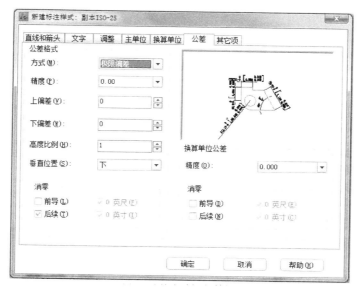

图 8-9　公差选项卡对话框

方式：共有 5 种方式，分别是无、对称、极限偏差、极限尺寸、公称尺寸。

精度：根据具体工作环境要求，设置相应精度。

上偏差：设置最大公差。当选择"对称"方式时，系统会将该值用作公差。

下偏差：设置最小公差。

高度比例：设置公差文字的当前高度值。默认值为 1，可调整。

垂直位置：为对称公差和极限公差设置标注文字的对齐方式，有下、中、上 3 个位置，可调整。

8.2.7　其他项选项卡

该对话框用于设置弧长符号、公差对齐、折弯半径标注等的格式与位置，如图 8-10 所示。

图 8-10　其他项选项卡对话框

弧长符号：选择是否显示弧长符号，以及弧长符号的显示位置。

公差对齐：堆叠公差时，控制上、下偏差值的对齐方式。

折断大小：指定折断标注的间隔大小。

固定长度的尺寸界线：控制尺寸界线的长度是否固定不变。

半径折弯：控制半径折弯标注的外观。

折弯高度因子：控制线性折弯标注的折弯符号的比例因子。

任务 8.3　操作尺寸标注命令

8.3.1　线性标注

1. 运行方式

命令行：Dimlinear（DIMLIN）

功能区："注释"→"标注"→"线性"

工具栏："标注"→"线性" ⊢⊣

线性标注指标注图形对象在水平方向、垂直方向或指定方向上的尺寸，它又分为水平标注、垂直标注和旋转标注三种类型。

在创建一个线性标注后，可以添加基线标注或者连续标注。基线标注是以同一尺寸界线来测量的多个标注。连续标注是首尾相连的多个标注。

2. 操作步骤

用 Dimlinear 标注图 8-11 所示 AB、BC 和 CD 段尺寸，具体操作步骤如下：

命令:Dimlinear	执行 Dimlinear 命令
指定第一条延伸线原点或 <选择对象>:	选取 A 点
指定第二条延伸线原点:	选取 B 点
指定尺寸线位置或[多行文字(M)/文字(T)/角度(A)/水平(H)/垂直(V)/旋转(R)]:	
指定一点	确定标注线的位置
标注注释文字 = 90	提示标注文字是 90

执行 Dimlinear 命令后，中望 CAD 命令行提示"指定第一条延伸线原点或<选择对象>:"，回车以后出现"指定第二条延伸线原点:"，完成命令后命令行出现"多行文字（M）/文字(T)/角度(A)/水平(H)/垂直(V)/旋转(R):"

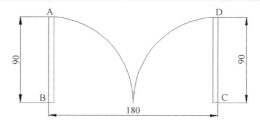

图 8-11　用 Dimlinear 命令标注

以上各项提示的含义和功能说明如下：

多行文字（M）：选择该项后，系统打开"文本格式"对话框，可在对话框中输入指定的标注文字。

文字（T）：选择该项后，可直接输入标注文字。

角度（A）：选择该项后，系统提示输入"指定标注文字的角度"，可输入标注文字的新角度。

水平（H）：创建水平方向的线性标注。

垂直（V）：创建垂直方向的线性标注。

旋转（R）：该项可创建旋转尺寸标注，在命令行输入所需的旋转角度。

注意

在使用选择对象的方式来标注时，必须采用点选的方法，如果同时打开目标捕捉方式，可以更准确、快速地标注尺寸。

在标注尺寸时，总结出鼠标三点法：单击起点、单击终点、然后单击尺寸位置，即标注完成。

8.3.2 对齐标注

1. 运行方式

命令行：Dimaligned（DAL）

功能区："注释"→"标注"→"对齐"

工具栏："标注"→"对齐标注"

对齐标注用于创建平行于所选对象，或平行于两尺寸界线源点连线的直线型的标注。

2. 操作步骤

用 Dimaligned 命令标注图 8-12 所示 BC 段的尺寸，具体操作步骤如下：

图 8-12　用 Dimaligned 命令标注

命令:Dimaligned	执行 Dimaligned 命令
指定第一条延伸线原点或 <选择对象>:	选择 B 点
指定第二条延伸线原点:	选择点 C
指定尺寸线位置或[多行文字(M)/文字(T)/角度(A)]:	
指定一点	确定标注线的位置
标注注释文字=300	提示标注文字是 300

以上各项提示的含义和功能说明如下：

多行文字（M）：选择该项后，系统打开"文本格式"对话框，可在对话框中输入指定的标注文字。

文字（T）：在命令行中直接输入标注文字内容。

角度（A）：选择该项后，系统提示输入"指定标注文字的角度:"，可输入标注文字角度的新值来修改尺寸的角度。

注意

对齐标注命令一般用于倾斜对象的尺寸标注。标注时系统能自动将尺寸线调整为与被标注线段平行，而无需自己设置。

8.3.3 基线标注

1. 运行方式

命令行：Dimbaseline（DIMBASE）

功能区："注释"→"标注"→"基线"

工具栏："标注"→"基线标注"

基线标注以一个统一的基准线为标注起点，所有尺寸线都以该基准线为标注的起始位置，继续建立线性、角度或坐标的标注。

2. 操作步骤

用 Dimbaseline 命令标注图 8-13 所示图形中 B 点、C 点、D 点距 A 点的长度尺寸。操作步骤如下：

命令:Dimlinear	执行 Dimlinear 命令
指定第一条延伸线原点或 <选择对象>：	选取 A 点
指定第二条延伸线原点：	选取 B 点
指定尺寸线位置或[多行文字(M)/文字(T)/角度(A)/水平(H)/垂直(V)/旋转(R)]：	
在线段 AB 上方点取一点	确定标注线的位置
标注注释文字 = 30	提示标注文字是 30
命令：Dimbaseline	执行 Dimbaseline 命令
指定第二条尺寸界线原点或［放弃(U)/选择(S)] <选择>：	
	选取 C 点,选择尺寸界线定位点
标注注释文字 = 60	提示标注文字是 60
指定第二条尺寸界线原点或［放弃(U)/选择(S)] <选择>：	
	选取 D 点,选择尺寸界线定位点
标注注释文字 = 130	提示标注文字是 130
指定第二条尺寸界线原点或［放弃(U)/选择(S)] <选择>：	
	回车,完成基线标注
选取基准标注：	再回车结束命令

注意

1）在进行基线标注前，必须先创建或选择一个线性、角度或坐标标注作为基准标注。

2）在使用基线标注命令进行标注时，尺寸线之间的距离由所选择的标注格式确定，标注时不能更改。

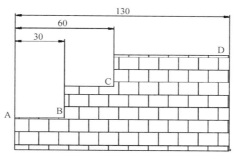

图 8-13　用基线命令标注

8.3.4　连续标注

1. 运行方式

命令行：Dimcontinue（DCO）

功能区：“注释”→“标注”→“连续”

工具栏：“标注”→“连续”

连接上个标注，以继续建立线性、弧长、坐标或角度的标注。程序将基准标注的第二条尺寸界线作为下个标注的第一条尺寸界线。

2. 操作步骤

用连续标注命令标注的操作方法与“基线标注”命令类似，如图 8-14 所示图形中 A 点、B 点、C 点、D 点之间的长度尺寸，操作步骤

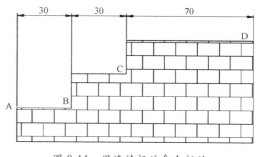

图 8-14　用连续标注命令标注

如下：

命令:Dimlinear	执行 Dimlinear 命令
指定第一条延伸线原点或 <选择对象>：	选取 A 点
指定第二条延伸线原点：	选取 B 点
指定尺寸线位置或[多行文字(M)/文字(T)/角度(A)/水平(H)/垂直(V)/旋转(R)]:	
在线段 AB 上方点取一点	确定标注线的位置
标注注释文字=30	提示标注文字是 30
命令:Dimcontinue	执行 Dimcontinue 命令
指定第二条尺寸界线原点或[放弃(U)/选择(S)]<选择>:	
	单击 C 点,选择尺寸界线定位点
标注注释文字=30	提示标注文字是 30
指定第二条尺寸界线原点或[放弃(U)/选择(S)]<选择>:	
先点 D 点	选择尺寸界线定位点
标注注释文字 = 70	提示标注文字是 70
指定第二条尺寸界线原点或[放弃(U)/选择(S)]<选择>:	
	回车,完成连续标注
选择连续标注：	再回车结束命令

注意

在进行连续标注前，必须先创建或选择一个线性、角度或坐标标注作为基准标注。

8.3.5　直径标注

1. 运行方式

命令行：Dimdiameter（DIMDIA）

功能区："注释"→"标注"→"直径"

工具栏："标注" → "直径"

直径标注用于为圆或圆弧创建直径标注。

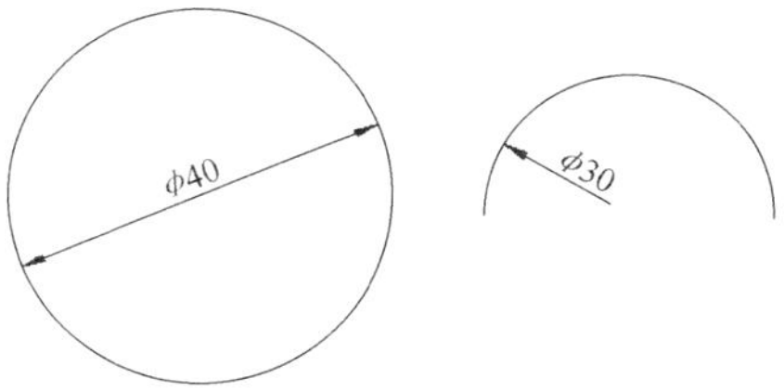

2. 操作步骤

用 Dimdiameter 命令标注图 8-15 所示圆的直径，

具体操作步骤如下：

图 8-15　用 Dimdiameter 命令标注圆的直径

命令:Dimdiameter	执行 Dimdiameter 命令
选取弧或圆：	选择标注对象
标注注释文字 = 40	提示标注文字是 40
指定尺寸线位置或[多行文字(M)/文字(T)/角度(A)]:	
在圆内点取一点	确认尺寸线位置

若有需要，可根据提示输入字母，进行选项设置。各选项含义与对齐标注的同类选项相同。

注意

在任意拾取一点选项中，可直接拖动鼠标确定尺寸线位置，屏幕将显示其变化。

8.3.6　半径标注

1. 运行方式

命令行：Dimradius（DIMRAD）

功能区："注释"→"标注"→"半径"

工具栏："标注"→"半径"⊘

半径标注用于标注所选定的圆或圆弧的半
径尺寸。

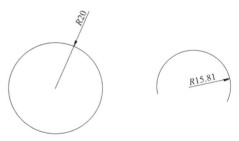

图 8-16　用 Dimradius 命令标注圆弧的半径

2. 操作步骤

用 Dimradius 命令标注图 8-16 所示圆弧的
半径，具体操作步骤如下：

命令:Dimradius	执行 Dimradius 命令
选取弧或圆：	选择标注对象
标注注释文字=20	提示标注文字是 20
指定尺寸线位置或［多行文字(M)/文字(T)/角度(A)］：	
在圆内点取一点	确认尺寸线位置

若有需要，可根据提示输入字母，进行选项设置。各选项含义与对齐标注的同类选项
相同。

> **注意**
>
> 执行命令后，系统会在测量数值前自动添加半径符号"R"。

8.3.7　圆心标记

1. 运行方式

命令行：Dimcenter（DCE）

功能区："注释"→"标注"→"圆心标记"

工具栏："标注"→"圆心标记"⊕

圆心标记是绘制在圆心位置的特殊标记。

2. 操作步骤

执行 Dimcenter 命令后，使用对象选择方式选取所需标注的圆或
圆弧，系统将自动标注该圆或圆弧的圆心位置。用 Dimcenter 命令标
注图 8-17 所示圆的圆心，具体操作步骤如下：

图 8-17　用 Dimcenter 命令
标注圆的圆心

命令:Dimcenter	执行 Dimcenter 命令
选取弧或圆：	
选择要标注的圆	系统将自动标注该圆的圆心位置

> **注意**
>
> 也可以在"标注样式"对话框中，选择"直线和箭头"选项卡→"圆心标记"，来改
> 变圆心标注的大小（图 8-4）。

8.3.8　角度标注

1. 运行方式

命令行：Dimangular（DAN）

功能区："注释"→"标注"→"角度"

工具栏："标注"→"角度标注"△

角度标注命令用于圆、圆弧、任意两条不平行直线的夹角或两个对象之间创建角度标注。

2. 操作步骤

用 Dimangular 命令标注图 8-18 所示图形中的角度。操作步骤如下：

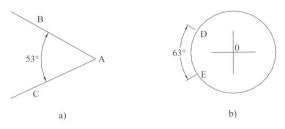

图 8-18 用 Dimangular 命令标注角度

命令:Dimangular	执行 Dimangular 命令
选择圆弧、圆、直线或 <指定顶点>:	拾取 AB 边
选择第二条直线:	拾取 AC 边，确认角度另一边
指定标注弧线位置或 [多行文字(M)/文字(T)/角度(A)]:	
拾取夹角内一点	确定尺寸线的位置
标注注释文字 =53	提示标注文字是 53
命令:Dimangular	执行 Dimangular 命令
选择圆弧、圆、直线或 <指定顶点>:	拾取图 8-18b 中 D 点
指定角的第二个端点:	拾取圆上的点 E
指定标注弧线位置或 [多行文字(M)/文字(T)/角度(A)]:	
拾取圆外一点	确定尺寸线的位置
标注注释文字 =63	提示标注文字是 63

在创建角度标注时，命令栏提示"选择圆弧、圆、直线或 <指定顶点>:"，根据不同需要选择进行不同的操作，不同操作的含义和功能说明如下：

选择圆弧：选取圆弧后，系统会标注这个弧，并以弧的圆心作为顶点。弧的两个端点成为尺寸界限的起点，中望 CAD 将在尺寸界线之间绘制一段与所选圆弧平行的圆弧作为尺寸线。

选择圆：选择该圆后，系统把该拾取点当作角度标注的第一个端点，圆的圆心作为角度的顶点，此时系统提示"指定角的第二个端点:"，在圆上拾取一点即可。

选择直线：如果选取直线，此时命令栏提示"选择第二条直线:"。选择第二条直线后，系统会自动测量两条直线的夹角。若两条直线不相交，系统会将其隐含的交点作为顶点。

完成选择对象操作后在命令行中会出现："指定标注弧线位置或 [多行文字（M）/文字（T）/角度（A）]:"，若有需要，可根据提示输入字母，进行选项设置。各选项含义与对齐标注的同类选项相同。

注意

如果选择圆弧，则系统直接标注其角度；如果选择圆、直线顶点，则系统会继续提示选择角度标注的末点。

8.3.9 引线标注

1. 运行方式

命令行：Leader（LEAD）

工具栏："标注"→"引线"

Leader 命令用于创建注释和引线，表示文字和相关的对象。

2. 操作步骤

用 Leader 命令标注图 8-19 所示关于圆孔的说明文字。操作步骤如下：

图 8-19　用引线命令标注

命令:Leader	执行 Leader 命令
指定引线起点:	确定引线起始端点
指定下一点:	确定下一点
指定下一点或 [注释(A)/格式(F)/放弃(U)]〈注释〉:	回车确认终点
指定下一点或 [注释(A)/格式(F)/放弃(U)]〈注释〉:	回车进入下一步
输入注释文字的第一行或者〈选项〉:	回车弹出文本格式对话框
输入注释选项 [公差(T)/副本(C)/块(B)/无(N)/多行文字(M)]〈多行文字〉:	
	输入文字,单击 OK 完成命令

以上各项提示的含义和功能说明如下：

公差（T）：选此选项后，系统打开"几何公差"对话框，在此对话框中可以设置各种几何公差。

副本（C）：选此选项后，可选取文字、多行文字对象、带几何公差的特征控制框或块对象复制，并将副本插入到引线的末端。

块（B）：选此选项后，系统提示"输入块名或 [?]〈当前值〉:"，输入块名后出现"指定块的插入点或 [比例因子 (S)/X/Y/Z/旋转角度(R)]:"，提示中的选项含义与插入块时的提示相同。

无（N）：选此选项表示不输入注释文字。

多行文字（M）：选此选项后，系统打开"文本格式"对话框，在此对话框中可以输入多行文字作为注释文字。

注意

在创建引线标注时，常遇到文本与引线的位置不合适的情况，通过夹点编辑的方式来调整引线与文本的位置。当移动引线上的夹点时，文本不会移动，而移动文本时，引线会随着移动。

8.3.10　快速引线

1. 运行方式

命令行：Qleader

工具栏："标注" → "快速引线" ✎

快速引线提供一系列更简便的创建引线标注的方法，注释的样式也更加丰富。

2. 操作步骤

快速引线的创建方法和引线标注基本相同，执行命令后系统提示"[设置（S）]〈设置〉:"，输入S进入快速引线设置对话框，可以对引线及箭头的外观特征进行设置，如图 8-20 所示。

3. 注释选项卡

"注释类型"栏中各选项含义如下：

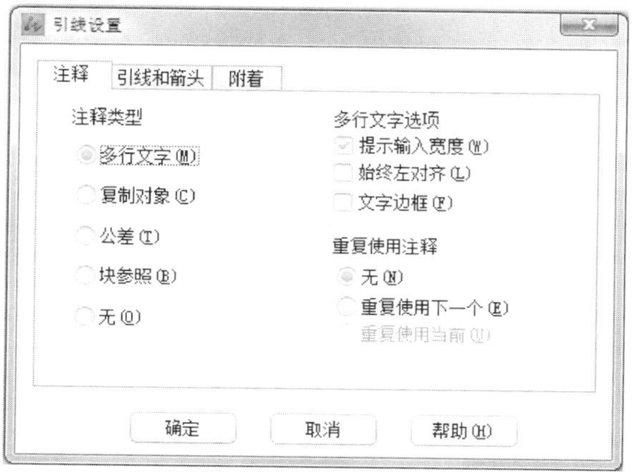

多行文字：默认用多行文本作为快速引线的注释。

复制对象：将某个对象复制到引线的末端。可选取文字、多行文字对象、带几何公差的特征控制框或块对象复制。

公差：弹出"几何公差"对话框，以创建一个公差作为注释。

块参照：选此选项后，可以把一些每次创建较困难的符号或特殊文字创建成块，方便直接引用，以提高效率。

无：创建一个没有注释的引线。

图 8-20　引线设置对话框的"注释"选项卡

如果选择注释为"多行文字"，则可以通过右边的相关选项来指定多行文本的样式。"多行文字选项"各项含义如下：

提示输入宽度：指定多行文本的宽度。

始终左对齐：总是保持文本左对齐。

文字边框：选择此项后，在文本四周加上边框。

"重复使用注释"栏中各项选项含义如下：

无：不重复使用注释内容。

重复使用下一个：将创建的文字注释复制到下一个引线标注中。

重复使用当前：将上一个创建的文字注释复制到当前引线标注中。

4. 引线和箭头选项卡

快速引线允许自定义引线和箭头的类型，如图 8-21 所示。

在"引线"区域，允许用直线或样条曲线作为引线类型。而"点数"则决定了快速引线命令提示拾取下一个引线点的次数，最大值不能小于 2。也可以设置为无限制，这时可以根据需要来拾取引线段数，通过回车来结束引线。

在"箭头"区域，提供多种箭头类型，如图 8-21 所示，选用"学生箭头"后，可以使用学生已定义的块作为箭头类型。

在"角度约束"区域，可以控制第一段和第二段引线的角度，使其符合标准或学生意愿。

5. 附着选项卡

附着选项卡指定了快速引线的多行文本注释的放置位置。"文字在左边"和"文字在右边"可以区分指定位置，默认情况下分别是"最后一行中间"和"第一行中间"，如图 8-22 所示。

图 8-21　引线设置中"引线和箭头"
选项卡及部分箭头样式

8.3.11 快速标注

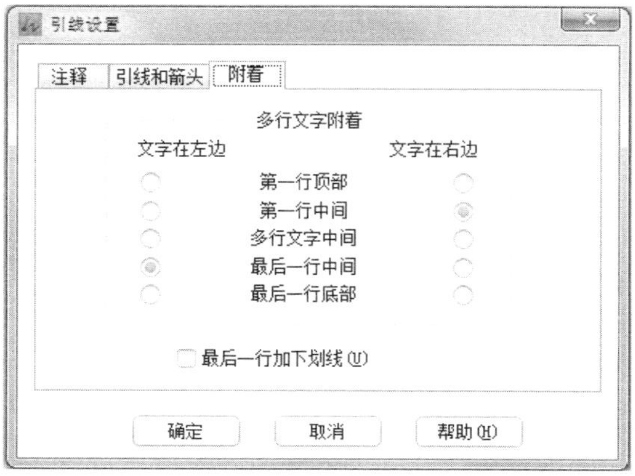

1. 运行方式

命令行：Qdim

功能区："注释"→"标注"→"快速标注"

工具栏："标注"→"快速标注" 图标

快速标注能一次标注多个对象，可以对直线、多段线，正多边形，圆环，点，圆和圆弧（圆和圆弧只有圆心有效）同时进行标注，可以标注成基准型、连续型、坐标型的标注等。

图 8-22 引线设置对话框中"附着"选项卡

2. 操作步骤

```
命令:Qdim                    执行 Qdim 命令
关联标注优先级=端点
选择要标注的几何图形：        拾取要标注的几何对象
找到 1 个                     提示选择对象的数量
选择要标注的几何图形：        回车确定
指定尺寸线位置或[连续(C)/并列(S)/基线(B)/坐标(O)/半径(R)/直径(D)/基准点(P)/编辑(E)/设置(T)]:<
当前值>
指定一点                     确定标注位置
```

以上各项提示的含义和功能说明如下：

连续（C）：选此选项后，可进行一系列连续尺寸的标注。

并列（S）：选此选项后，可标注一系列并列尺寸的标注。

基线（B）：选此选项后，可进行一系列基线尺寸的标注。

坐标（O）：选此选项后，可进行一系列坐标尺寸的标注。

半径（R）：选此选项后，可进行一系列半径尺寸的标注。

直径（D）：选此选项后，可进行一系列直径尺寸的标注。

基准点（P）：为基线类型的标注定义了一个新的基准点。

编辑（E）：选项可用来对系列标注的尺寸进行编辑。

设置（T）：为指定尺寸界线原点设置默认对象捕捉。

执行快速标注命令并选择几何对象后，命令行提示："[连续(C)/并列(S)/基线(B)/坐标(O)/半径(R)/直径(D)/基准点(P)/编辑(E)/设置(T)]<连续>:"，如果输入 E 选择"编辑"项，命令栏会提示："指定要删除的标注点，或[添加(A)/退出(X)]<退出>:"，可以删除不需要的有效点或通过"添加（A）"选项添加有效点。

图 8-23 所示为系统显示快速标注的有效点，图 8-24 所示为删除中间有效点后的标注。

图 8-23 快速标注的有效点

图 8-24 删除中间有效点后的标注

8.3.12 坐标标注

1. 运行方式

命令行：Dimordinate（DIMORD）

功能区："注释"→"标注"→"坐标"

工具栏："标注"→"坐标"

Dimordinate 命令用于自动测量并沿一条简单的引线显示指定点的 X 或 Y 坐标（采用绝对坐标值）。

2. 操作步骤

用 Dimordinate 命令标注图 8-25 所示圆内 A 点的坐标。

命令:Dimordinate	执行 Dimordinate 命令
指定点坐标:	捕捉点 A
指定引线端点或 [X 基准(X)/Y 基准(Y)/多行文字(M)/文字(T)/角度(A)]:	
拾取点 B	确定引线端点,并完成标注
标注注释文字 =1130,44	
命令:Dimordinate	执行 Dimordinate 命令
指定点坐标:	捕捉点 A
指定引线端点或 [X 基准(X)/Y 基准(Y)/多行文字(M)/文字(T)/角度(A)]:	
拾取点 C	确定引线端点,并完成标注
标注注释文字 =61,44	

以上各项提示的含义和功能说明如下：

指定引线端点：指定点后，系统用指定点位置和该点的坐标差来确定是进行 X 坐标标注还是 Y 坐标标注。当 Y 坐标的坐标差大时，使用 X 坐标标注；否则就是用 Y 坐标标注。

X 基准（X）：选择该选项后，则使用 X 坐标标注。

Y 基准（Y）：选择该选项后，则使用 Y 坐标标注。

多行文字（M）：选择该项后，系统打开"文本格式"对话框，可在对话框中输入指定的标注文字。

文字（T）：选择该项后，系统提示："标注文字<当前值>:"，可在此输入新的文字。

角度（A）：用于修改标注文字的倾斜角度。

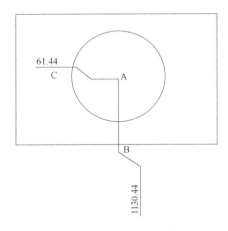

图 8-25　用 Dimordinate 命令标注
圆内 A 点的坐标

注意

1）Dimordinate 命令可根据引出线的方向，自动标注选定点的水平或垂直坐标。

2）坐标标注用于测量从起点到基点（当前坐标系的原点）的坐标系距离。坐标尺寸标注包括一个 X-Y 坐标系和引出线。X 坐标尺寸标注显示了沿 X 轴方向的距离；Y 坐标尺寸标注显示了沿 Y 轴方向的距离。

8.3.13　公差标注

1. 运行方式

命令行：Tolerance（TOL）

功能区："注释"→"标注"→"公差"

工具栏："标注"→"公差" ⊞⒈

Tolerance 命令用于创建几何公差。几何公差表示在几何中用图形定义的最大允许变量值。中望 CAD 用一个被分成多个部分的矩形特征控制框来绘制几何公差。每个特征控制框包括至少两个部分：第一个部分是显示几何特征的几何公差符号，如位置、方向和形式（表 8-1）。第二部分包括公差值。当合适时，一个直径符号在公差值之前跟着的是一个材料条件符号（表 8-2）。材料条件应用于在尺寸上的变化特征。

表 8-1　几何公差符号

符号	特征	类型	符号	特征	类型
⊕	位置度	定位公差	▱	平面度	形状公差
◎	同轴度	定位公差	○	圆度	形状公差
═	对称度	定位公差	—	直线度	形状公差
//	平行度	定向公差	◠	面轮廓度	形状公差
⊥	垂直度	定向公差	◠	线轮廓度	形状公差
∠	倾斜度	定向公差	↗	圆跳动	位置公差
⌭	圆柱度	形状公差	⌰	全跳动	位置公差

表 8-2　附加符号

符　号	定　　义
Ⓜ	在最大材料条件（MMC）中，一个特性包含在规定限度里最大的材料值
Ⓛ	在最小材料条件（LMC）中，一个特性包含在规定限度里最小的材料值
Ⓢ	特性大小无关（RFS），表明在规定限度里特性可以变为任何大小

2. 操作步骤

用 Tolerance 命令生成几何公差 ⊕ | ⌀1.5Ⓜ | A 。操作步骤如下：

1）执行 Tolerance 命令后，系统弹出图 8-26 所示的"几何公差"对话框，单击"符号"框，显示"符号"对话框，如图 8-27 所示，然后选择"位置度"公差符号。

2）在"几何公差"对话框的"公差 1"下，选择"直径"插入一个直径符号，如图 8-28 所示。

3）在"直径"下，输入第一个公差值 1.5，如图 8-29 所示。选择右边方框"材料"，出现图 8-30 所示对话框，选择最大包容条件符号。

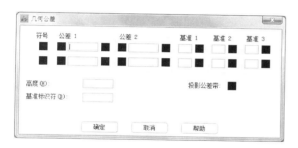

图 8-26　"几何公差"对话框

图 8-27　选择"位置度"公差符号

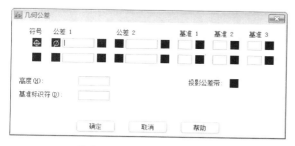

图 8-28　插入一个直径符号

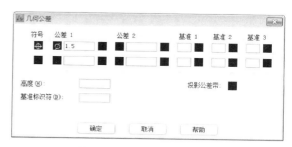

图 8-29　输入第一个公差值

图 8-30　选择最大包容符号

4）在"基准"框中输入"A"，如图 8-31 所示，单击"确定"，指定特征控制框位置，如图 8-32 所示。

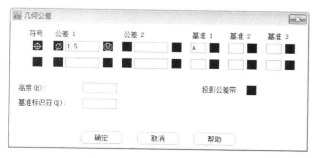

图 8-31　"基准"中输入 A

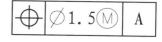

图 8-32　标注的几何公差

注意

公差框格分为两格和多格，第一格为几何公差项目的符号，第二格为几何公差值和有关符号，第三格和以后各格为基准代号和包容条件符号。

任务 8.4　编辑尺寸标注

要对已存在的尺寸标注进行修改，这时不必将需要修改的对象删除，再进行重新标注，可以用一系列尺寸标注编辑命令进行修改。

8.4.1　编辑标注

1. 运行方式

命令行：Dimedit（DED）

功能区："注释"→"标注"→"编辑标注" ✎

Dimedit 命令用于对尺寸标注的尺寸文字位置、角度等进行编辑。

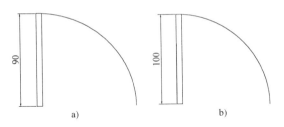

图 8-33　用 Dimedit 命令修改尺寸后的效果

2. 操作步骤

用 Dimedit 命令将图 8-33a 中的尺寸标注改为图 8-33b 的效果。

命令:Dimedit	执行 Dimedit 命令
输入标注编辑类型［默认(H)/新建(N)/旋转(R)/倾斜(O)］<默认>:	
	输入 N,选择新建选项
弹出文本格式对话框	输入新标注文字
选择对象	选择图 8-33a 中的尺寸标注
找到 1 个	提示已选中对象的数量
	回车,确定修改

以上各项提示的含义和功能说明如下：

默认（H）：执行此项后尺寸标注恢复成默认设置。

新建（N）：用来修改指定标注的标注文字，该项后系统弹出"文本格式"对话框，可在此输入新的文字。

旋转（R）：执行该选项后，系统提示"指定标注文字的角度"，可在此输入所需的旋转角度；然后系统提示"选择对象"，选取对象后，系统将选中的标注文字按输入的角度放置。

倾斜（O）：设置线性标注尺寸界线的倾斜角度。执行该选项后，系统提示"选择对象"，在选取目标对象后，系统提示"输入倾斜角度"，在此输入倾斜角度或按回车键（不倾斜时），系统按指定的角度调整线性标注尺寸界线的倾斜角度。

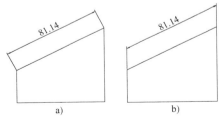

图 8-34　用倾斜选项修改尺寸后的效果

用倾斜选项将图 8-34a 中的尺寸标注修改为图 8-34b 中的效果。

命令:Dimedit	执行 Dimedit 命令
输入标注编辑类型［默认(H)/新建(N)/旋转(R)/倾斜(O)］<默认>:	
输入 O	选择倾斜选项
选择对象	选择图 8-34a 中的尺寸标注
找到 1 个	提示已选中对象的数量
选择对象	回车结束对象选择
输入倾斜角度 (按回车键表示无)90	输入倾斜角度回车完成命令

注意

1）标注菜单中的"倾斜"选项，执行的就是选择了"倾斜"选项的 Dimedit 命令。

2）Dimedit 命令可以同时对多个标注对象进行操作。

3）Dimedit 命令不能修改尺寸文本的放置位置。

8.4.2　编辑标注文字

1. 运行方式

命令行：Dimtedit

功能区："注释"→"标注"→"编辑文字"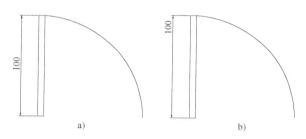

Dimtedit 命令可以重新定位标注文字的位置。

2. 操作步骤

用 Dimtedit 将图 8-35a 中的尺寸标注改为图 8-35b 的效果。

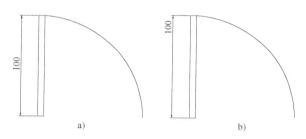

图 8-35　用 Dimtedit 命令修改尺寸后的效果

命令:Dimtedit	执行 Dimtedit 命令
选择标注:	选择尺寸标注
为标注文字指定新位置或［左对齐(L)/右对齐(R)/居中(C)/默认(H)/角度(A)］:R	
	输入 R,回车完成命令

以上各项提示的含义和功能说明如下：

左对齐（L）：选择此项后，可以决定标注文字沿尺寸线左对齐。

右对齐（R）：选择此项后，可以决定标注文字沿尺寸线右对齐。

居中（C）：选择此项后，可将标注文字移到尺寸线的中间。

默认（H）：执行此项后尺寸标注恢复成默认设置。

角度（A）：将所选标注文本旋转一定的角度。

注意

1）学生还可以用 Ddedit 命令来修改标注文字，但 Ddedit 无法对尺寸文本重新定位，要 Dimtedit 命令才可对尺寸文本重新定位。Ddedit 命令的使用方法可以看前一节的介绍。

2）在对尺寸标注进行修改时，如果对象的修改内容相同，则可选择多个对象一次性完成修改。

3）如果对尺寸标注进行了多次修改，要想恢复原来真实的标注，可在命令行输入 Dim-reassoc，然后系统提示"选择对象"，选择尺寸标注，回车后就恢复了原来真实的标注。

4）Dimtedit 命令中的"左对齐（L）/右对齐（R）"这两个选项仅对长度型、半径型、直径型标注起作用。

项目小结

1）本项目主要介绍标注样式的创建方法和标注尺寸的方法。学完项目后，读者应该对尺寸标注有一个清楚的了解，初步掌握根据自己的特殊需要创建出合适的尺寸标注形式或改变尺寸标注样式。

2）在样板图中，将设计好的尺寸标注样式直接存成一个"∗.Dwt"格式的样板图，中望CAD 将其保存到安装目录下 Template 文件夹里，以后可直接用样板图来绘制新图样，可以节省时间提高效率。

练习

1. 填空题

1）通常一个完整的尺寸标注由尺寸线、_____、尺寸箭头和_____等部分组成。

2）几何公差包括_____公差和_____公差。

2. 画图题

绘制图 8-36 所示的图形，并完成尺寸标注。

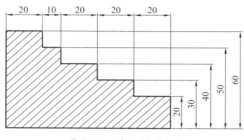

图 8-36　练习题（一）

3. 综合题

绘制图 8-37 所示机械零件图形，注意相切，使用各种尺寸标注工具完成全部标注。

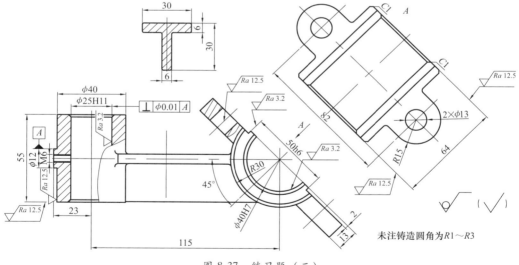

图 8-37　练习题（二）

09

项目 9
图块、属性及外部参照

本课导读

　　本项目主要学习在中望 CAD 中如何建立、插入与重新定义图块，定义、编辑属性，属性块的制作与插入，使用外部引用等以提高绘图效率。

项目要点

- 图块的制作与使用
- 属性的定义与使用
- 使用外部引用

任务 9.1 图块的制作与使用

图块的运用是中望 CAD 的一项重要功能。图块就是将多个实体组合成一个整体，并给这个整体命名保存，在以后的图形编辑中这个整体就被视为一个实体。一个图块包括可见的实体，如线、圆弧、圆以及可见或不可见的属性数据。图块作为图形的一部分储存。例如一张桌子，它由桌面、桌腿、抽屉等组成，如果每次画相同或相似的桌子时都要画桌面、桌腿、抽屉等部分，那么，这工作不仅烦琐，而且重复。如果我们将桌面、桌腿、抽屉等部件组合起来，定义成名为"桌子"的一个图块，那么在以后的绘图中，我们只需将这个图块以不同的比例插入到图形中即可。图块能帮我们更好地组织工作，快速创建与修改图形，减少图形文件的大小。使用图块，可以创建一个自己经常要使用的符号库，然后以图块的形式插入一个符号，而不是重新开始画该符号。

创建图块并保存，根据制图需要在不同地方插入一个或多个图块。而系统插入的仅仅是一个图块定义的多个引用，这样会大大减小绘图文件大小。同时只要修改图块的定义，图形中所有的图块引用体都会自动更新。

如果图块中的实体是画在 0 层，且"颜色与线型"两个属性定义为"随层"，插入后它会被赋予插入层的颜色与线型属性。相反，如果图块中的实体，定义前它是画在非 0 层，且"颜色与线型"两个属性不是"随层"的话，插入后它保留原先的颜色与线型属性。

当新定义的图块中包括别的图块，这种情况称为嵌套，当把小的元素链接到更大的集合，且在图形中要插入该集合时，嵌套是很有用的。

9.1.1 内部定义

中望 CAD 中图块分为内部块和外部块两类，下面讲解运用 Block 和 Wblock 命令定义内部块和外部块的操作。

1. 运行方式

命令行：Block（B）

功能区："插入"→"块"→"创建"

工具栏："绘图"→"创建块"

创建块是在中望 CAD 绘图工具栏中，选取"创建块"，系统弹出如图 9-1 所示的对话框。

用 Block 命令定义的图块只能在定义图块的图形中调用，而不能在其他图形中调用，因此用 Block 命令定义的图块称为内部块。

2. 操作步骤

用 Block 命令将图 9-2 所示的床定义为内部块。其操作步骤如下：

图 9-1 "块定义"对话框

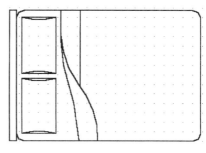

图 9-2 床的图形

命令:Block	执行 Block 命令
在块定义对话框中输入块的名称:大床	输入新块名称,如图 9-3 所示
指定基点:点床的左下角	先单击"拾取点"按钮
选取写块对象:点床的右下角	指定窗口右下角点
另一角点:点床的左上角	指定窗口左上角点
选择集中的对象: 16	提示已选中对象数
选取写块对象:	回车完成定义内部块操作

图 9-3 定义床为内部块

执行 Block 命令后,打开"块定义"对话框用于图块的定义,如图 9-1 所示。该对话框各选项功能如下:

名称:此框用于输入图块名称,下拉列表框中还列出了图形中已经定义过的图块名。

预览:学生在选取组成块的对象后,将在"名称"框后显示所选组成块的对象的预览图形。

基点:该区域用于指定图块的插入基点。可以通过"拾取点"按钮或输入坐标值确定图块插入基点。

拾取点:单击该按钮,"块定义"对话框暂时消失,此时需使用鼠标在图形屏幕上拾取所需点作为图块插入基点。拾取基点结束后,返回到"块定义"对话框,X、Y、Z 文本框中将显示该基点的 X、Y、Z 坐标值。

X、Y、Z:在该区域的 X、Y、Z 编辑框中分别输入所需基点的相应坐标值,以确定出图块插入基点的位置。

对象:该区域用于确定图块的组成实体。其中各选项功能如下:

选择对象:单击该按钮,"块定义"对话框暂时消失,此时需在图形屏幕上用任意目标选取方式选取块的组成实体,实体选取结束后,系统自动返回对话框。

快速选择对象:开启"快速选择"对话框,通过过滤条件构造对象。将最终的结果作为所选择的对象。

保留:选择此单选项后,所选取的实体生成块后仍保持原状,即在图形中以原来的独立实体形式保留。

转换为块:选择此单选项后,所选取的实体生成块后在原图形中也转变成块,即在原图形中所选实体将具有整体性,不能用普通命令对其组成目标进行编辑。

删除:选择此单选项后,所选取的实体生成块后将在图形中消失。

注意:

1)为了使图块在插入当前图形中时能够准确定位,需给图块指定一个插入基点,以其作为参考点将图块插入到图形中的指定位置。同时,如果图块在插入时需旋转角度,该基点将作为旋转轴心。

2)当用 Erase 命令删除了图形中插入的图块后,其块定义依然存在,因为它储存在图形文件内部,即使图形中没有调用它,它依然占用磁盘空间,并且随时可以在图形中被调用。可用 Purge 命令中的"块"选项清除图形文件中无用、多余的块定义,以减小文件的字节数。

3)中望 CAD 允许图块的多级嵌套。嵌套块不能与其内部嵌套的图块同名。

9.1.2 写块

1. 运行方式

命令行:Wblock

功能区："插入"→"块"→"写块"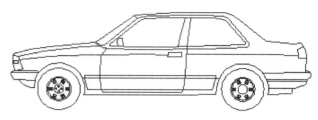

Wblock 命令可以看成是"Write 加 Block"，也就是写块。Wblock 命令可将图形文件中的整个图形、内部块或某些实体写入一个新的图形文件，其他图形文件均可以将它作为块调用。Wblock 命令定义的图块是一个独立存在的图形文件，相对于 Block、Bmake 命令定义的内部块，它被称作外部块。

图 9-4 汽车定义为外部块

2. 操作步骤

用 Wblock 命令将图 9-4 所示汽车定义为外部块（写块）。其操作步骤如下：

命令：Wblock	执行 Wblock 命令,弹出"写块"对话框
选取源栏中的整个图形选框	将写入外部块的源指定为整个图形
单击选择对象图标,选取汽车图形	指定对象
在目标对话框中输入"car side"	确定外部块名称
单击"确定"按钮：	完成定义外部块操作

执行 Wblock 命令后，系统弹出图 9-5 所示"写块"对话框。其主要内容如下：

图 9-5 "写块"对话框

◇源：该区域用于定义写入外部块的源实体。它包括如下内容：

块：该单选项指定将内部块写入外部块文件，可在其后的输入框中输入块名，或在下拉列表框中选择需要写入文件的内部图块的名称。

整个图形：该单选项指定将整个图形写入外部块文件。该方式生成的外部块的插入基点为坐标原点（0，0，0）。

对象：该单选项将选取的实体写入外部块文件。

基点：该区域用于指定图块插入基点，该区域只对源实体为对象时有效。

对象：该区域用于指定组成外部块的实体，以及生成块后源实体是保留、消除或是转换成图块。该区域只对源实体为对象时有效。

◇目标：该区域用于指定外部块文件的文件名、储存位置以及采用的单位制式。它包括如下的内容：

文件名和路径：用于输入新建外部块的文件名及外部块文件在磁盘上的储存位置和路径。单击输入框后的 ▼ 按钮，弹出下拉列表框，框中列出几个路径供选择。还可单击右边的 按钮，弹出"浏览文件夹"对话框，以提供更多的路径供选择。

注意：

1）用 Wblock 命令定义的外部块其实就是一个 DWG 图形文件。当 Wblock 命令将图形文件中的整个图形定义成外部块写入一个新文件时，它自动删除文件中未用的层定义、块定义、线型定义等，相当于用 Purge 命令的 All 选项清理文件后，再将其复制为一个新生文件，与原文件相比，大大减少了文件的字节数。

2）所有的 DWG 图形文件均可视为外部块插入到其他的图形文件中，不同的是，用 Wblock 命令定义的外部块文件其插入基点是由自己设定好的，而用 New 命令创建的图形文件，在插入其他图形中时将以坐标原点（0，0，0）作为其插入基点。

9.1.3 插入块

本节主要介绍如何在图形中调用已定义好的图块，以提高绘图效率。调用图块的命令包括 Insert（单图块插入）、Divide（等分插入图块）、Measure（等距插入图块）。Divide 和 Measure 命令请参见 3.5 节。本节主要讲解 Insert（单图块插入）命令的使用方法。

1. 运行方式

命令行：Insert

功能区："插入"→"块"→"插入"

工具栏："绘图"→"插入块"

在当前图形中插入图块或别的图形。插入的图块是作为一个单个实体。插入一个图形是被作为一个图块插入到当前图形中。如果改变原始图形，它对当前图形无影响。

当插入图块或图形时，必须定义插入点、比例、旋转角度。插入点是定义图块时的引用点。当把图形当作图块插入时，程序把定义的插入点作为图块的插入点。

2. 操作步骤

用 Insert 命令在图 9-6 所示图形中插入一张床。其操作步骤如下：

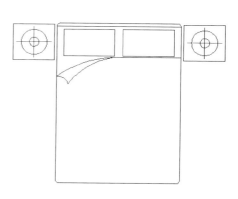

图 9-6 插入一张床

命令:Insert	执行 Insert 命令,弹出"插入"图框
在插入栏中选择"Double Bed Plan"块	插入"Double Bed Plan"块
在三栏中均选择在屏幕上指定	确定定位图块方式
单击对话框的"确定"按钮	提示指定插入点
指定块的插入点或[比例因子(S)/X/Y/Z/旋转角度(R)]:	在房间中间拾取一点
	指定图块插入点
选择比例的另一角或输入 X 比例因子或[角点(C)/XYZ]<1>:	回车选默认值,确定插入比例
Y 比例因子<等于 X 比例>:	回车选默认值,确定插入比例
块的旋转角度<0>:90	设置插入图块的旋转角度,
	结果如图 9-6 所示

执行 Insert 命令后，系统弹出图 9-7 所示对话框，其主要内容如下：

名称：该下拉列表框中选择欲插入的内部块名。如果没有内部块，则是空白。

浏览：此项用来选取要插入的外部块。单击"浏览"按钮，系统显示图 9-8 所示"选择图形文件"对话框，选择要插入的外部图块文件路径及名称，单击"打开"按钮，回到图 9-7 所示对话框，单击"确定"按钮，此时命令行提示指定插入点，键入插入比例、块的旋转角度。完成命令后，图形就插入到指定插入点。

插入点（X、Y、Z）：此三项输入框用于输入坐标值，以确定在图形中的插入点。当选"在屏幕上指定"后，此三项呈灰色，为不可用。

比例（X、Y、Z）：此三项输入框用于预先输入图块在 X 轴、Y 轴、Z 轴方向上缩放的比例因子。这三个比例因子可相同，也可不同。当选用"在屏幕上指定"后，此三项呈灰色，

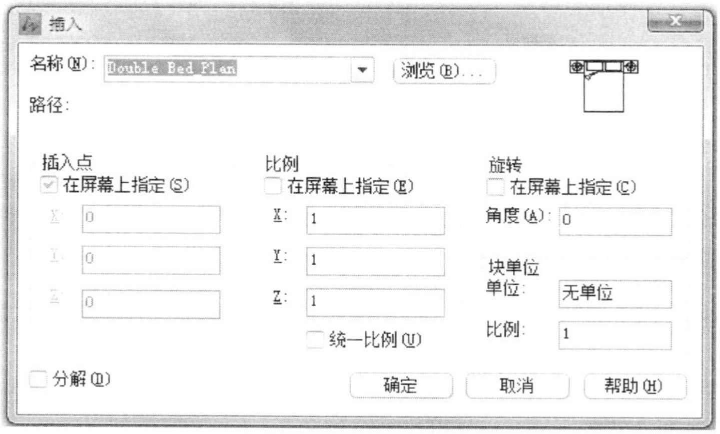

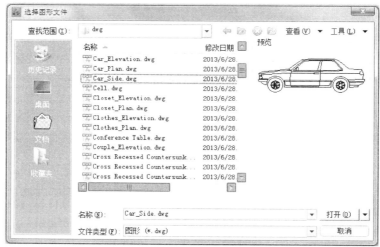

图 9-7 "插入" 对话框

图 9-8 选择插入图形

为不可用。默认值为 1。

在屏幕上指定：勾选此复选框，将在插入时对图块定位，即在命令行中定位图块的插入点、X、Y、Z 的比例因子和旋转角度；不勾选此复选框，则需键入插入点的坐标、比例因子和旋转角度。

角度（R）：图块在插入图形中时可任意改变其角度，在此输入框指定图块的旋转角度。当勾选 "在屏幕上指定" 后，此项呈灰色，不可用。

分解：该复选框用于指定是否在插入图块时将其炸开，使它恢复到元素的原始状态。当炸开图块时，仅仅是被炸开的图块引用体受影响。图块的原始定义仍保存在图形中，仍能在图形中插入图块的其他副本。如果炸开的图块包括属性，属性会丢失，但原始定义的图块的属性仍保留。炸开图块使图块元素返回到它们的下一级状态。图块中的图块或多段线又变为图块或多段线。

统一比例：该复选框用于统一三个轴向上的缩放比例。选用此项，Y、Z 框呈灰色，在 X 框输入的比例因子，在 Y、Z 框中同时显示。

注意：

1）外部块插入当前图形后，其块定义也同时储存在图形内部，生成同名的内部块，以后可在该图形中随时调用，而无需重新指定外部块文件的路径。

2）外部块文件插入当前图形后，其内包含的所有块定义（外部嵌套块）也同时带入当前图形中，并生成同名的内部块，以后可在该图形中随时调用。

3）图块在插入时如果选择了插入时炸开图块，插入后图块自动分解成单个的实体，其特性如层、颜色、线型等也将恢复为生成块之前实体具有的特性。

4）如果插入的是内部块则直接输入块名即可；如果插入的是外部块则需要给出块文件的路径。

9.1.4 复制嵌套图元

运行方式

命令行：Ncopy

功能区："扩展工具"→"图块工具"→"复制嵌套图元"

工具栏："ET：图块"→"复制嵌套图元"

Ncopy 命令可以将图块或 Xref 引用中嵌套的实体进行有选择的复制。可以一次性选取图块的一个或多个组成实体进行复制，复制生成的多个实体不再具有整体性。

注意

1）Ncopy 命令同 Copy 命令一样可以复制非图块实体，如点、线、圆等基体的实体。

2）Ncopy 命令与 Copy 操作方式一致，不同的是 Copy 命令对块进行整体性复制，复制生成的图形仍是一个块；而 Ncopy 命令可以选择图块的某些部分进行分解复制，原有的块保持整体性，复制生成的实体是被分解的单一实体。

3）Ncopy 命令在选择实体时不能使用 w、c、wp、cp、f 等多实体选择方式。

9.1.5 替换图元

1. 运行方式

命令行：Blockreplace

功能区："扩展工具"→"图块工具"→"块替换"

用来以一图块取代另一图块。

2. 操作步骤

用 Blockreplace 命令将图中的树景替换，如图 9-9 所示。

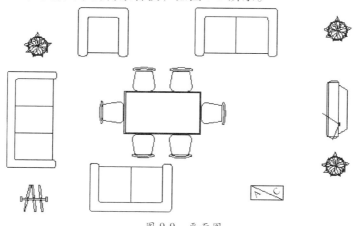

图 9-9　平面图

　　打开一张 DWG 图纸，执行 Blockreplace 命令后，系统弹出"块替换"对话框，如图 9-10 所示，选中"选择要被替换的块"窗口中的块，在"选择一个块用作替换"窗口中选择块来替换。单击"确定"按钮，即完成图块替换命令。

图 9-10　块替换选择窗

任务 9.2　属性的定义与使用

　　一个零件、符号除自身的几何形状外，还包含很多参数和文字信息（如规格、型号、技术说明等），中望 CAD 系统将图块所含的附加信息称为属性，如规格属性、型号属性。具体的信息内容则称为属性值。可以使用属性来追踪零件号码与价格。属性可为固定值或变量值。插入包含属性的图块时；程序会新增固定值与图块到图面中，并提示要提供变量值；可提取属性信息到独立文件，并使用该信息用于空白表格程序或数据库，以产生零件清单或材料价目表；还可使用属性信息来追踪特定图块插入图面的次数。属性可为可见或隐藏，隐藏属性既不显示，也不出图，但该信息储存于图面中，并在被提取时写入文件。属性是图块的附属物，它必须依赖于图块而存在，没有图块就没有属性。

9.2.1　属性的定义

1. 运行方式

命令行：Attdef

功能区："插入"→"属性"→"定义属性"

　　Attdef 命令用于定义属性。将定义好的属件连同相关图形一起，用 Block/Bmake 命令定义成块（生成带属性的块），在以后的绘图过程中可随时调用它，其调用方式跟一般的图块相同。

2. 操作步骤

　　执行 Attdef 命令后，系统弹出如图 9-11 所示对话框，其主要内容为：名称、提示、缺省文本，另外包括坐标、属性标志、文本等。

图 9-11　"定义属性"对话框

用 Attdef 命令为图 9-12a 所示汽车定义品牌和型号两个属性（其中型号为不可见属性），然后将其定义成一个属性块并插入到当前图形中。其操作步骤如下：

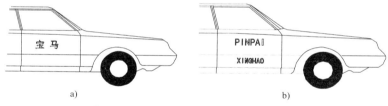

a)   b)

图 9-12   定义成一个属性块并插入的汽车

命令：Attdef	执行命令,弹出"定义属性"对话框
在"标记"框中输入"PINPAI"	输入属性名称
在"提示"框中输入"请输入汽车品牌"	指定插入属性块时将提示内容
在"属性标志位"中选择验证模式	设置输入属性值时对该值进行核对
单击"选择"按钮拾取属性的插入点	指定品牌属性的插入点,如图 9-14b 所示
在文本字体框中输入已定义的字体 HT	将属性文本的字体设为黑体
单击"定义"或"定义并退出"按钮	完成品牌属性的定义
命令：Attdef	执行命令,弹出"定义属性"对话框
在"标记"框中输入"XINGHAO"	输入属性名称
在提示输入框中输入"请输入汽车型号"	指定插入属性块时将提示内容
在"属性标志位"中选择隐藏和验证模式	设属性不可见和对属性值进行核对
单击"选择"按钮拾取属性的插入点	指定型号属性的插入点,如图 9-12b 所示
在文本字体框中输入已定义的字体 HT	指定属性文本的字体
单击"定义"或"定义并编辑"按钮	完成型号属性定义,如图 9-12b 所示
命令:Block	执行 Block 定义带属性的汽车图块
新块名称，或列出存在的块:QC	为属性块取名
新块插入点:在绘图区内拾取新块插入点	将块插入基点指定为汽车左下角点
选取写块对象：	指定包含两个属性在内的汽车实体
另一角点：指定汽车实体的另一角点	选取组成属性块的实体
选择集中的对象:93	提示已选中的对象数
选取写块对象：	回车结束块定义命令
命令:Insert	执行 Insert 命令
在弹出的"插入图块"对话框中选择插入 QC 图块并单击"插入"按钮	输入或选择插入块的块名
指定块的插入点或[比例因子(S)/X/Y/Z/旋转角度(R)]:在图中拾取一点	指定图块插入点
选择比例的另一角或输入 X 比例因子或[角点(C)/XYZ]<1>：	
Y 比例因子<等于 X 比例>：	回车选默认值,确定插入比例
块的旋转角度<0>：	回车选默认值,确定插入比例
请输入汽车品牌<值>：宝马	设置插入图块的旋转角度
请输入汽车型号<值>:BM598	输入品牌属性值
检查属性值	输入型号属性值
请输入汽车品牌<宝马>：	检查输入的属性值
请输入汽车型号<BM598>：	输入正确,直接回车结束命令

注意：

1）属性在未定义成图块前，其属性标志只是文本文字，可用编辑文本的命令对其进行修改、编辑。只有当属性连同图形被定义成块后，属性才能按学生指定的值插入到图形中。当一个图形符号具有多个属性时，要先将其分别定义好后再将它们一起定义成块。

2）属性块的调用命令与普通块是一样的。只是调用属性块时提示要多一些。

3）当插入的属性块被 Explode 命令分解后，其属性值将丢失而恢复成属性标志。因此用 Explode 命令对属性块进行分解要特别谨慎。

9.2.2 制作属性块

1. 运行方式

命令行：Block（B）

功能区：“插入”→“块”→“创建”

工具栏：“绘图”→“创建块”

制作图块就是将图形中的一个或几个实体组合成一个整体，并定名保存，以后将其作为一个实体在图形中随时调用和编辑。同样，制作属性块就是将定义好的属性连同相关图形一起，用 Block/Bmake 命令定义成块（生成带属性的块），在以后的绘图过程中可随时调用它，其调用方式跟一般的图块相同。

图 9-13 已定义好品牌和型号两个属性的汽车

2. 操作步骤

用 Block 命令将图 9-13 所示已定义好品牌和型号两个属性（其中型号为不可见属性）的汽车制作成一个属性块，块名为 QC，其操作步骤如下：

命令：Block	执行 Block 定义带属性汽车图块
在"块定义"对话框中输入块的名称：QC	为属性块取名
新块插入点：在绘图区内拾取新块插入点	将块插入基点指定为汽车左下角
选取写块对象：指定包含两个属性在内的左上角 A	
另一角点：指定汽车实体的另一角点 B	选取组成属性块的实体
选择集中的对象：93	
选取写块对象：	提示已选中对象，回车结束

9.2.3 插入属性块

1. 运行方式

命令行：Insert

功能区：“插入”→“块”→“插入”

工具栏：“插入”→“插入块”

插入属性块和插入图块的操作方法是一样的，插入的属性块是一个单个实体。插入属性图块，必须定义插入点、比例、旋转角度。插入点是定义图块时的引用点。当把图形当作属性块插入时，程序把定义的插入点作为属性块的插入点。属性块的调用命令与普通块的是一样的，只是调用属性块时提示要多一些。

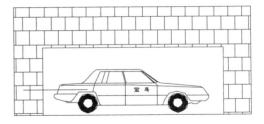

图 9-14 将属性块插入车库中

2. 操作步骤

把上节制作的 QC 属性块插入到图 9-14 所

186

示的车库中。其操作步骤如下：

```
命令:Insert                                          执行 Insert 命令
在弹出的插入图块对话框中
选择插入 QC 图块并单击【插入】按钮                    输入或选择插入块的块名
指定块的插入点或[比例因子(S)/X/Y/Z/旋转角度(R)]:      绘图区拾取插入基点
选择比例的另一角或输入 X 比例因子或[角点(C)/XYZ]<1>:

Y 比例因子<等于 X 比例>:                               回车选默认值,确定插入比例
块的旋转角度:0                                        回车选默认值,确定插入比例
请输入汽车品牌<值>:宝马                                设置插入图块的旋转角度
请输入汽车型号<值>:BM598                               输入品牌属性值
检查属性值                                            输入型号属性值
请输入汽车品牌<宝 马>:
请输入汽车型号<BM598>:                                 检查输入的属性值
                                                     输入正确,直接回车结束命令
```

9.2.4　改变属性定义

1. 运行方式

命令行：Ddedit

工具栏："文字"→"编辑文字" Ａ

将属性定义好后，有时可能需要更改属性名、提示内容或默认文本，这时可用 Ddedit 命令加以修改。Ddedit 命令只对未定义成块的或已分解的属性块的属性起编辑作用，对已做成属性快的属性只能修改其值。

2. 操作步骤

执行 Ddedit 命令后，系统提示选择修改对象，当拾取某一属性名后，系统将弹出如图 9-15 所示对话框。

标记：在该输入框中输入欲修改的名称。

提示：在该输入框中输入欲修改的提示内容。

默认：在该输入框中输入欲修改的默认文本。

图 9-15　"编辑属性定义"对话框

完成一个属性的修改后，单击"确定"按钮退出对话框，系统再次重复提示"选择修改对象"，选择下一个属性进行编辑，直至回车结束命令。

9.2.5　编辑图块属性

1. 运行方式

命令行：Ddatte（ATE）

Ddatte 用于修改图形中已插入属性块的属性值。Ddatte 命令不能修改常量属性值。

2. 操作步骤

执行 Ddatte 命令后，系统提示"选取块参照:"，选取要修改属性值的图块，按提示选取后，系统将弹出如图 9-16 所示"编辑属性"对话框。在"名称"下选取图块属性名称，在数值框中显示相应的属性值，修改数值框中的内容即可更改相应属性的属性值。

用 Ddatte 命令将汽车品牌属性的属性值由"宝马"改为"奔驰"，结果如图 9-17b 所示。其操作步骤如下：

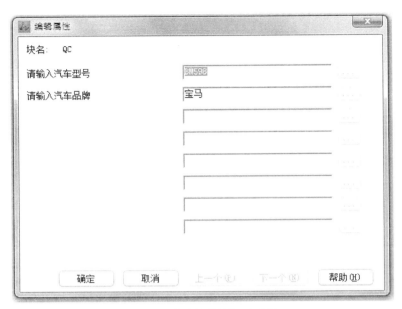

图 9-16 "编辑属性"对话框

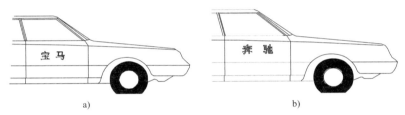

a) b)

图 9-17 将汽车品牌属性的属性值由"宝马"改为"奔驰"

命令：Ddatte 执行 Ddatte 命令
选取块参照：拾取图 9-17a 的属性块 选择修改图 9-17a 属性块的属性值，弹出如图 9-16 所示"编辑属性"对话框
在"名称"下选"PINPAI"，在数值框中将"宝马"改为"奔驰"
单击"确定"按钮 结束命令，结果如图 9-17b 所示

9.2.6 编辑属性

1. 运行方式
命令行：Attedit
功能区："插入"→"属性"→"编辑属性"→"多重"

Attedit 命令可对图形中所有的属性块进行全局性的编辑。它可以一次性对多个属性块进行编辑，对每个属性块也可以进行多方面的编辑，它可修改属性值、属性位置、属性文本高度、角度、字体、图层和颜色等。

2. 操作步骤
执行 Attedit 命令后，系统提示"选取块参照"，激活"增强属性编辑器"对话框，如图 9-18 所示。

该对话框有三个标签页，分别介绍如下：

图 9-18 "增强属性编辑器"对话框

1）"属性"标签页。

该标签页显示了所选择"块引用"中的各属性的标记、提示和它对应的属性值。单击某一属性，就可在"值"编辑框中直接对它的值进行修改。

2）"文字选项"标签页。

可在该标签页直接修改属性文字的样式、对齐方式、高度、文字行角度等项目，如图9-19所示。各项的含义与设置文字样式 Style 命令对应项相同。

3）"特性"标签页。

可在该标签页的编辑框中直接修改属性文字的所在图层、颜色、线形、线宽和打印样式等特性，如图 9-20 所示。

图 9-19　"文字选项"标签页　　　　　　　图 9-20　"特性"标签页

"应用"按钮用于在保持对话框打开的情况下确认已做的修改。

对话框中的"选择块"按钮用于继续选择要编辑的块引用。

注意：

属性不同于块中的文字标注能够明显地看出来，块中的文字是块的主体，当块是一个整体的时候，是不能对其中的文字对象进行单独编辑的。而属性虽然是块的组成部分，但在某种程度上又独立于块，可以单独进行编辑。

9.2.7　分解属性为文字

1. 运行方式

命令行：Burst

功能区："扩展工具"→"图块工具"→"分解属性为文字"

工具栏："ET：图块"→"分解属性为文字"

将属性值分解成文字，而不是分解成属性标签。

2. 操作步骤

将图 9-21a 所示的属性块分解为文字，结果如图 9-21c 所示。其步骤如下：

图 9-21　属性块分解为文字

注意：

Burst 和 Explode 命令的功能相似，但是 Explode 会将属性值分解成属性标签，而 Burst 将之分解后却仍是文字属性值。

9.2.8 导出/导入属性值

运行方式

命令行：Attout/Attin

工具栏："ET：图块"→"导出属性值"

导出属性值：用于将属性块的属性值内容输出到一个文本文件中。它主要用于将资料输出，并在修改后再利用导入属性值功能输入回来。

导入属性值：用于从一个文本文件中将资料输入到属性块。

任务 9.3 设置外部参照

在中望 CAD 中能够把整个其他图形作为外部参照插入到当前图形中。虽然外部图形插入到当前图形中，但当前图形对外部参照的文件只有一个链接点。因为外部参照中的实体显示在当前图形中，但实体本身并没有加入当前图形中。因而，链接外部参照并不意味着增加文件量。外部参照提供了把整个文件作为图块插入时无法提供的性能。当把整个文件作为图块插入，实体虽然保存在图形中，但原始图形的任何改变都不会在当前图形中反映。

不同的是当链接一个外部参照时，原始图形的任何改变都会在当前图形中反映。每次打开包含外部参照的文件时，改变会自动更新。如果已知外部参照已修改，可以在画图任何的时候重新加载外部参照。从分图汇成总图时，外部参照也是非常有用的，有外部参照定位在组中学生与其他人的位置。外部参照帮助减少文件量，并确保我们总是工作在图形中最新状态。

9.3.1 外部参照

1. 运行方式

命令行：Xref

功能区："插入"→"参照"→"外部参照"

工具栏："参照"→"外部参照"

外部参照是一个被附加到当前图形中的图形，相当于将整个图形当作块插入。

2. 操作步骤

执行 Xref 命令后，系统弹出图 9-22 所示对话框。在"外部参照管理器"中可以查看到当前图形中所有外部参照的状态和关系，并且可以在管理器中完成附着、拆离、重载、卸载、绑定及修改路径等操作。

（1）查看当前图形的外部参照状况操作

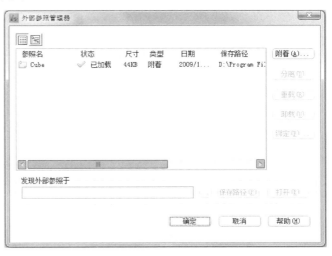

图 9-22 "外部参照管理器" 对话框

1）以列表形式查看。

单击左上角的"列表图"按钮，当前图形中的所有外部参照以列表形式显示在列表框中，每一个外部参照的名称、加载状态、大小、参照类型、参照日期和保存路径列在同一行状态条上。

2）以树状结构形式查看。

单击左上角内侧的"树状图"按钮，当前图形中的外部参照将以树状结构列表显示，从而看到外部参照之间的嵌套层次。

（2）改变参照名操作 默认列表名是用参照图形的文件名，选择该名称后就可以重命名。该操作不会改变参照图形本来的文件名。

（3）附着新的外部参照操作 单击"附着"按钮，将激活"外部参照"对话框，可以增加新的外部参照。

（4）删除外部参照操作 在列表框中选择不再需要的外部参照，然后单击"拆离"按钮。

（5）更新外部参照操作 在列表框中选择要更新的外部参照，然后单击"重载"按钮，中望 CAD 会将该参照文件的最新版本读入。

（6）暂时关闭外部参照操作 在列表框中选择某外部参照，然后单击"卸载"按钮，就可暂时不在屏幕上显示该外部参照并使它不参与重生成，以便改善系统运行性能。但是该外部参照仍存在于主图形文件中，需要显示时可以重新选择它，然后单击"重载"按钮。

（7）永久转换外部参照到当前图形中操作 这种操作称为"绑定"。选择该外部参照，然后单击"绑定"按钮，激活"绑定"外部参照对话框，有下列两种绑定类型供选择：

1）"绑定"：将所选外部参照变成当前图形的一个块，并重新命名它的从属符号，原来的"|"符号被"＄n＄"代替，中间的 n 是一个表示索引号的数字。例如"Draw | layer1"变成"Draw ＄n＄Layer1"。以后就可以和图中其他命名对象一样处理它们。

2）"插入"：用插入的方法把外部参照固定到当前图形，并且它的从属符号剥去外部参照图形名，变成普通的命名符号加入到当前图中，如"DRAW | LAYER1"变成"LAYER1"。如果当前图形内部有同名的符号，该从属符号就变为采用内部符号的特性（如颜色等）。因此，如不能确定有无同名的符号时，以选择"绑定"类型为宜。

被绑定的外部参照的图形及与它关联的从属符号（如块、文字样式、尺寸标注样式、层、线型表等）都变成了当前图形的一部分，它们不可能再自动更新为新版本。

（8）改变外部参照文件的路径操作

1）在列表框中选择外部参照。

2）在"发现外部参照于"的编辑框中键入包含路径的新文件名。

3）单击"保存路径"按钮保存路径，以后中望 CAD 就会按此搜索该文件。

4）单击"确定"按钮结束操作。

另外，也可以单击"浏览"按钮，打开"选取覆盖文件"对话框，从中选择其他路径或文件。

注意

1）在一个设计项目中，多个设计人员通过外部参照进行并行设计。即将其他设计人员设计的图形放置在本地的图形上，合并多个设计人员的工作，从而整个设计组所做的设计保持同步。

2）确保显示参照图形最新版本。当打开图形时，系统自动重新装载每个外部参照。

9.3.2 附着外部参照

1. 运行方式

命令行：Xattach

功能区："插入"→"参照"→"参照附着"

工具栏："参照"→"附着外部参照"

执行该命令，首先激活"选取参照文件"对话框，如图 9-23 所示，选择参照文件之后，

图 9-23 "选取参照文件"对话框

单击"打开"按钮，将关闭该对话框并激活"外部参照"对话框，如图 9-24 所示。

引入外部参照的操作步骤如下：

1）确定外部参照文件。在"名称"中列出选好的文件名。如果想再选择别的文件作为参照文件，可以单击"浏览"按钮，再打开"选取参照文件"对话框。

2）指定参照类型：附着型和覆盖型选择其中之一。

3）设定"插入点""XYZ 比例"和"旋转角"等参数，可用在屏幕上指定或直接在编辑框键入的方式来设定。

4）单击"确定"按钮，完成操作。

图 9-24 激活"外部参照"对话框

项目小结

1）本项目主要介绍了图块的特点、图块的定义、图块的操作、图块的属性以及外部参照。这些内容都是十分有用的，希望读者能够将项目多看几遍，并且在学习过程中能把定义图块、插入图块和分解图块有机地结合起来，这样将大大地提高绘图质量和效率。

2）将常用的各类图形做成图块，分类存放。使用时直接将图块插入，就像一名装配工把各种零件从库房取来进行装配。如果这个装配工自己一个一个地生产零部件再进行装配，那是难以完成的。练习中有各种常用图块，可练习作图，并分类存放好，逐渐积累。

3）一般人对图块的理解是自己用 Block 命令做图块，用 Wblock 命令写块，这才算图块，其实图形文件即"*.dwg"文件都可作为图块使用。

4）根据工作环境、具体专业要求，建立不同的图层，每层一种颜色，一种线型，不要轻易改变，做到心中有数。尽量保持对象的属性和图层的一致，也就是说尽可能的对象属性都是 Bylayer。0 层一般不用来画图，主要是用来定义块的。

5）外部参照是把已有的图形文件像块一样插入到图形中，但外部参照不同于图块插入，在插入图块时插入的图形对象作为一个独立的部分存在于当前图形中，与原来的图形文件失去了关联性。在使用外部参照的过程中，那些被插入的图形文件的信息并不直接加入到当前的图形文件中，而只是记录引用的关系，对当前图形的操作也不会改变外部引用的图形文件的内容。只有学生打开有外部引用的图形文件时，系统才自动把各外部引用图形文件重新调入内存，且该文件能随时反映引用文件的最新变化。

6）图块以及外部参照的修改方法：直接单击或双击要改变的图块及外部参照，然后确定，即可进入参照编辑模式。在此模式中，可任意修改块内对象的属性，或编辑对象。修改好后单击"参照编辑"中的"将修改保存到参照"，若不需要保存修改则单击"放弃对参照的修改"。单击确认回到作图模型。需注意的是，在本图中所用外部参数的图样修改后，外部参照图即底图也会跟着修改。所以，外部参数图样的修改要慎用。

练习

1. 填空题

1）在中望 CAD 中，可用_____和_____命令以对话框的形式来定义块。

2）可以利用图块插入功能绘制多个图块的图形，然后再将其定义为一个图块，这样该图块成为一个_____图块。

2. 选择题

1）要使插入的图块具有当前图层的特性，具有当前图层的颜色和线型，则需要在_____层上生成该图块。

A. 非 0　　　　　　　　　B. 0　　　　　　　　　C. 当前

2）中望 CAD 允许将已经定义的图块插入到当前的图形文件中。在插入图块（或文件）时，必须确定 4 组特征参数，即要插入的图块名、插入点位置、插入比例系数和_____。

A. 插入图块的旋转角度　　　B. 插入图块的坐标　　　C. 插入图块的大小

3. 综合题

1）把图 9-25 中的各种沙发、餐桌做成图块，并予以属性定义。

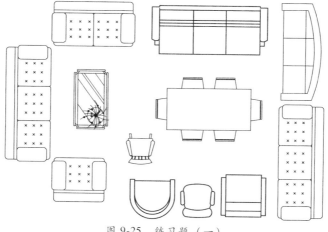

图 9-25　练习题（一）

2）先把图 9-26C 型住宅平面图中的汽车、电视柜、钢琴、餐桌做成图块，插入到图 9-26 中。另外将床、沙发等图块也插入到图 9-26 中。

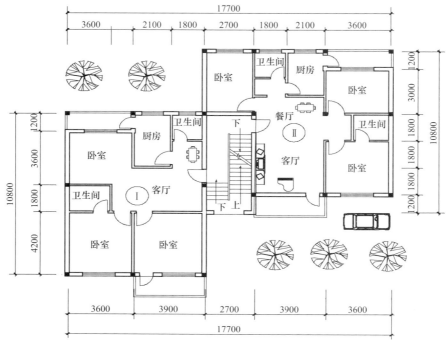

图 9-26　练习题（二）

10

项目 10
打印和发布图样

本课导读

　　输出图形是计算机绘图中的一个重要的环节。在中望 CAD 中，图形可以从打印机输出为纸制的图样，也可以用软件的自带功能输出为电子档的图样。在这些打印或输出的过程中，参数的设置是十分关键的，本项目将具体介绍如何进行图形打印和输出，重点讲解打印过程中的参数设置。

项目要点

- 图形输出
- 打印和打印参数设置
- 输出 PDF 文件格式
- 布局空间

任务 10.1　设置图形输出

输出功能是将图形转换为其他类型的图形文件，如 BMP、WMF 等，以达到和其他软件兼容的目的。

运行方式

命令行：Export（EXP）

功能区："输出"→"输出"→"输出"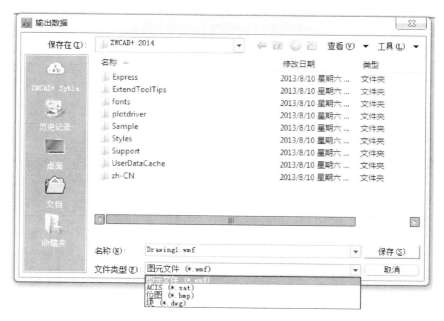

打开"输出数据"对话框，如图 10-1 所示。通过该对话框将当前图形文件输出到所选取的文件类型。

图 10-1　"输出数据"对话框

由输出对话框中的文件类型可以看出中望 CAD 的输出文件有 4 种类型，都为图形工作中常用的文件类型，能够保证与其他软件的交流。使用输出功能的时候，会提示选择输出的图形对象，在选择所需要的图形对象后就可以输出了。输出后的图样与输出时中望 CAD 中绘图区域里显示的图形效果是相同的。需要注意的是在输出的过程中，有些图形类型发生的改变比较大，中望 CAD 不能够把类型改变较大的图形重新转化为可编辑的 CAD 图形格式。如果将BMP 文件读入后，仅作为光栅图像使用，不可以进行图形修改操作。

任务 10.2　打印和打印参数设置

10.2.1　打印界面

在完成某个图形绘制后，为了便于观察和实际施工制作，可将其打印输出到图样上。在打印的时候，首先要设置打印的一些参数，如选择打印设备、设定打印样式、指定打印区域等，这些都可以通过打印命令调出的对话框来实现。

运行方式

命令行：Plot

功能区："输出"→"打印"→"打印"

工具栏："标准"→"打印" 🖶

如图 10-2 所示，设定相关参数，打印当前图形文件。

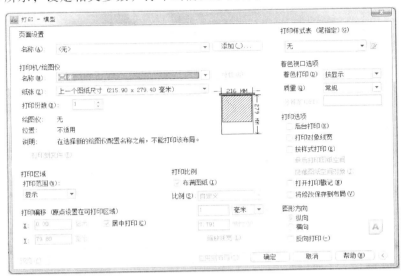

图 10-2　"打印"对话框

10.2.2　打印机设置

在"打印机/绘图仪"区域，如图 10-3 所示，可以选择输出图形所要使用的打印设备、纸张大小、打印份数等设置。

若学生要修改当前打印机配置，可单击名称后的"特性"按钮，打开"绘图仪配置编辑器"对话框，如图 10-4 所示。在该对话框中可设定打印机的输出设置，如介质、图形、自定义图样尺寸等。

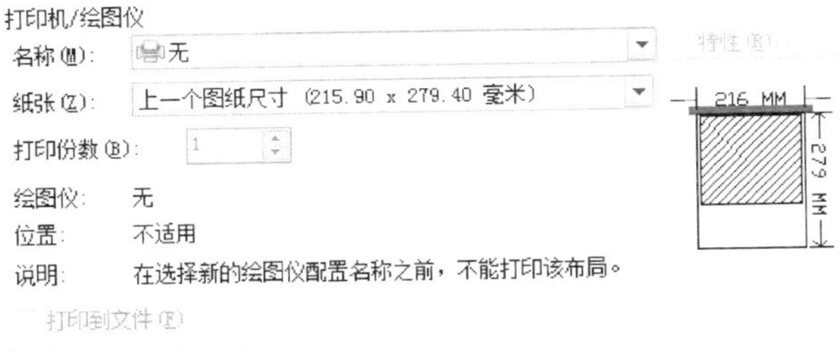

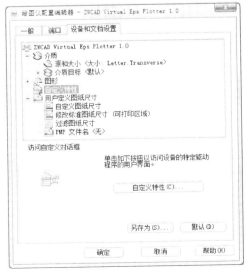

图 10-3　打印机/绘图仪设置

图 10-4　绘图仪配置编辑器

该对话框中包含了 3 个选项卡，其含义分别如下：

一般：在该选项卡中查看或修改打印设备信息，包含了当前配置的驱动器信息。

端口：在该选项卡中显示适用于当前配置的打印设备的端口。

设备和文档设置：在该选项卡中设定打印介质、图形设置等参数。

10.2.3 打印样式表

打印样式用于修改图形打印的外观。图形中每个对象或图层都具有打印样式属性，通过修改打印样式可改变对象输出的颜色、线型、线宽等特性。如图 10-5 所示，在打印样式表对话框中可以指定图形输出时所采用的打印样式，在下拉列表框中有多个打印样式可供选择，也可单击"编辑"按钮对已有的打印样式进行改动，如图 10-6 所示，或在下拉样式中通过"新建"设置新的打印样式。

图 10-5 打印样式表设置

中望 CAD 中，打印样式分为以下两种：

（1）颜色相关打印样式 该种打印样式表的扩展名为"ctb"，可以将图形中的每个颜色指定打印的样式，从而在打印的图形中实现不同的特性设置。颜色现定于 255 种索引色，真彩色和配色系统在此处不可使用。使用颜色相关打印样式表不能将打印样式指定给单独的对象或者图层。使用该打印样式的时候，需要先为对象或图层指定具体的颜色，然后在打印样式表中将指定的颜色设置为打印样式的颜色。指定了颜色相关打印样式表之后，可以将样式表中的设置应用到图形中的对象或图层。如果给某个对象指定了打印样式，则这种样式将取代对象所在图层所指定的打印样式。

（2）命名相关打印样式 根据在打印样式定义中指定的特性设置来打印图形，命名打印样式可以指定给对象，与对象的颜色无关。命名打印样式的扩展命为"stb"。

图 10-6 打印样式表编辑器

10.2.4 打印区域

如图 10-7 所示，"打印区域"栏可设定图形输出时的打印区域，该栏中各选项含义如下：

窗口：临时关闭"打印"对话框，在当前窗口选择矩形区域，然后返回对话框，打印选取的矩形区域内的内容。此方法是选择打印区域最常用的方法，由于选择区域后一般情况下希望布满整张图纸，所以打印比例会选择"布满图纸"选项，以达到最佳效果。但这样打印出来的图样比例很难确定，常用于比例要求不高的情况。

范围：打印当前视口中除了冻结图层中的对象之外的所有对象。在布局选项卡上，打印图纸空间中的所有几何图形。打印之前系统会

图 10-7 打印区域设置

重新生成图形以便重新计算图形范围。

图形界限：在打印"模型"选项卡中的图形文件时，打印图形界限所定义的绘图区域。

显示：打印当前视图中的内容。

10.2.5 设置打印比例

"打印比例"区域中可设定图形输出时的打印比例，如图 10-8 所示。在"比例"下拉列表框中可选择出图的比例，如 1 : 1，同时可以用"自定义"选项，在下面的框中输入比例换算方式来达到控制比例的目的。"布满图纸"则是根据打印图形范围的大小，自动布满整张图纸。"缩放线宽"选项是在布局中打印的时候使用的，勾选该项后，图纸所设定的线宽会按照打印比例进行放大或缩小，而未勾选则不管打印比例是多少，打印出来的线宽就是设置的线宽尺寸。

图 10-8 设置打印比例

10.2.6 打印方向

在"图形方向"栏中可指定图形输出的方向，如图 10-9 所示。因为图样制作会根据实际的绘图情况来选择图样是纵向还是横向，所以在图样打印的时候一定要注意设置图形方向，否则图样打印出来可能会出现部分超出纸张的图形无法打印出来的情况。

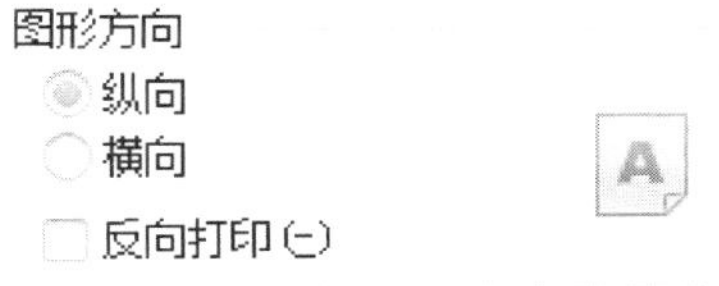

图 10-9 图形打印方向设置

该栏中各选项的含义如下：

纵向：以图纸的短边作为图形页面的顶部定位并打印该图形文件。

横向：以图纸的长边作为图形页面的顶部定位并打印该图形文件。

反向打印：控制是否上下颠倒地定位图形方向并打印图形。

10.2.7 其他选项

（1）指定偏移位置　指定图形打印在图纸上的位置。可通过分别设置 X（水平）偏移和 Y（垂直）偏移来精确控制图形的位置，也可通过设置"居中打印"，使图形打印在图纸中间。

打印偏移量是通过将标题栏的左下角与图纸的左下角重新对齐来补偿图纸的页边距。可以通过测量图纸边缘与打印信息之间的距离来确定打印偏移，如图 10-10 所示。

（2）着色视口选项　指定视图的打印方式。如果要为图纸空间中的视口指定此设置，请选中该视口，然后在"特性"选项板中设置着色打印的方式，如图 10-11 所示。

图 10-10 打印偏移设置

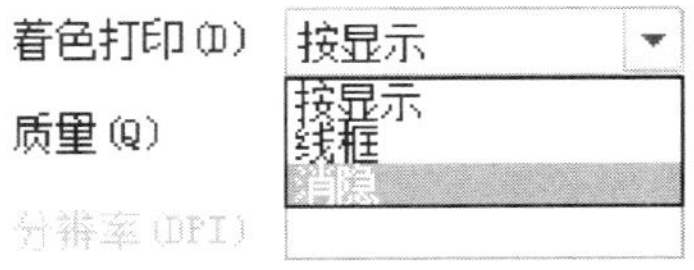

图 10-11 着色视口选项

该列表栏中各选项的含义如下：

消隐打印：按照消隐打印模式打印对应视口中的对象，该模式下打印对象会消除隐藏线。

线框打印：按照二维线框模式打印对应视口中的对象。

按显示打印：按屏幕上的显示方式打印对象。

质量：指定着色视口的打印分辨率。只有在"着色打印"框中选择了"按显示"后，此选项才可用。

草稿：在线框中打印着色模型空间视图。

预览：将着色模型空间视图的打印分辨率设置为当前设备分辨率的 1/4，最大值为 150 DPI。

常规：将着色模型空间视图的打印分辨率设置为当前设备分辨率的 1/2，最大值为 300 DPI。

演示：将着色模型空间视图的打印分辨率设置为当前设备的分辨率，最大值为 600 DPI。

最大值：将着色模型空间视图的打印分辨率设置为当前设备的分辨率，不存在最大值。

自定义：选择此项，可在"分辨率（DPI）"框中设置着色模型空间视图的打印分辨率，最大可为当前设备的分辨率。

分辨率（DPI）：指定着色视图的分辨率大小，最大可为当前设备的分辨率。只有在"质量"框中选择了"自定义"后，此选项才可用。

（3）设置打印选项　打印过程中还可以设置一些打印选项在需要的情况下使用，如图10-12所示。各个选项表示的内容如下：

后台打印：在后台打印图样，是否后台打印由系统变量 BACKGROUNDPLOT 控制。

打印对象线宽：将打印指定给对象和图层的线宽。

按样式打印：以指定的打印样式来打印图形。指定此选项将自动打印线宽。如果不选择此选项，将按指定给对象的特性打印对象而不是按打印样式打印。

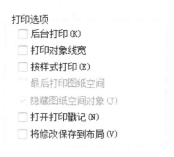

图 10-12　设置打印选项

最后打印图纸空间：首先打印模型空间几何图形。一般情况下先打印图纸空间几何图形，然后再打印模型空间几何图形。

隐藏图纸空间对象：选择此项后，打印对象时消除隐藏线，不考虑其在屏幕上的显示方式。此选项仅在布局选项卡中可用。

打开打印戳记：使用打印戳记的功能。

将修改保存到布局：将在"打印"对话框中所做的修改保存到布局中。

（4）预览打印效果　在图形打印之前使用预览框可以提前看到图形打印后的效果，这将有助于对打印的图形及时修改。如果设置了打印样式表，预览图将显示在指定的打印样式设置下的图形效果。

在预览效果的界面下，单击鼠标右键在弹出的快捷菜单中单击"打印"选项，可直接在打印机上出图。也可以退出预览界面，在"打印"对话框上单击"确定"按钮出图，如图10-13 所示。

要经过上面一系列的设置后，才可以在打印机上正确地输出需要的图样。这些设置是可以保存的，在"打印"对话框最上面有"页面设置"选项，可以新建页面设置的名称来保存所有的打印设置。另外，中望 CAD 还提供从图纸空间出图，图纸空间会记录下设置的打印参数，用这种方法打印是最方便的选择。

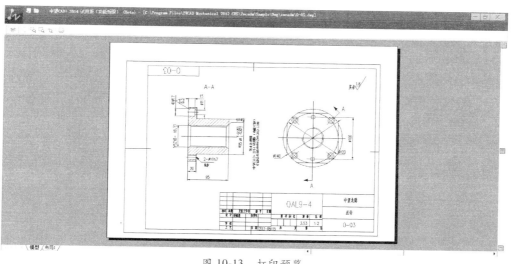

图 10-13　打印预览

任务 10.3　设置其他格式打印

除了使用传统的绘图仪（或打印机）设备打印以外，随着软件的发展，打印的形式也变得更多样化。很多时候不一定要用纸张的方式来打印，接下来将为大家介绍使用其他格式的打印。

10.3.1　打印 PDF 文件

在 CAD 图样的交互过程中，有时候需要将 DWG 图样转换为 PDF 文件格式。中望 CAD 版本中已自带 PDF 打印驱动，不必下载驱动就能够实现 DWG 图样与 PDF 格式文件的转换。

打开一张 CAD 图样，选择已配置的 PDF 文件打印驱动程序，将图样打印成 PDF 格式文件，具体操作步骤如下：

1）中望 CAD 界面功能区，单击"输出"→"打印"，打开"打印"对话框。

2）在"打印机/绘图仪"选项组的"名称"栏下拉菜单中选择"DWG To PDF.pc5"配置选项，如图 10-14 所示。

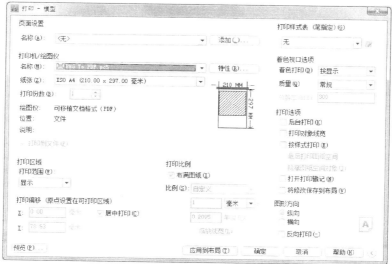

图 10-14　选择 PDF 打印驱动程序

201

3）单击"确定"按钮，弹出"浏览打印文件"对话框。在该对话框中指定 PDF 文件的文件名和保存路径，单击"保存"按钮，即将图样打印为 PDF 文件格式。

注意：

1）如果打印的图样包含多个图层，将其输出为 PDF 文件格式的同时，PDF 打印功能支持将图层信息保留到打印的 PDF 文件中。打开生成的 PDF 文件，即可以在 PDF 文件中通过打开或关闭原 DWG 文件的图层来进行浏览，如图 10-15 所示。这样就可以根据看图时的需要，隐藏一些不需要的图层，方便图样的查看。

2）通过中望自带 PDF 打印驱动程序输出的 PDF 文件，需要使用 Adobe Reader R7 或更高版本来查看，如果操作系统是 Microsoft Windows 7，则需要安装 Adobe Reader 9.3 或以上版本。

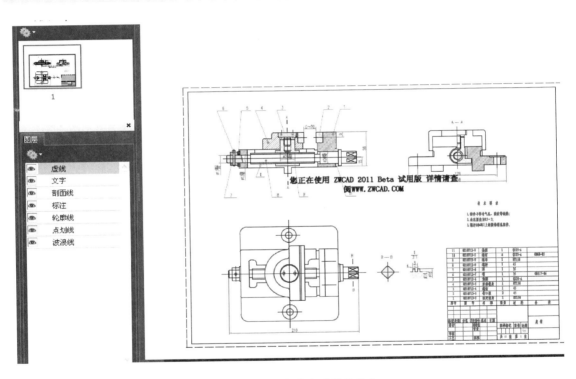

图 10-15　PDF 文件中的图层信息

10.3.2　打印 DWF 文件

DWF 文件是一种不可编辑的安全的文件格式，优点是文件更小便于传递，可以使用这种格式的文件在互联网上发布图形。在中望 CAD 版本中已自带 DWF 打印驱动，可直接使用中望 CAD 自带驱动程序来打印 DWF 格式的文件。

打印 DWF 文件的操作步骤如下：

1）中望 CAD 界面功能区，选择"输出"→"打印"，打开"打印"对话框。

2）在"打印机/绘图仪"选项组的"名称"栏下拉菜单中选择"DWF6 ePlot.pc5"配置选项，如图 10-16 所示。

3）单击"确定"按钮，弹出"浏览打印文件"对话框。在该对话框中指定 DWF 文件的

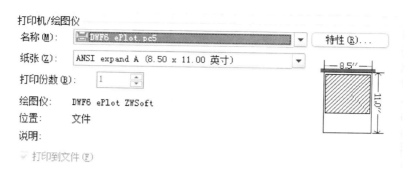

图 10-16　选择 DWF 打印驱动程序

文件名和保存路径，单击"保存"按钮，将图样打印为 DWF 文件格式。

10.3.3　以光栅文件格式打印

中望 CAD 还支持打印成若干种光栅文件格式，包括 BMP、JPEG、PNG、TIFF 等。如果要将图形打印为光栅文件格式，首先要在"新建绘图仪"配置中添加打印驱动程序。

1. 配置光栅文件驱动程序

以 JPEG 格式为例，打印驱动程序配置步骤如下：

1）中望 CAD 的 Ribbon 界面输出功能区，单击"输出"→"打印"选项，打开"打印"对话框。

2）在"打印机/绘图仪"选项组的"名称"栏下拉菜单中选择"新建绘图仪"选项，如图 10-17 所示。

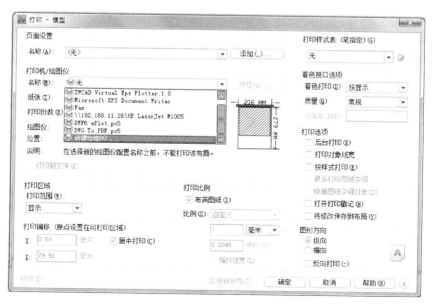

图 10-17　选择"新建绘图仪"

3）打开"添加绘图仪-开始"对话框，单击"下一步"按钮。进入"添加绘图仪-开始"对话框，如图 10-18 所示。单击"我的电脑"选项，单击"下一步"按钮。

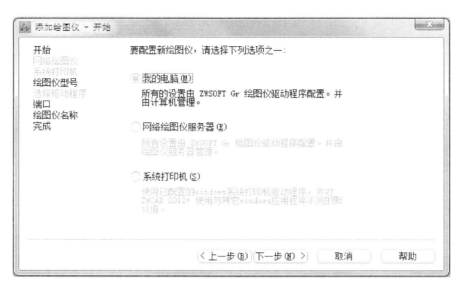

图 10-18 "添加绘图仪-开始" 对话框

4）打开"添加绘图仪-绘图仪型号"对话框，在"生产商"列表框中选择"光栅文件格式"，在"型号"中选择"JPEG"项，如图 10-19 所示，单击"下一步"按钮。

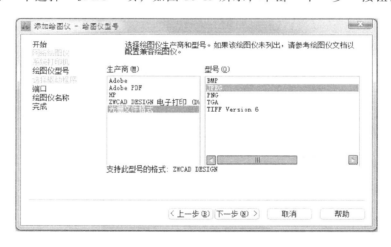

图 10-19 "添加绘图仪-绘图仪型号" 对话框

5）在"添加绘图仪-端口"和"添加绘图仪-绘图仪名称"对话框中，可按照默认选项配置。配置完成后，进入"添加绘图仪-完成"对话框，如图 10-20 所示，单击"完成"按钮，退出添加绘图仪向导，完成 JPEG 文件打印驱动程序的配置。

2. 打印光栅文件

以 JPEG 格式为例，打印光栅文件步骤如下：

1）打开"打印"对话框。

2）在"打印机/绘图仪"选项组的"名称"栏下拉菜单中，选择手动添加"JPEG.pc5"配置选项，如图 10-21 所示。

3）单击"确定"按钮，弹出"浏览打印文件"对话框。在该对话框中指定 JPEG 文件的文件名和保存路径，单击"保存"按钮，将图样打印为 JPEG 文件格式。

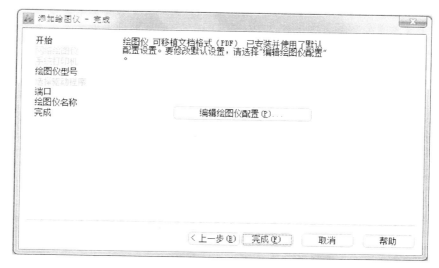

图 10-20 "添加绘图仪-完成" 对话框

图 10-21 JPEG 格式的打印配置

任务 10.4 布局空间设置

中望 CAD 的绘图空间分为模型空间和布局空间两种，前面介绍的打印是在模型空间中的打印设置，而在模型空间中的打印只有在打印预览的时候才能看到打印的实际状态，而且模型空间对于打印比例的控制不是很方便。从布局空间打印可以更直观地看到最后的打印状态，图纸布局和比例控制更加方便。

10.4.1 布局空间

模型空间是完成绘图和设计工作的工作空间。使用在模型空间中建立的模型可以完成二维或三维物体的造型，并且可以根据需求用多个二维或三维视图来表示物体，同时配有必要的尺寸标注和注释等来完成所需要的全部绘图工作。在模型空间中，可以创建多个不重叠的（平铺）视口以展示。

图纸空间是切换到布局选项卡的时候使用的，在布局空间中创建的每个视图或者布局视口都是在模型空间中绘制图形的其中一个窗口，可以创建单个视口，也可创建多个视口。可将布局视图放置在屏幕上的任意位置，视口边框可以是可接触的，也可以是不可接触的，多个视口中的图形可以同时打印。布局空间并不是打印图样必须的设置，但是它为设计图形的打印提供了很多便捷之处。

运行方式

命令栏：Layout

工具栏："布局"→"新建布局"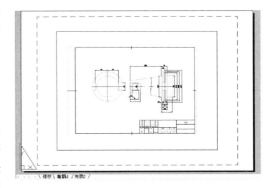

图 10-22 所示是一个图纸空间的运用效果，与模型空间最大的区别是图纸空间的背景是所要打印的白纸的范围，与最终的实际纸张的大小是一样的，图纸安排在这张纸的可打印范围内，这样在打印的时候就不需要再进行打印参数的设置就可以直接出图。

图 10-22　图纸空间示例

10.4.2　从样板中创建布局

在"布局"选项卡的右键菜单中选择"来自样板"，将直接从 DWG 或 DWT 文件中输入布局。可利用现有样板中的信息创建新的布局。

系统提供了样例布局样板，以供设计新布局环境时使用。现有样板的图纸空间对象和页面设置将用于新布局中，这样将在图纸空间中显示布局对象（包括视口对象）。可以保留从样板中输入的现有对象，也可以删除对象。在这个过程中不能输入任何模型空间对象。

系统提供的布局样板文件的扩展名为".dwt"。来自任何图形或图形样板的布局样板或布局都可以输入到当前图形中。

1）单击"布局"工具栏中的"来自样板的布局"按钮。

2）在"从文件中选择模板"对话框中，选择需要的样板文件，然后单击"打开"按钮，如图 10-23 所示。

3）在"插入布局"对话框中，选择要插入的布局，如图 10-24 所示，然后单击"确定"按钮。可以按住<Ctrl>键选择多个布局。

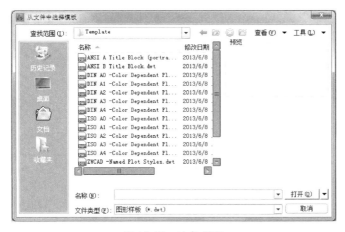

图 10-23　选择模板

图 10-24　插入布局

10.4.3　浮动视口

在构造布局图时，可以将浮动视口视为图纸空间的图形对象，并对其进行移动和调整。

浮动视口可以相互重叠或分离。

1. 运行方式

命令行：Mview

2. 操作步骤

在命令行中输入浮动视口命令，系统出现以下信息：

指定视口的角点或[开(ON)/关(OFF)/布满(F)/着色打印(S)/锁定(L)/对象(O)/多边形(P)/恢复(R)/2/3/4]<布满>：

指定一个点，或输入选项，或按回车键。

各选项的说明如下：

开（ON）：将选定的视口激活，使其成为活动视口。活动视口中将显示模型空间中绘制的对象。每次可激活的最大视口数由系统变量 MAXACTVP 控制。若图形中的活动视口超过 MAXACTVP 中指定的数目，系统将自动关闭其他视口，以指定的视口数目显示。

关（OFF）：使选定的视口处于非活动状态，不能显示模型空间中绘制的对象。可选择一个或多个视口关闭。

布满（F）：创建视口，该视口从布局图纸的页边距边缘开始布满整个布局显示区域。

着色打印（S）：设置布局空间中确定视口的打印方式，目前支持"线框"和"消隐"两种模式。选择确定指定视口后，可以通过"特性"栏修改，或通过右键菜单设置。

锁定（L）：锁定选取的视口，禁止修改选定视口中的缩放比例因子。

对象（O）：选择要剪切视口的对象以转换到视口中，这里的对象可以是闭合的多段线、椭圆、样条曲线、面域或圆。闭合的多段线必须至少包含三个顶点。

多边形（P）：通过指定多个点来创建多边形视口。

恢复（R）：通过指定矩形的第一点和对角点来创建新的矩形视口，或将整个绘图区域分割为两个大小相等的视口。

在布局中指定起点。通过指定点，创建闭合的多边形，如封闭多段线、圆、椭圆等，即可创建出多边形浮动视口。但必须包含至少 3 个顶点，绘制出来的多段线将自动闭合成为不规则的多边形视口，如图 10-25 所示。

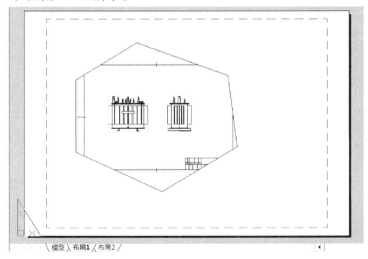

图 10-25　多边形视口

下面介绍如何在布局中建立视口。在模型空间绘制好需要的图形后，单击状态栏上的 **布局1** 按钮，进入图纸空间界面，如图 10-26 所示。在界面中有一张打印用的白纸示意图，纸张的大小和范围已经确定，纸张边缘有一圈虚线表示的是可打印的范围，图形在虚线内可以在打印机上打印出来，超出的部分则不会被打印。

单击"输出"选项卡中的"打印"面板里的"页面设置管理器"按钮，进入页面设置管理器对话框，如图 10-27 所示，单击"修改"按钮，进入"打印设置"对话框。这个对话框和模型空间里用打印命令调出的对话框非常相近，在这个对话框中设置好打印机名称、纸张、打印样式等内容后，单击"确定"保存设置。注意把比例设置为 1∶1，这样打印出图形的比例会很好控制，如图 10-28 所示。

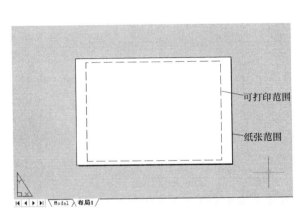

图 10-26　进入图纸空间

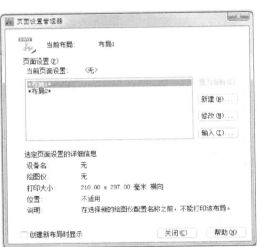

图 10-27　页面设置管理器

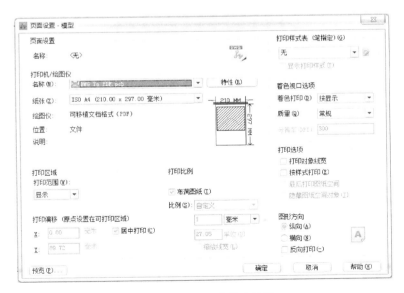

图 10-28　页面设置对话框

在"视图"选项卡"视口"面板中单击"矩形"按钮，在图纸空间中选取两点以确定矩形视口的范围，模型空间中的图形就会在这个视口中反映出来，如图 10-29 所示。

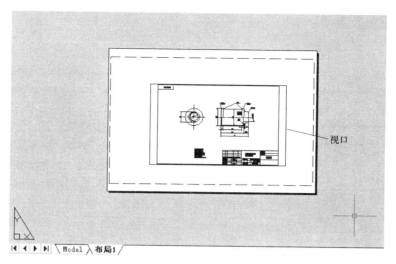

图 10-29 在图纸空间中建立视口

注意：

在图纸空间中无法编辑模型空间中的对象，如果要编辑模型，必须激活浮动视口，进入浮动模型空间后才能编辑模型。

10.4.4 视口编辑

下面介绍一下如何对视口进行编辑。

1. 使用夹点编辑非矩形视口

非矩形视口如同其他几何对象一样，如图 10-30 所示，在被选中之后，同样会在视口的关键点上显示夹点，可使用夹点模式改变非矩形视口的形状，如同编辑其他几何对象一样对视口进行编辑，例如移动、旋转、缩放等，如图 10-31 所示。

在创建不规则视口时，可计算选定对象所在的范围，然后在这一范围的边界角点上放置视口对象。由于边界的形状不同，有些几何图形不能在不规则视口内完全显示。

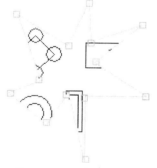

图 10-30 原多边形视口

2. 激活浮动视口

激活浮动视口的方法有多种。双击浮动视口区域中的任意位置即可激活选中的视口进行编辑。还可使用 Mspace 命令或单击"模型或图形空间"按钮。

3. 删除浮动视口

选中浮动视口边界，然后按<Delete>键即可删除浮动视口。

4. 调整视口

要调整视口的大小，可以选中浮动视口边界，此时矩形四角出现夹点，选中夹点拖动鼠标即可改变浮动视口的大小。如需改变浮动视口的位置，可以直接将鼠标放在浮动视口边界上，按下鼠标拖动即可改变视口位置。

在非矩形视口中缩放或平移时，将按视口的边界实时剪裁模型空间中的几何图形。若是在矩形视口中进行缩放或平移，视口边界之外的几何图形将不显示。如果在不规则视口中的剪

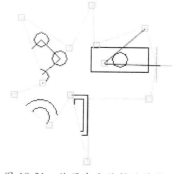

图 10-31 使用夹点编辑后的视口

209

裁对象上使用 Zoom 命令的"范围"选项，系统将根据剪裁边界的范围进行缩放，并非视口中所有的几何图形都可见。

5. 裁剪视口对象

在"布局"选项卡中修剪指定的视口，调整视口边界形状，使它与绘制的边界一致。

以指定的剪裁对象为视口的边界来修剪视口的外观。可以选择的剪裁对象有闭合多段线、圆、椭圆、闭合样条曲线和面域。将选定的视口以绘制的多边形（包括直线和圆弧段）外观进行剪裁。

6. 调整打印比例

在出图时要调整出图的打印比例，选中视口框，在"特性"对话框中的"标注比例"栏调整打印比例，如图 10-32 所示。

7. 冻结视口

可以利用"图层特性管理器"对话框在一个视口中冻结某层，使处于该层的图形不显示，而且这样不会影响其他的窗口。如将第 7 层的标注层选为"冻结"，"7 标注层"行的当前视口图标 变为 。这时右边的窗口中的标注消失，但这并不影响其他窗口的显示，如图 10-33 和图 10-34 所示。

图 10-32　视口特性框

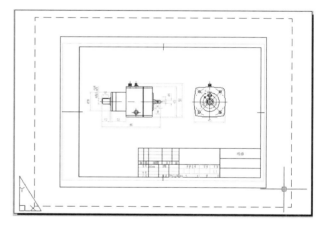

图 10-33　未冻结布局视口

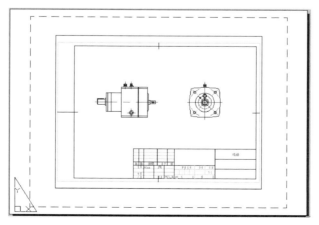

图 10-34　冻结标注层后的视口

注意：

如果不需要打印视口的边界，可以将视口边界单独放在一层中，然后冻结此层。

项目小结

本项目内容对于实际使用中望 CAD 工作的学生来说非常重要，打印能将设计好的电子文档转换为施工或制作的图样，是制图过程中的最后一步操作。

本项目介绍了输出功能、打印功能。其中打印功能基本分为从模型空间中打印和从图纸空间中打印，如果对打印的要求不是很高，学生可以选择使用从模型空间中打印。从图纸空间打印的最大优势是对图纸的位置和比例控制得好，并且操作直观，现在越来越多的设计师使用从图纸空间打印，虽然从图纸空间打印的设置会复杂一些，但设置好后会比从模型空间打印更简单、更实用。

练习

1. 填空题

1）中望 CAD 中，打印样式分为颜色相关打印样式和_____两类。

2）在中望 CAD 模型空间中打印区域分为窗口、_____、_____和_____ 4 种方式。

2. 选择题

1）如果从模型空间打印一张图，打印比例 10∶1，那么想在图样上得到 3mm 高的字，应在图形中设置的字高为（   ）？

A. 3mm   B. 0.3mm   C. 30mm   D. 10mm

2）中望 CAD 中的绘图空间可分为（   ）。

A. 模型空间   B. 图纸空间   C. 发布空间   D. 打印空间

3）当布局中包括多个视口时，每个视口的比例（   ）。

A. 可以相同   B. 可以不同   C. 必须相同   D. 需要确定

3. 综合题

将一个 DWG 格式文件打印为 PDF 格式文件。

11

项目 11
数据交换与 Internet 应用

本课导读

图形不是完全孤立存在的，要使图形和其他文档中的数据交互使用，中望 CAD 提供嵌入其他软件对象的功能，例如将一个中望 CAD 图形插入 Word 文档中，或是将一张 Excel 的电子数据表插入中望 CAD 图形中。将中望 CAD 图形调入其他软件或是将其他程序的文档调入中望 CAD 图形中，既可以使用链接也可以使用嵌入，还可将中望 CAD 图形存成其他文件格式以便其他软件直接读取。

本项目还介绍中望 CAD 与 Internet 有关的功能，学生可以创建和使用超链接、创建与图形有关的传递集及最新的云互联和云存储。

项目要点

- 插入 OLE 对象
- 选择性粘贴
- 创建超链接
- 电子传递
- 云互联

任务 11.1 嵌入对象

11.1.1 插入 OLE 对象

可以通过使用嵌入或链接将其他软件数据调入中望 CAD 图形中。选择的方法依赖于想要调入中望 CAD 图形的对象或文件类型，以及调入后将对之做何种操作。

1. 运行方式

命令行：Insertobj（IO）

功能区："插入"→"数据"→"OLE 对象"

工具栏："插入"→"OLE 对象" ▦

在当前图形文件中插入 OLE 对象，包括链接对象和内嵌对象。

2. 操作步骤

插入 OLE 对象有两种方法，一种是直接嵌入新建的对象，另一种是选择一个已有的对象嵌入。

（1）创建一个新的嵌入对象 执行 Insertobj 命令后，系统打开"插入对象"对话框，如图 11-1 所示。

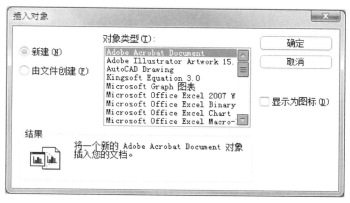

图 11-1 "插入对象"对话框

具体操作步骤如下：

1）在"插入对象"对话框中，选择"新建（N）"项。

2）从"对象类型（T）"列表中，选择想要创建对象的类型，然后单击"确定"按钮，与所选择的对象类型匹配的应用程序将会启动。如果选择了 Microsoft Office Excel 2007，Excel 程序将会自动启动。

3）在开启的应用程序中，创建所需要的内容。

4）退出该应用程序，返回中望 CAD，新的对象已插入中望 CAD 图形中。

（2）嵌入一个已有的文件 如果要选择现有文件，可单击"由文件创建（F）"按钮，如图 11-2 所示。

具体操作步骤如下：

1）指定要嵌入的对象文件。通过在对话框"文件（E）"中输入一个路径和文件名，或单击"浏览（B）"通过浏览对话框这两种方式指定一个对象文件。

2）如果使用浏览的方式，系统打开"浏览"对话框，如图 11-3 所示。

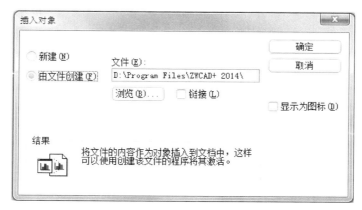

图 11-2　插入对象"由文件创建（F）"对话框

图 11-3　插入对象"浏览（B）"的对话框

3）找到相应的文件，然后单击"打开"按钮。

4）还可以选择在中望 CAD 中只显示图标，或者显示具体的对象数据。若想只显示图标，勾选上"显示为图标"项。

5）选择好对象后单击"确定"按钮即可在中望 CAD 中嵌入对象。

图 11-1 和 11-2 中的各选项含义和功能说明如下：

新建：开启"对象类型"列表，创建新类型的对象插入到当前图形文件。

对象类型：列表显示支持链接和嵌入的可用应用程序。要创建嵌入对象，双击打开应用程序。开启的应用程序中将"文件-保存"选项替换为新的"更新"选项。选择"更新"可以将对象插入图形或更新此对象。

由文件创建：指定要链接或嵌入的文件。可以单击"浏览"按钮从计算机中选择要链接或嵌入的文件。

链接：创建到选定文件的链接。

结果：显示当前操作的结果。

显示为图标：勾选上此项，在图形文件中显示源应用程序的系统图标。双击该图标可显示链接或嵌入信息。

注意：

1）在中望 CAD 图形中可以对嵌入的对象进行拖动或缩放操作，从而改变其位置或大小。

2）学生还可以直接用复制<Ctrl+C>、粘贴<Ctrl+V>的方法嵌入对象。选择想要嵌入的数据后，直接将数据复制放入剪贴板。在中望 CAD 中粘贴剪贴板中的数据作为一个嵌入对象被粘贴到图形中。

3）使用 Rotate 命令旋转对象时，OLE 对象不随图形一起旋转。

11.1.2 选择性粘贴

将数据复制到剪贴板上时，系统会依据数据的类型以几种不同的数据格式保存它，然后在使用"选择性粘贴"命令将其粘贴到图形中时，选择所要使用的正确格式，使按照需要在图形中编辑数据。

1. 运行方式

命令行：Pastespec（PA）

功能区："常用" → "剪贴板" → "粘贴" → "选择性粘贴"

菜单："编辑" → "选择性粘贴（S）"

复制剪贴板上的数据将其插入到图形文件中，并设置复制后的数据格式。

2. 操作步骤

用 Pastespec 命令将 Excel 表格以中望 CAD 实体对象插入，具体操作步骤如下：

1）启动 Microsoft Excel 程序，创建一个电子表格，将其内容复制到 Windows 的剪贴板中。

2）打开中望 CAD 2014，单击功能区"常用" → "剪贴板" → "粘贴"下的"选择性粘贴"项，系统弹出图 11-4 所示对话框。

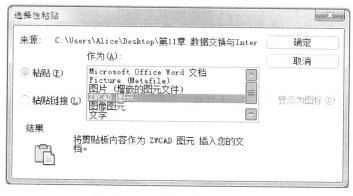

图 11-4 "选择性粘贴"对话框

3）选择 ZWCAD 图元项，然后单击"确定"按钮，被复制对象将以中望 CAD 实体的状态复制到中望 CAD 中。

图 11-4 中的各选项含义和功能说明如下：

来源：显示剪贴板上复制内容的来源文件名称。

粘贴：将剪贴板上的内容作为内嵌对象插入到当前图形文件中。

粘贴链接：将剪贴板上的内容粘贴到当前图形文件中，若复制的内容支持 OLE 链接，在粘贴后系统将在当前图形文件中创建与原文件的链接。

作为：选择一种格式，将剪贴板上的内容作为此格式粘贴到当前图形中。选择的每种格式的含义，都将在"结果"区域中显示。

结果：提示当前选中的内容会以什么形式被复制到中望 CAD 中。

显示为图标：勾选此项，复制到当前图形文件的即为应用程序图标的图片而不是数据。双击该图标即可查看并编辑数据，同时可更改显示的图标。选择"更改图标"，开启"更改图标"对话框。

注意：也可以在其他程序中使用选择性粘贴功能嵌入中望 CAD 图形。

任务 11.2　Internet 应用

11.2.1　创建超链接

1. 运行方式

命令行：Hyperlink<Ctrl+K>

功能区："插入"→"数据"→"超链接"

工具栏："插入"→"超链接"

超链接是将中望 CAD 图形对象与其他信息（如文字、数据表格、声音、动画）连接起来的有效工具。

2. 操作步骤

用 Hyperlink 命令给某个对象创建一个超链接，具体操作步骤如下：

1）在中望 CAD2014 中，选择功能区中"插入"→"数据"中的"超链接"，此时命令栏提示"选择对象"。

2）选择要创建超链接的对象后，系统弹出"编辑超链接"对话框，如图 11-5 所示。

3）在"链接到文件或 URL"项中输入本地文件的完整路径或 Internet 文件的完整 URL 地址，单击"确定"按钮，即可为对象创建超链接。

4）当要打开对象的超链接时，可以选中对象单击鼠标右键打开快捷菜单，选择"打开链接"，如图 11-6 所示。

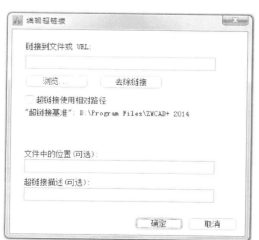

图 11-5　"编辑超链接"对话框

图 11-6　右键快捷菜单中的"打开链接"

217

图 11-5 中的各项含义和功能说明如下：

链接到文件或 URL：为选取的对象指定要链接的文件或 URL 地址。可直接在文本框输入链接的文件或 URL 地址，也可通过单击"浏览"按钮选择要链接的文件。

浏览：开启"选择超链接"对话框，从对话框中指定所选取的对象要链接到的文件。

去除链接：选择此项，可以消除选取对象的超链接。

超链接使用相对路径：选择此项，在存储时链接文件的完整路径不一起保存，系统将以 Hyperlinkbace 系统变量为图形中相对超链接文件指定存储的默认 URL 或路径。若未设置 Hyperlinkbace 系统变量，则按当前图形的路径设置相对路径。不选择此选项，则关联文件的完整路径和超链接一起存储。

超链接基准：显示超链接的创建程序名称以及保存位置。

文件中的位置：查找、选取或设置，超链接的创建程序名称以及保存位置。

超链接描述：指定超链接的提示说明。

> **注意**
>
> 插入超链接时，如果不输入本地文件的完整路径或 Internet 文件的完整 URL 地址，而直接按回车键，系统会默认创建链接到程序的安装目录，即"超链接基准"显示的路径。

11.2.2　电子传递

1. 运行方式

命令行：Etransmit

功能区："应用程序按钮"→"电子传递（T）"

菜　单："文件"→"电子传递"

电子传递命令就是提供与创建图形有关的所有文件、外部参照的传递集，即一起打包的功能，以方便在互联网上传递图形。

2. 操作步骤

用 Etransmit 命令将要发送的图形以及所有相关的文件一起打包，具体操作步骤如下：

1）打开中望 CAD 2014，在菜单"文件"中选择"电子传递"，此时弹出"创建传递"对话框，如图 11-7 所示。

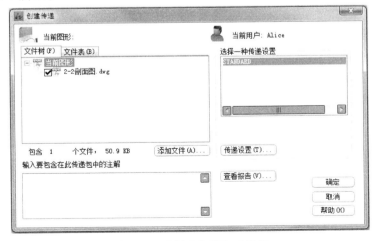

图 11-7　"创建传递"对话框

在"创建传递"对话框的"当前图形"选项区中，包含了"文件树"和"文件表"两个选项卡。其中"文件树"选项卡中以树状形式列出传递集中所包含的文件，"文件表"选项卡则显示了图形文件具体的保存位置、版本、日期等信息，如图 11-8 所示。

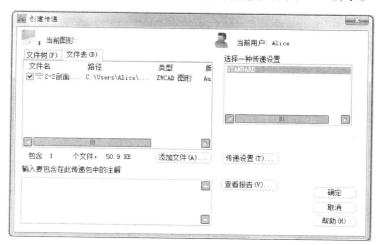

图 11-8 创建传递中"文件表"选择卡

2）也可以根据需要添加文件到传递集，单击"添加文件"按钮，选择要添加的文件后就单击"打开"按钮。

3）回到"创建传递"对话框，单击"确定"按钮，此时系统弹出"另存为"对话框，如图 11-9 所示。

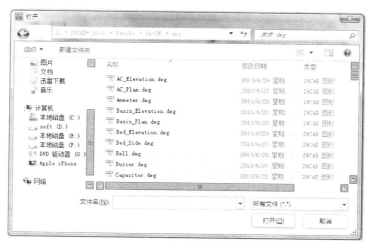

图 11-9 "另存为"对话框

4）自行指定传递集的位置、输入文件名称，再单击"保存"按钮，即可创建一个"Zip"或"Exe"格式的压缩包。

图 11-8 中的各选项含义和功能说明如下：

添加文件：开启"打开"标准文件选择对话框，可从中选择要包含在传递包中的文件。添加的图形文件，包含了与该文件关联的文件（包括外部参照、光栅图像等）。

传递设置：单击此按钮，开启"传递设置"对话框，通过此对话框可新建、修改、重命名或删除传递设置。

查看报告：单击此项，系统打开"查看传递报告"对话框，如图 11-10 所示。其中显示了包含在传递包中的所有报告信息，分别为传递报告、说明（输入的注解）、文件、源图形、无法定位的文件以及自动生成的分发说明等信息。在此报告中，还详细描述了使传递包正常工作所需要采取的步骤。

单击"另存为"按钮开启"另存为"对话框，将报告文件的副本以"TXT"文件格式保存在指定位置。

学生还可以指定传递设置，操作步骤如下：

1）单击"创建传递"对话框中的"传递设置"按钮，系统弹出"传递设置"对话框，如图 11-11 所示。

2）如果有保存的传递设置，从中选择并单击"确定"按钮，否则单击"新建"按钮，系统弹出"新传递设置"对话框，如图 11-12 所示。

3）输入新传递设置名，再单击"继续"按钮，系统弹出"修改传递设置"对话框，如图 11-13 所示。

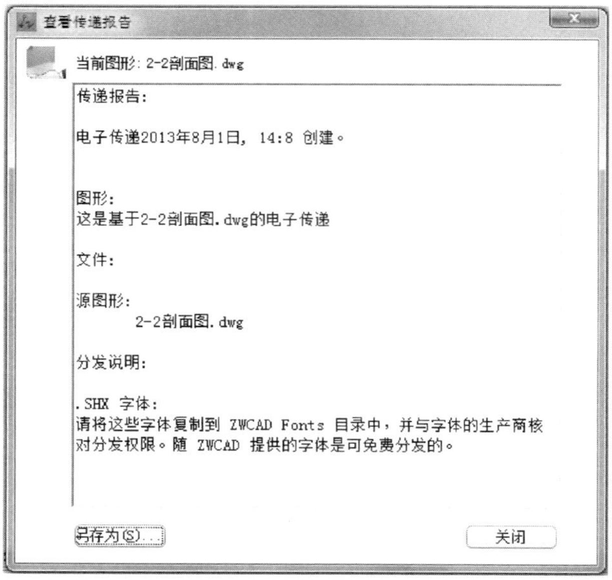

图 11-10 "查看传递报告"对话框

图 11-11 "传递设置"对话框

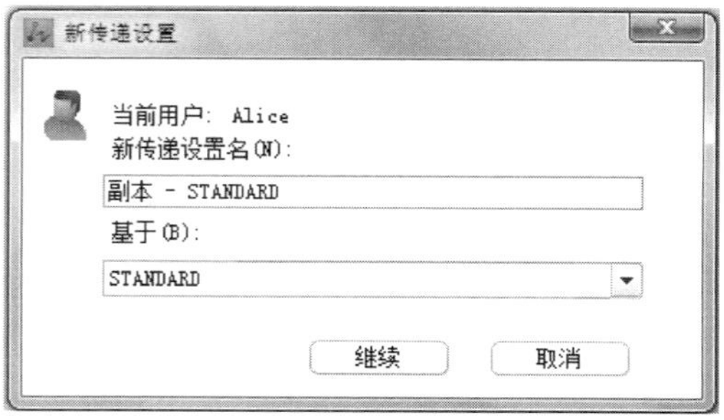

图 11-12 "新传递设置"对话框

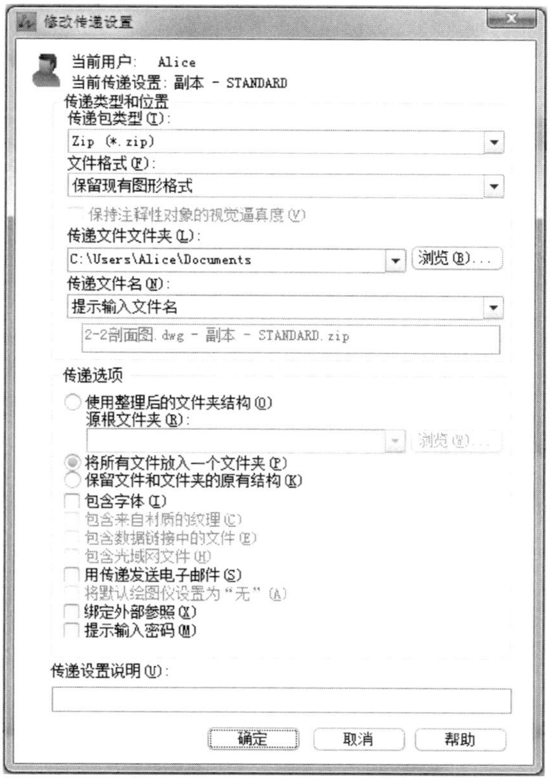

图 11-13 "修改传递设置"对话框

4）设置新的传递内容，单击"确定"按钮，回到"创建传递"对话框，再次单击"确定"按钮，系统会按新的设置创建传递集。

图 11-13 中的各选项含义和功能说明如下：

传递类型和位置：在此区域的相关选项，可以设置传递包的类型、文件格式、传递文件夹、传递文件名等内容。

传递选项：此区域相关选项用于设置传递集，如是否包括字体、是否传递发送电子邮件、是否绑带外部参照等。

传递设置说明：用于输入传递设置说明信息。

注意

电子传递功能并不包括通过超链接引用的文件，因此，如果要让超链接也正常工作，必须添加所有引用的文件。

11.2.3 云互联

1. 运行方式

命令行：Options

菜单："在线" → "在线文档" → "在线选项"

云互联是在"在线"选项卡中，控制是否启用云储存，选择云存储服务提供商以及设置自动文件同步的方式，如图 11-14 所示。

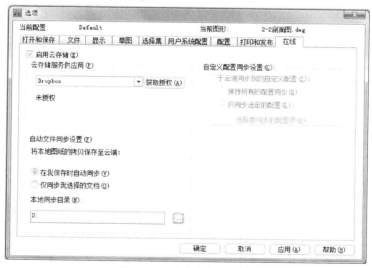

图 11-14 "在线"对话框

在"在线"选项卡中勾选"启用云存储"，并成功获取云存储服务供应商的授权后，本机桌面右下角将出现中望 CAD 云互联的运行图标，选中图标后单机鼠标右键，将可进行开始同步、停止同步、暂定同步和恢复同步的操作，如图 11-15 所示。

2. 操作步骤

1）在"选项"对话框中，选择"在线"选项卡，如图 11-14所示。

2）勾选"启动云存储"，在"云存储服务提供商"里选择一项，例如 Dropbox。

图 11-15 云存储的同步操作

3）单击"获取授权"，提示用学生名和密码登录，如图 11-16 所示。

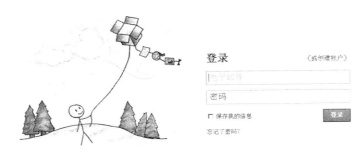

图 11-16　Dropbox 登录对话框

图 11-14 中的各选项含义和功能说明如下：

启用云存储：勾选"启用云存储"，云存储服务供应商和自动文件同步设置模块将启用。

云存储服务供应商：选择云存储服务提供商并获取授权。云存储当前支持哪些供应商由中望 CAD 云互联的配置模块动态检测获取。

获取授权：获取（或重新获取）当前云存储供应商的授权。如果未获取授权则显示为"未授权"，反之则显示学生名。显示的内容需要连接到已有的学生名或注册一个新的学生名。

自动文件同步设置：设置将本地图样的副本保存至云端的方式。

在我保存时自动同步：在保存本地文件时，自动同步到云端。

仅同步我选择的文档：仅同步学生指定的文档。

本地同步目录：指定当前云存储设备所对应的本地同步路径。

中望 CAD 云互联（Syble）用于保持学生本地目录与云存储设备之间的图形文件同步。若云端的图形文件被修改，本地的图形文件也会立即进行自动更新，学生始终能够在中望提供的各种客户端产品上浏览到最新的图形数据。同时，中望 CAD 云互联也将负责同步学生的自定义配置文件，并且在适当的时机将更新的配置部署到本机。

项目小结

1）学生如果对中望 CAD 的使用手册和命令有兴趣，也可以通过"帮助"获取更多信息。单击菜单"帮助"或新功能介绍，即可打开对应的界面。

2）学生也可以将中望 CAD 图形插入到其他程序中，下面提供 2 种插入到 Microsoft Word 的方法：

① 利用 Windows 操作系统的对象链接嵌入功能，将 DWG 的图形复制到剪贴板中，然后粘贴到 Microsoft Word 中。它的优点是随时可以双击粘贴过来的图形，在中望 CAD 中对其进行修改和编辑。

② 使用前一章提到的输出功能，将 DWG 的图形输出成 WMF 格式文件，然后到 Microsoft Word 中使用插入图片的方式，将 WMF 文件插入。

3）无论是采用对象链接嵌入或插入 WMF 文件的方法将 DWG 的图形合并到 Microsoft Word 中，都会发现除了主要的对象外，还有很多空白，这是因为除了选择的对象外，中望 CAD 实际上是连图形窗口都一并输入了，解决的方法是在输出前将图形调整到占满整个视窗。

练习

1）在中望 CAD 图形中，嵌入或链接一个图像文件。

2）创建一个文档的传递集。

3）启动并授权云存储。

4）将中望 CAD 与其他软件，如 Photoshop、3dMax、CorelDraw、Word、Excel 等软件进行交互，提倡发挥读者的主观能动性，自己去尝试、发现、分析和解决问题。

12

项目 12
三维绘图基础

本课导读

　　中望 CAD 有较强的三维绘图功能，可以用多种方法绘制三维
实体，方便进行编辑，并可以用各种角度进行三维观察。在本项
目中将介绍简单的三维绘图所使用的功能，利用这些功能，可以
设计出所需要的三维图样。

项目要点

- 三维视图
- 学生坐标系（UCS）
- 绘制三维实体
- 编辑三维实体

任务 12.1 设置三维视图

要进行三维绘图，首先要掌握观看三维视图的方法，以便在绘图过程中随时掌握绘图信息，并调整好视图效果后进行出图。

12.1.1 视点

1. 运行方式

命令行：Vpoint

功能区："视图"→"视图"

工具栏："视图"

控制观察三维图形时的方向以及视点位置。工具栏中的视图命令实际是视点命令的 10 个常用的视角：俯视、仰视、左视、右视、前视、后视、东南等轴测、西南等轴测、东北等轴测及西北等轴测，在变化视角的时候尽量用这 10 个设置好的视角，这样可以节省不少时间。也可以通过输入坐标值来切换，相关视点坐标值见表 12-1 所示。

表 12-1 不同视点坐标

视点设置	视图方向	视点设置	视图方向
0,0,1	俯视	−1,0,0	左视
0,0,−1	仰视	−1,−1,1	西南等轴测
0,−1,0	前视	1,−1,1	东南等轴测
0,1,0	后视	1,1,1	东北等轴测
1,0,0	右视	−1,1,1.	西北等轴测

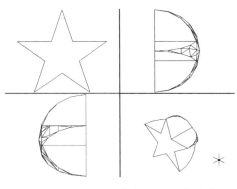

2. 操作步骤

图 12-1 表示的是一个简单的三维图形，仅仅从平面视图，学生较难判断图形的样子。这时我们可以利用 Vpoint 命令来调整视图的角度，通过图 12-1 中的右下角视图，能够直观地感受到图形的形状。

图 12-1 用 Vpoint 命令观看三维图形

```
命令：Vpoint                                  执行 Vpoint 命令
当前视图方向：VIEWDIR=687,−1383,1458.         显示当前视点坐标
指定视点或 [旋转(R)] <视点>: −1,−1,−1          设置视点,回车结束命令
```

以上各选项含义和功能说明如下：

视点：以一个三维点来定义观察视图方向的矢量。方向为从指定的点指向原点（0，0，0）。

旋转（R）：指定观察方向与 XY 平面中 X 轴的夹角以及与 XY 平面的夹角两个角度，确定新的观察方向。

注意

1）此命令不能在"布局"选项卡中使用。

2）在运行 Vpoint 命令后，直接按回车键，会出现图 12-2 所示的设置对话框，通过对话框内的内容设置视点的位置。

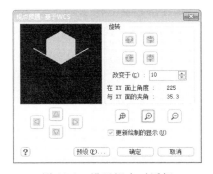

图 12-2 设置视点对话框

12.1.2   三维动态观察器

运行方式

命令行：3dorbit

功能区："实体"→"观察"→"动态观察/视图"→"定位"→"动态观察"

工具栏："三维动态观察器"→"三维动态观察"

进入三维动态观察模式，控制在三维空间交互查看对象。该命令可同时从 X、Y、Z 三个方向动态观察对象。

在不确定使用何种角度观察的时候，可以用该命令。因为该命令提供了实时观察的功能，学生可以随意用鼠标来改变视点，直到达到需要的视角的时候退出该命令，继续编辑。

注意

1）当 3DORBIT 处于活动状态时，显示三维动态观察光标图标，视点的位置将随着光标的移动而发生变化，视图的目标将保持静止，视点围绕目标移动。如果水平拖动光标，视点将平行于世界坐标系（WCS）的 XY 平面移动。如果垂直拖动光标，视点将沿 Z 轴移动。

2）3DORBIT 命令处于活动状态时，无法编辑对象。

12.1.3   视觉样式

1. 运行方式

命令行：Shademode

设置当前视口的视觉样式。

2. 操作步骤

针对当前视口，可进行如下操作来改变视觉样式。

命令：Shademode	执行 Shademode 命令
当前模式：二维线框	显示当前视觉样式
输入选项［二维线框(2D)/三维线框(3D)/消隐(H)/平面着色(F)/体着色(G)/带边框平面着色(L)/带边框体着色(O)]<带边框平面着色>：h	输入 h,回车结束命令

以上各选项含义和功能说明如下（图 12-3）：

二维线框（2D）：显示用直线和曲线表示边界的对象。光栅和 OLE 对象、线型和线宽都是可见的。

三维线框（3D）：显示用直线和曲线表示边界的对象。

消隐（H）：显示用三维线框表示的对象并隐藏表示后面被遮挡的直线。

平面着色（F）：在多边形面之间着色对象。此对象比体着色的对象平淡和粗糙。

体着色（G）：着色多边形平面间的对象，并使对象的边平滑化。着色的对象外观较平滑和真实。

带边框平面着色（L）：结合"平面着色"和"线框"选项。对象被平面着色，同时显示线框。

带边框体着色（O）：结合"体着色"和"线框"选项。对象被体着色，同时显示线框。

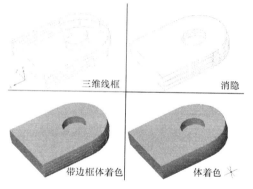

图 12-3   视觉样式示意

任务 12.2   设置学生坐标系（UCS）

　　学生坐标系在二维绘图的时候也会用到，但没有三维那么重要。在三维制图的过程中，往往需要确定 XY 平面，很多情况下单位实体的建立是在 XY 平面上产生的。所以学生坐标系在绘制三维图形的过程中，会根据绘制图形的要求，进行不断的设置和变更，这比绘制二维图形要频繁很多，所以正确地建立学生坐标系是建立 3D 模型的关键。

12.2.1   UCS 命令

1. 运行方式

命令行：UCS

功能区："视图"→"坐标"→"UCS"

工具栏："UCS"→"UCS"

用于坐标输入、操作平面和观察的一种可移动的坐标系。

2. 操作步骤

　　如图 12-4a 所示，把该图中的原点与 C 点重合，X 轴方向为 CA 方向，Y 轴方向为 CB 方向，如图 12-4b 所示。

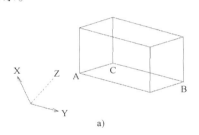
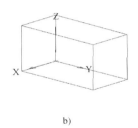

图 12-4　用 Vpoint 命令观看三维图形

命令：UCS	执行 UCS 命令
当前 UCS 名称：＊世界＊	提示当前的 UCS 坐标
指定 UCS 的原点或 [面(F)/命名(N)/对象(OB)/上一个(P)/视图(V)/世界(W)/	
3 点(3)/X/Y/Z/Z 轴(ZA)] <世界>：3	选择 3 点确定方式
指定新原点 <0,0,0>：	指定 C 为原点
在正 X 轴范围上指定点	
<4.23,12.8709,13.4118>：	选择点 A，指定 X 轴方向
在 UCS XY 平面的正 Y 轴范围上指定点	
<3.23,14.8709,13.4118>：	选择点 B，指定 Y 轴方向

　　以上各选项含义和功能说明如下：

　　指定 UCS 的原点：只改变当前学生坐标系的原点位置，X、Y 轴方向保持不变，创建新的 UCS，如图 12-5 所示。

　　面（F）：指定三维实体的一个面，使 UCS 与之对齐。可通过在面

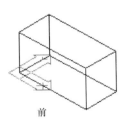
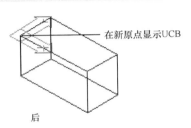

图 12-5　UCS 设置原点

的边界内或面所在的边上单击以选择三维实体的一个面，亮显被选中的面。UCS 的 X 轴将与选择的第一个面上的选择点最近的边对齐。

命名（N）：保存或恢复命名 UCS 定义。

对象（OB）：可选取弧、圆、标注、线、点、二维多段线、平面或三维面对象来定义新的 UCS，如图 12-6 所示。此选项不能用于下列对象：三维实体、三维多段线、三维网格、视口、多线、面域、样条曲线、椭圆、射线、构造线、引线和多行文字。

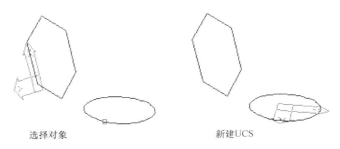

选择对象　　　　　　　　　　　　新建UCS

图 12-6　选择对象设置 UCS

根据选择对象的不同，UCS 坐标系的方向也有所不同，具体见表 12-2。

表 12-2　不同对象 UCS 的位置

对象	UCS 坐标位置
圆弧	新 UCS 的原点为圆弧的圆心。X 轴通过距离选择点最近的圆弧端点
圆	新 UCS 的原点为圆的圆心。X 轴通过选择点
标注	新 UCS 的原点为标注文字的中点。新 X 轴的方向平行于当绘制该标注时生效的 UCS 的 X 轴
直线	离选择点最近的端点成为新 UCS 的原点。系统选择新的 X 轴使该直线位于新 UCS 的 XZ 平面上。该直线的第二个端点在新坐标系中 Y 坐标为零
点	该点成为新 UCS 的原点
二维多段线	多段线的起点成为新 UCS 的原点。X 轴沿从起点到下一顶点的线段延伸
实体	二维实体的第一点确定新 UCS 的原点。新 X 轴沿前两点之间的连线方向
宽线	宽线的"起点"成为新 UCS 的原点，X 轴沿宽线的中心线方向
三维面	取第一点作为新 UCS 的原点，X 轴沿前两点的连线方向，Y 的正方向取自第一点和第四点。Z 轴由右手定则确定
形、块 参照、属性定义	该对象的插入点成为新 UCS 的原点，新 X 轴由对象绕其拉伸方向旋转定义。用于建立新 UCS 的对象在新 UCS 中的旋转角度为零

上一个（P）：取回上一个 UCS 定义。

视图（V）：以平行于屏幕的平面为 XY 平面，建立新的坐标系。UCS 原点保持不变，如图 12-7 所示。

世界（W）：设置当前学生坐标系为世界坐标系。世界坐标系 WCS 是所有学生坐标系的基准，不能被修改。

3 点（3）：指定新的原点以及 X、Y 轴的正方向。

X、Y、Z：绕著指定的轴旋转当前的 UCS，以创建新的 UCS，如图 12-8 所示。

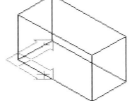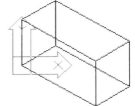

图 12-7　用当前视图方向设置 UCS

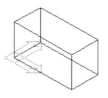   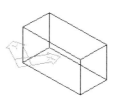

世界坐标系　　　　绕X轴旋转60°　　　　绕Y轴旋转60°　　　　绕Z轴旋转60°

图 12-8　坐标系旋转示意

12. 2. 2　命名 UCS

运行方式

命令行：DdUCS

功能区："视图"→"坐标"→"命名 UCS"

工具栏："UCS"→"显示 UCS 对话框"

命名 UCS 是 UCS 命令的辅助，通过命名 UCS
可以对以下三个方面进行设置：

1）"命名 UCS"选项卡，显示当前图形中所设
定的所有 UCS，并提供详细的信息查询。可选择其
中需要的 UCS 坐标置为当前使用，如图 12-9 所示。

2）"正交 UCS"选项卡，列出相对于目前 UCS
的 6 个正交坐标系，有详细信息供查询，并提供置
为当前功能，如图 12-10 所示。

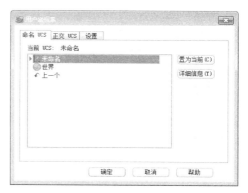

图 12-9　"命名 UCS"显示和设置

3）"设置"选项卡，提供 UCS 的一些基础设定内容，如图 12-11 所示。一般情况下，没
有特殊需要不需要调整该设定。

图 12-10　"正交 UCS"显示和设置

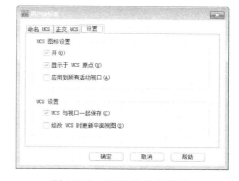

图 12-11　UCS 的基本设置

任务 12.3　绘制三维实体

12. 3. 1　长方体

1. 运行方式

命令行：Box

功能区："实体"→"图元"→"长方体"

工具栏："实体"→"长方体"

创建三维长方体对象。

2. 操作步骤

创建边长都为 10mm 的立方体，如图 12-12 所示。

命令：Box   执行 Box 命令
指定长方体的角点或 [中心点(CE)] <0,0,0>：   指定图形的一个角点
指定角点或 [立方体(C)/长度(L)]：@ 10,10   指定 XY 平面上矩形大小
指定高度：10   指定高度,回车结束命令

以上各选项含义和功能说明如下：

长方体的角点：指定长方体的第一个角点。

中心（CE）：通过指定长方体的中心点绘制长方体。

立方体（C）：指定长方体的长、宽、高都为相同长度。

长度（L）：通过指定长方体的长、宽、高来创建三维长方体。

注意

若输入的长度值或坐标值是正值，则以当前 UCS 坐标的 X、Y、Z 轴的正向创建图形；若为负值，则以 X、Y、Z 轴的负向创建图形。

12.3.2 球体

1. 运行方式

命令行：Sphere

功能区："实体" → "图元" → "球体"

工具栏："实体" → "球体"

绘制三维球体对象。默认情况下，球体的中心轴平行于当前学生坐标系（UCS）的 Z 轴。纬线与 XY 平面平行。

2. 操作步骤

创建半径为 10mm 的球体，如图 12-13 所示。

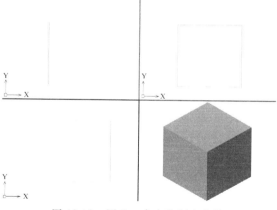

图 12-12 用 Box 命令绘制立方体

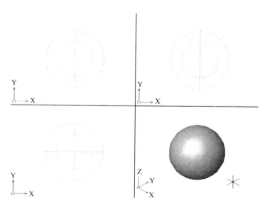

图 12-13 用 Sphere 命令创建球体

命令：Sphere   执行 Sphere 命令
当前线框密度：ISOLINES = 4   显示当前线框密度
指定球体球心 <0,0,0>：   指定球心位置
指定球体半径或 [直径(D)]:10   指定半径值,回车结束命令

以上各选项含义和功能说明如下：

球体半径（R）：绘制基于球体中心和球体半径的球体对象。

直径（D）：绘制基于球体中心和球体直径的球体对象。

12.3.3　圆柱体

1. 运行方式

命令行：Cylinder

功能区："实体"→"图元"→"圆柱体"

工具栏："实体"→"圆柱体"

创建三维圆柱体实体对象。

2. 操作步骤

创建半径为 10mm 的，高度为 10mm 的圆柱体，如图 12-14 所示。

命令：Cylinder	执行 Cylinder 命令
当前线框密度：ISOLINES=4	显示当前线框密度
指定圆柱体底面的中心点或［椭圆(E)］<0,0,0>：	指定圆心
指定圆柱体底面的半径或［直径(D)］：10	指定圆半径
指定圆柱体高度或［另一个圆心(C)］：10	指定圆柱高度,回车结束命令

以上各选项含义和功能说明如下：

圆柱体底面的中心点：通过指定圆柱体底面圆的圆心来创建圆柱体对象。

椭圆（E）：绘制底面为椭圆的三维圆柱体对象。

注意

若输入的高度值是正值，则以当前 UCS 坐标的 Z 轴的正向创建图形；若为负值，则以 Z 轴的负向创建图形。

12.3.4　圆锥体

1. 运行方式

命令行：Cone

功能区："实体"→"图元"→"圆椎体"

工具栏："实体"→"圆椎体"

创建三维圆锥体。

2. 操作步骤

创建底面半径为 10mm，高度为 20mm 的圆锥体，如图 12-15 所示。

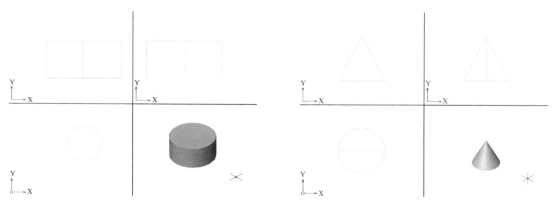

图 12-14　用 Cylinder 命令创建圆柱体　　　　图 12-15　用 Cone 命令创建圆锥体

命令：Cone   执行 Cone 命令
当前线框密度：ISOLINES=4   显示当前线框密度
指定圆锥体底面的中心点或 [椭圆(E)] <0,0,0>   指定底面圆心位置
指定圆锥体底面半径或 [直径(D)]：10   指定底面圆半径
指定圆锥体高度或 [顶点(A)]：20   指定高度,回车结束命令

以上各选项含义和功能说明如下：

圆锥体底面的中心点：指定圆锥体底面的中心点来创建三维圆锥体。

椭圆（E）：创建一个底面为椭圆的三维圆锥体对象。

圆锥体高度：指定圆锥体的高度。输入正值，则以当前学生坐标系 UCS 的 Z 轴正方向绘制圆锥体，输入负值，则以 UCS 的 Z 轴负方向绘制圆锥体。

12.3.5 楔体

1. 运行方式

命令行：Wedge

功能区："实体" → "图元" → "楔体"

工具栏："实体" → "楔体"

绘制三维楔体对象。

2. 操作步骤

任意建立一个楔体，如图 12-16 所示。

命令：Wedge   执行 Wedge 命令
指定楔体的第一个角点或 [中心点(CE)] <0,0,0>：   指定楔体位置
指定角点或 [立方体(C)/长度(L)]：   指点楔体底面矩形
指定高度：指定第二点：   指定楔体高度,回车结束命令

以上各选项含义和功能说明如下：

第一个角点：指定楔体的第一个角点。

立方体：创建各条边都相等的楔体对象，如图 12-17 所示。

长度：分别指定楔体的长、宽、高。其中长度与 X 轴对应，宽度与 Y 轴对应，高度与 Z 轴对应，如图 12-18 所示。

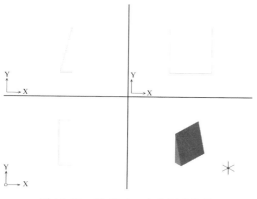

图 12-16 用 Wedge 命令创建楔体

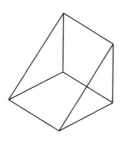

图 12-17 各条边
相等的楔体

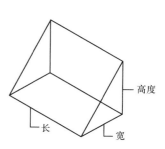

图 12-18 楔体的
长宽高示意

中心点（CE）：指定楔体的中心点。

12.3.6 圆环

1. 运行方式

命令行：Torus

功能区：“实体”→“图元”→“圆环”

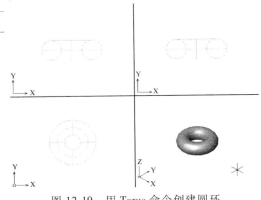

工具栏：“实体”→“圆环” ◎

绘制三维圆环实体对象。

2. 操作步骤

建立一个管状物半径为 10mm，圆环半径为 20mm 的圆环，如图 12-19 所示。

图 12-19　用 Torus 命令创建圆环

命令：Torus	执行 Torus 命令
当前线框密度：ISOLINES＝4	显示当前线框密度
指定圆环体中心 <0,0,0>：	指定圆环中心
指定圆环体半径或 [直径(D)]：20	指定圆环半径
指定圆管半径或 [直径(D)]：10	指定管状物半径,回车结束命令

以上各选项含义和功能说明如下：

半径（R）：指定圆环体的半径。

直径（D）：指定圆环体的直径。

> **注意**
>
> 圆环由两半径定义：一个是管状物的半径，另一个是圆环中心到管状物中心的距离。若指定的管状物的半径大于圆环的半径，即可绘制无中心的圆环，即自身相交的圆环。自交圆环体没有中心孔。

12.3.7 拉伸

1. 运行方式

命令行：Extrude

功能区：“实体”→“实体”→“拉伸”

工具栏：“实体”→“拉伸” 🗔

以指定的路径或指定的高度值和倾斜角度拉伸选定的对象来创建实体。

2. 操作步骤

对图 12-20a 中的图形进行拉伸，拉伸高度为 20mm，倾斜角为 30°，结果如图 12-20b 所示。

命令：Extrude	执行 Extrude 命令
当前线框密度：ISOLINES＝4	显示当前线框密度
选择对象：	指定要拉伸的图形
选择对象：找到 1 个	提示选择对象的数量
选择对象：	回车结束选择
指定拉伸高度或 [路径(P)/方向(D)]：20	指定拉伸高度
指定拉伸的倾斜角度 <0>：30	指定拉伸倾斜角,回车结束命令

以上各选项含义和功能说明如下：

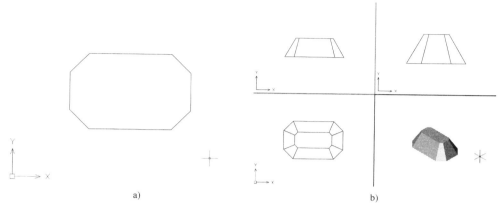

图 12-20 用 Extrude 命令拉伸图形

选择对象：选择要拉伸的对象。可进行拉伸处理的对象有平面三维面、封闭多段线、多边形、圆、椭圆、封闭样条曲线、圆环和面域。

指定拉伸高度：为选定对象指定拉伸的高度，若输入的高度值为正数，则以当前 UCS 的 Z 轴正方向拉伸对象，若为负数，则以 Z 轴负方向拉伸对象。

拉伸路径（P）：为选定对象指定拉伸的路径，在指定路径后，系统将沿着选定路径拉伸选定对象的轮廓以创建实体，如图 12-21 所示。

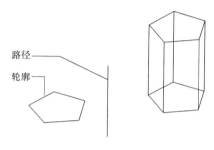

图 12-21 用路径拉伸图形示意

注意

倾斜角度的值可为 -90°~+90° 之间的任何角度值，若输入正的角度值，则从基准对象逐渐变细地拉伸，若输入为负的角度值，则从基准对象逐渐变粗地拉伸。角度为 0° 时，表示在拉伸对象时，对象的粗细不发生变化，而且是在其所在平面垂直的方向上进行拉伸。当学生为对象指定的倾斜角和拉伸高度值很大时，将导致对象或对象的一部分在到达拉伸高度之前就已经汇聚到一点。

12.3.8 旋转

1. 运行方式

命令行：Revolve

功能区："实体" → "实体" → "旋转"

工具栏："实体" → "旋转"

将选取的二维对象以指定的旋转轴旋转，最后形成实体。

2. 操作步骤

对图 12-22a 中的图形进行旋转 360°，结果如图 12-22b 所示。

命令：Revolve	执行 Revolve 命令
当前线框密度：ISOLINES=4	显示当前线框密度
选择对象：找到 1 个	选择要旋转的图形,提示选择对象的数量
选择对象：	回车结束选择
指定旋转轴的起点或定义轴通过[对象(O)/X 轴(X)/Y 轴(Y)]:选择轴端点	
指定轴的端点：	指定旋转轴另一端点
指定旋转角度 <360>:360	指定旋转角度,回车结束命令

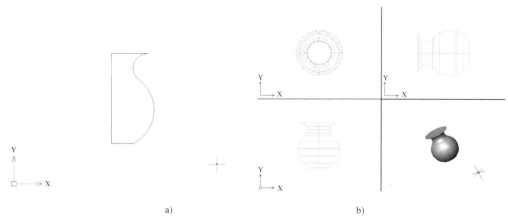

a)   b)

图 12-22   用 Revolve 命令创建旋转体

以上各选项含义和功能说明如下：

旋转轴的起始点：通过指定旋转轴上的两个点来确定旋转轴，轴的正方向为第一点指向第二点。

物体（O）：以选定的直线或多段线中的单条线段为旋转轴，接着围绕此旋转轴旋转一定角度，形成实体。

X 轴（x）：以当前学生坐标系 UCS 的 X 轴为旋转轴，旋转轴的正方向与 X 轴正方向一致。

Y 轴（y）：以当前学生坐标系 UCS 的 Y 轴为旋转轴，旋转轴的正方向与 Y 轴正方向一致。

旋转角度：指定旋转角度值。

12.3.9   剖切

1. 运行方式

命令行：Slice

功能区："实体" → "实体编辑" → "剖切"

工具栏："实体" → "旋转"

将实体对象以平面剖切，并保留剖切实体的所有部分，或者保留指定的部分。

2. 操作步骤

对图 12-23a 中的立方体进行剖切，留下一个四面体，结果如图 12-23b 所示。

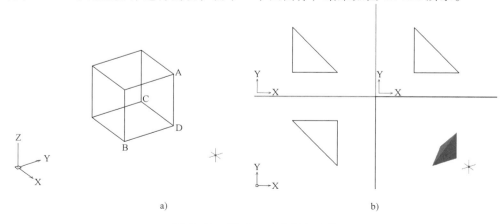

a)   b)

图 12-23   用 Slice 命令剖切实体

命令：Slice   执行 Slice 命令

选择对象：找到 1 个   指定剖切对象，提示选择对象的数量

选择对象：   回车结束选择

指定 切面 上的第一个点，通过［对象(O)/Z 轴(Z)/视图(V)/XY(XY)/YZ(YZ)/ZX(ZX)/三点(3)］<三点>：

　　　　　　　　　　　　　　　　　　　　　　　　　　选择点 A

在平面上指定第二点：   选择点 B

在平面上指定第叁点：   选择点 C，通过三点来确定剖切面

在需求平面的一侧拾取一点或［保留两侧(B)］：   选择点 D，指定保留部分，回车结束命令

以上各选项含义和功能说明如下：

截面上的第一点：通过指定三个点来定义剪切平面。

对象（O）：定义剪切面与选取的圆、椭圆、弧、2D 样条曲线或二维多段线对象对齐。

轴（Z）：通过指定剪切平面上的一个点，及垂直于剪切平面的一点定义剪切平面，如图 12-24 所示。

视图（V）：指定剪切平面与当前视口的视图平面对齐。

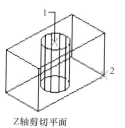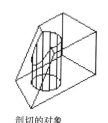

Z轴剪切平面　　　　　　　　剖切的对象

图 12-24　通过设定 Z 轴确定剪切平面

平面（XY）：通过在 XY 平面指定一个点来确定剪切平面所在的位置，并使剪切平面与当前学生坐标系 UCS 的 XY 平面对齐。

平面（YZ）：通过在 YZ 平面指定一个点来确定剪切平面所在的位置，并使剪切平面与当前学生坐标系 UCS 的 YZ 平面对齐。

平面（ZX）：通过在 ZX 平面指定一个点来确定剪切平面所在的位置，并使剪切平面与当前学生坐标系 UCS 的 ZX 平面对齐。

注意

剖切实体保留原实体的图层和颜色特性。

12.3.10　截面

1. 运行方式

命令行：Section（SEC）

工具栏："实体"→"切割"

以实体对象与平面相交的截面创建面域。

2. 操作步骤

在图 12-25a 中的圆柱体上建立一个截面，其结果如图 12-25b 所示。

命令：Section   执行 Section 命令

选择对象：找到 1 个   选择圆柱体，提示找到 1 个对象

选择对象：   回车结束选择

指定截面上的第一个点，通过［对象(O)/Z 轴(Z)/视图(V)/XY(XY)/YZ(YZ)/ZX(ZX)/三点(3)］<三点>：

　　　　　　　　　　　　　　　　　　　　　　　　　　选择点 A

在平面上指定第二点：   选择点 B

在平面上指定第三点：   选择点 C 指定截面，回车结束命令

以上各选项含义和功能说明如下：

截面上的第一点：通过指定三个点来定义截面。

对象（O）：定义截面与选取的圆、椭圆、弧、2D 样条曲线或二维多段线对象对齐。

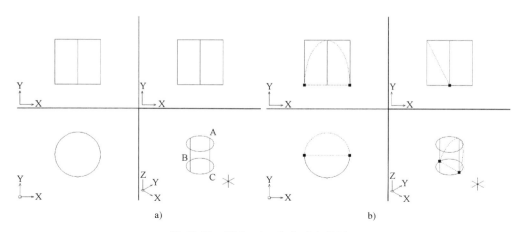

图 12-25　用 Section 命令建立截面

轴（Z）：通过指定截面上的一个点，及垂直于截面的一点定义截面。

视图（V）：指定截面与当前视口的视图平面对齐。

平面（XY）：通过在 XY 平面指定一个点来确定截面所在的位置，并使截面与当前学生坐标系 UCS 的 XY 平面对齐。

平面（YZ）：通过在 YZ 平面指定一个点来确定截面所在的位置，并使截面与当前学生坐标系 UCS 的 YZ 平面对齐。

平面（ZX）：通过在 ZX 平面指定一个点来确定截面所在的位置，并使截面与当前学生坐标系 UCS 的 ZX 平面对齐。

12.3.11　干涉

1. 运行方式

命令行：Interfere

工具栏："实体" → "干涉"

选取两批实体进行比较，并用两个或多个实体的公共部分创建三维组合实体。

2. 操作步骤

把图 12-26a 中两个实体相干涉的部分创建实体，结果如图 12-26b 所示。

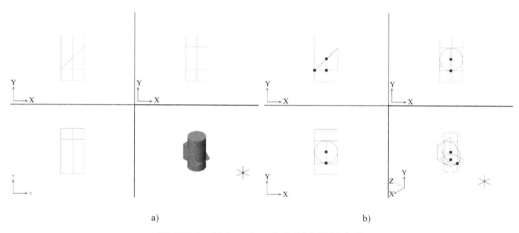

图 12-26　用 Interfere 命令创建干涉实体

命令：Interfere   执行 Interfere 命令
选择实体的第一集合：   选择圆柱体
选择对象：找到 1 个   提示选择对象数量
选择对象：   回车结束第一批对象的选择
选择实体的第二集合：   选择楔体
选择对象：找到 1 个   提示选择对象数量
选择对象：   回车结束第二批对象的选择
比较 1 个实体与 1 个实体。   提示发生干涉的结果
干涉实体数（第一集合）：1
（第二集合）：1
干涉点对：1
是否创建干涉实体？［是(Y)/否(N)］＜否＞：y   输入 Y，创建干涉对象

注意

Interfere 将亮显重叠的三维实体。若只选择第一个选择集，在提示选择第二批对象时按回车键，系统将对比检查第一集合中的全部实体。若在提示选择两批实体对象时定义了两个选择集，系统将对比检查第一个选择集中的实体与第二个选择集中的实体。若在两个选择集中包括了同一个三维实体，系统会将此三维实体视为第一个选择集中的一部分，而在第二个选择集中忽略它。

在选取了第二批实体对象后，按回车键系统会进行各对三维实体之间的干涉测试。重叠或有干涉的三维实体将被亮显，并显示干涉三维实体的数目和干涉的实体对。

任务 12.4   编辑三维实体

12.4.1   并集

1. 运行方式

命令行：Union

功能区："实体"→"布尔运算"→"并集"

工具栏："实体编辑"→"并集"

通过两个或多个实体或面域的公共部分将两个或多个实体或面域合并为一个整体。得到的组合实体包括所有选定实体所封闭的空间。得到的组合面域包括子集中所有面域所封闭的面积。

2. 操作步骤

图 12-27a 中两个圆柱体垂直相交，用并集命令将这两个实体合为一个整体，结果如图12-27b所示。

命令：Union   执行 Union 命令
选择对象：找到 1 个   选择一个圆柱
选择集当中的对象：1   提示选择对象数量
选择对象：找到 1 个，   选择另一个圆柱，
总计 2 个：   提示选择对象总数
选择对象：   回车结束命令

12.4.2   差集

1. 运行方式

命令行：Subtract

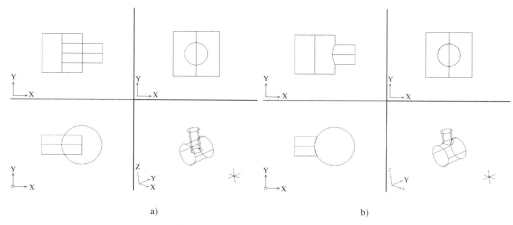

图 12-27　用 Union 命令将实体合并

功能区："实体" → "布尔运算" → "差集"

工具栏："实体编辑" → "差集"

将多个重叠的实体或面域对象，通过"减"操作合并为一个整体对象。

2. 操作步骤

图 12-28a 中大的圆柱体和小的圆柱体相交，利用差集命令，将大圆柱体减去小圆柱体，达到在大圆柱体上打孔的效果，结果如图 12-28b 所示。

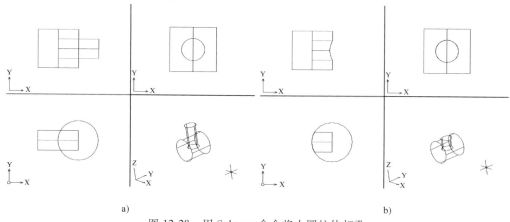

图 12-28　用 Subtract 命令将大圆柱体打孔

命令：Subtract	执行 Subtract 命令
选择实体和面域求差	
选择对象：找到 1 个	选择需要留下的大圆柱体
选择对象：选择实体和面域求差	
选择对象：找到 1 个	选择除去的小圆柱体
选择对象	回车结束命令

12.4.3　交集

1. 运行方式

命令行：Intersect

功能区："实体" → "布尔运算" → "交集"

工具栏："实体编辑" → "交集" 🔲

选取两个或多个实体或面域相交的公共部分交集，创建复合实体或面域，并删除交集以外的部分。

2. 操作步骤

将图 12-29a 中两实体相交部分形成新的实体同时删除多余部分，结果如图 12-29b 所示。

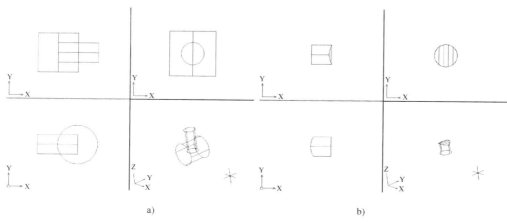

a)   b)

图 12-29 用 Intersect 命令留下实体相交部分

命令：Intersect	执行 Intersect 命令
选择对象：找到 1 个	选择要编辑的实体
选择对象：找到 1 个,总计 2 个	选择另一要编辑的实体
选择对象：	回车结束命令

12.4.4 实体编辑

1. 运行方式

命令行：Solidedit 🔲

对实体对象的面和边进行拉伸、移动、旋转、偏移、倾斜、复制、着色、分割、抽壳、清除、检查或删除等操作。

2. 操作步骤

将图 12-30a 中实体的一个面进行拉伸，结果如图 12-30b 所示。

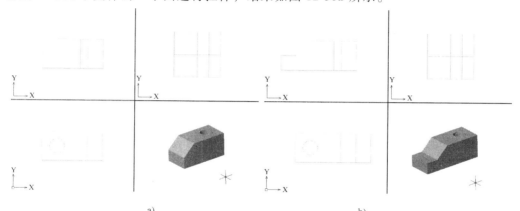

a)   b)

图 12-30 用 Solidedit 命令拉伸实体的一个面

```
命令：Solidedit                                          执行 Solidedit 命令
实体编辑自动检查：SOLIDCHECK=1
输入实体编辑选项［面(F)/边(E)/体(B)/放弃(U)/退出(X)]＜退出＞：f
                                                        输入 f,对实体的面进行编辑
输入面编辑选项[拉伸(E)/移动(M)/旋转(R)/偏移(O)/倾斜(T)/删除(D)/复制(C)/颜色(L)/放弃(U)/退出
(X)]＜退出＞：e                                          输入 e,进行拉伸操作
选择面或［放弃(U)/删除(R)]：找到一个面。               选择要拉伸的面
选择面或［放弃(U)/删除(R)/全部(ALL)]：                   回车结束对象选择
指定拉伸高度或［路径(P)]：5                             指定拉伸长度
指定拉伸的倾斜角度 ＜0＞：                               指定倾斜角度
已开始实体校验。
已完成实体校验。
输入面编辑选项[拉伸(E)/移动(M)/旋转(R)/偏移(O)/倾斜(T)/删除(D)/复制(C)/颜色(L)/放弃(U)/退出
(X)]＜退出＞：                                          回车结束面编辑
实体编辑自动检查：SOLIDCHECK=1
输入实体编辑选项［面(F)/边(E)/体(B)/放弃(U)/退出(X)]＜退出＞：  回车结束命令
```

以上各选项含义和功能说明如下：

面（F）：编辑三维实体的面。

边（E）：编辑或修改三维实体对象的边。可对边进行的操作有复制、着色。

体（B）：对整个实体对象进行编辑。

放弃（U）：放弃之前的操作。可一直恢复到未对实体进行编辑前的状态。

退出（X）：退出实体编辑模式，结束 Solidedit 命令。

输入 F，选择对实体的面进行编辑，会出现"拉伸""移动""旋转""偏移"等选项，各选项含义和功能说明如下：

拉伸（E）：将选取的三维实体对象面拉伸指定的高度或按指定的路径拉伸。

移动（M）：以指定距离移动选定的三维实体对象的面，如图 12-31 所示。

旋转（R）：将选取的面围绕指定的轴旋转一定角度，如图 12-32 所示。

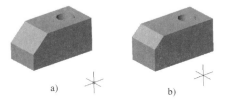

a)　　　　b)

图 12-31　用 Solidedit 命令移动面示意

a)　　　　b)

图 12-32　用 Solidedit 命令旋转面示意

偏移（O）：将选取的面以指定的距离偏移，如图 12-33 所示。

倾斜（T）：以一条轴为基准，将选取的面倾斜一定的角度，如图 12-34 所示。

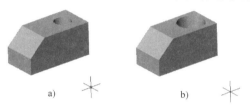

a)　　　　b)

图 12-33　用 Solidedit 命令偏移孔示意

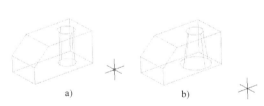

a)　　　　b)

图 12-34　用 Solidedit 命令倾斜孔示意

删除（D）：删除选取的面，如图 12-35 所示。

复制（C）：复制选取的面到指定的位置，如图 12-36 所示。

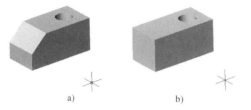

图 12-35　用 Solidedit 命令删除斜面示意

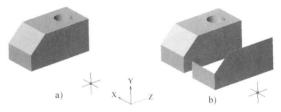

图 12-36　用 Solidedit 命令复制面示意

颜色（L）：为选取的面指定线框的颜色。

放弃（U）：放弃上一步操作，可一直恢复到未编辑面之前的状况。

退出（X）：退出"面"编辑模式。

执行实体编辑命令后，输入 B，系统会出现"压印""分割实体""抽壳""清除"等选项，各选项含义和功能说明如下：

压印（I）：选取一个对象，将其压印在一个实体对象上，如图 12-37 所示。但前提条件是，被压印的对象必须与实体对象的一个或多个面相交。可选取的对象包括：圆弧、圆、直线、二维和三维多段线、椭圆、样条曲线、面域、体及三维实体。

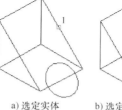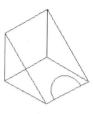

a) 选定实体　　b) 选定要压印的对象　　c) 结果

图 12-37　用 Solidedit 命令压印示意

分割实体（P）：将选取的三维实体对象用不相连的体分割为几个独立的三维实体对象，如图 12-38 所示。注意只能分割不相连的实体，分割相连的实体用"剖切"命令。

抽壳（S）：以指定的厚度创建一个空的薄层。抽壳时输入的偏移距离为正，则从外开始抽壳，若为负，则从内开始抽壳，如图 12-39 所示。

图 12-38　用 Solidedit 命令分割实体示意

a) 选定对象　　b) 抽壳距离为10　　c) 抽壳距离为−10

图 12-39　用 Solidedit 命令抽壳示意

清除（L）：删除与选取的实体有交点的，或共用一条边的顶点。删除所有多余的边和顶点、压印的以及不使用的几何图形，如图 12-40 所示。

检查（C）：检查选取的三维实体对象是否为有效的 Shape Manager 实体。

放弃（U）：放弃上一步操作，可一直恢复到实体未编辑之前的状况。

退出（X）：退出"体"编辑模式。

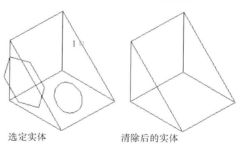

选定实体　　　　清除后的实体

图 12-40　用 Solidedit 命令清除多余对象示意

注意

Solidedit 命令包含的内容有三大部分：面、边、体。其中对面的编辑最为常用，也最复杂，学生要仔细体会每个小命令的作用。

12.4.5 三维阵列

1. 运行方式

命令行：3darray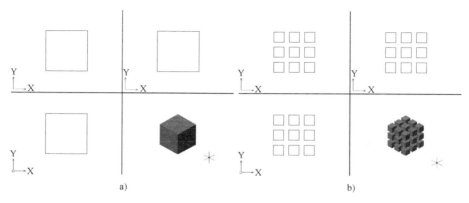

功能区："实体"→"三维操作"→"三维阵列"

在立体空间中创建三维阵列，复制多个对象。

2. 操作步骤

将图 12-41a 中的实体按 3 行 3 列 3 层进行矩形阵列，结果如图 12-41b 所示。

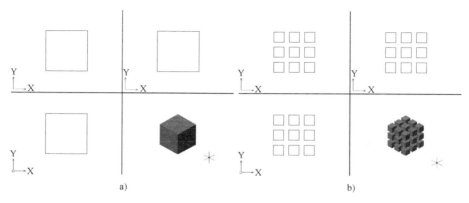

图 12-41 用 3darray 命令进行三维阵列

命令：3darray	执行 3darray 命令
选择对象：找到 1 个	选择立方体,提示选择对象数量
选择对象：	回车结束对象选择
输入阵列类型［矩形(R)/极轴(P)］<矩形(R)>:R	输入 R,选择矩形阵列
输入行数 (---) <1>:3	指定行数
输入列数 (|||) <1>:3	指定行数
输入层数 (...) <1>:3	指定层数
指定行间距 (---):15	指定行间距
指定列间距 (|||):15	指定列间距
指定层间距 (...):15	指定层间距

以上各选项含义和功能说明如下：

极轴（P）：依指定的轴线产生复制对象。

矩形阵列（R）：对象以三维矩形（列、行和层）样式在立体空间中复制。一个阵列必须具有至少两行、列或层。

12.4.6 三维镜像

1. 运行方式

命令行：Mirror3d

功能区："实体"→"三维操作"→"三维镜像"

以一平面为基准，创建选取对象的反射副本。

2. 操作步骤

将图 12-42a 中的实体按端面部分进行镜像，使之成为一个对称的管路，结果如图 12-42b 所示。

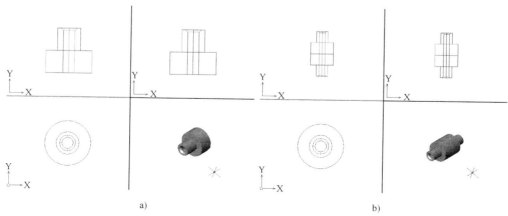

图 12-42　用 Mirror3d 命令进行三维镜像

命令：Mirror3d	执行 Mirror3d 命令
选择对象：指定对角点：找到 1 个	指定需镜像的对象，提示选择对象数量
选择对象：	回车结束选择对象
指定镜像平面（三点）的第一个点或[对象(O)/最近的(L)/Z 轴(Z)/视图(V)/XY 平面(XY)/YZ 平面(YZ)/ZX 平面(ZX)/三点(3)] <三点>：	选择镜像面上一点
在镜像平面上指定第二点：	选择镜像面上第二点
在镜像平面上指定第三点：	选择镜像面上第三点
是否删除源对象？[是(Y)/否(N)] <否>：	回车结束命令

以上各选项含义和功能说明如下：

三点：通过指定三个点来确定镜像平面。

对象（O）：以对象作为镜像平面创建三维镜像副本，如图 12-43 所示。

最近的（L）：以最近一次指定的镜像平面为本次创建三维镜像所需要的镜像平面，如图 12-44 所示。

Z 轴（Z）：以平面上的一点和垂直于平面的法线上的一点来定义镜像平面，如图 12-44 所示。

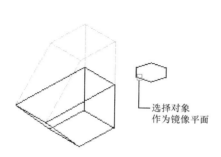

图 12-43　用选择对象方式确定镜像面

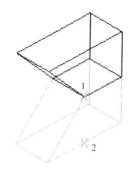

图 12-44　用法线方式确定镜像面

视图（V）：以当前视图的观测平面来镜像对象。

XY 平面（XY）、YZ 平面（YZ）、ZX 平面（ZX）：以 XY、YZ 或 ZX 平面来定义镜像平面。

12.4.7　三维旋转

1．运行方式

命令行：Rotate3d

功能区："实体" → "三维操作" → "三维旋转"

绕着三维的轴旋转对象。

2．操作步骤

将图 12-45a 中的实体以 AB 为轴，旋转 30°，结果如图 12-45b 所示。

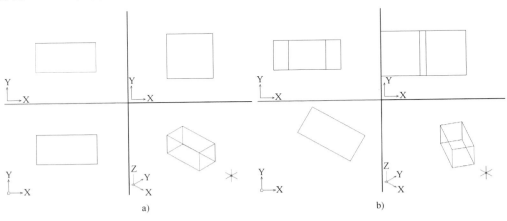

图 12-45　用 Rotate3d 命令进行三维旋转

命令：Rotate3d　　　　　　　　　　　　　　执行 Rotate3d 命令
当前正向角度：ANGDIR=逆时针 ANGBASE=0
选择对象：找到 1 个　　　　　　　　　　　选择长方体,提示选择对象数量
选择对象：　　　　　　　　　　　　　　　　回车结束对象选择
指定轴上的第一个点或定义轴依据[对象(O)/最近的(L)/视图(V)/X 轴(X)/Y 轴(Y)/Z 轴(Z)/两点(2)]：
　　　　　　　　　　　　　　　　　　　　　选择旋转轴上一点
指定轴上的第二点：　　　　　　　　　　　　选择旋转轴上另一点,确定旋转轴
指定旋转角度或［参照(R)］:30

以上各选项含义和功能说明如下：

2 点：通过指定两个点定义旋转轴。

对象（E）：选择与对象对齐的旋转轴。

最近的（L）：以上次使用 Rotate3d 命令定义的旋转轴为此次旋转的旋转轴。

视图（V）：将旋转轴与当前通过指定的视图方向轴上的点所在视口的观察方向对齐。

X 轴：将旋转轴与指定点所在坐标系 UCS 的 X 轴对齐。

Y 轴：将旋转轴与指定点所在坐标系 UCS 的 Y 轴对齐。

Z 轴：将旋转轴与指定点所在坐标系 UCS 的 Z 轴对齐。

12.4.8　对齐

1．运行方式

命令行：Align

在二维和三维选择要对齐的对象，并向要对齐的对象添加源点，向要与源对象对齐的对

象添加目标点，使之与其他对象对齐。

2. 操作步骤

将图 12-46a 中的四棱锥对齐到立方体上，结果如图 12-46b 所示。

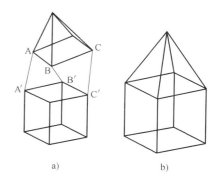

命令：Align	执行 Align 命令
选择对象：找到 1 个	选择锥体,提示选择对象数量
选择对象：	回车结束对象选择
指定第一个源点：	选择点 A
指定第一个目标点：	选择点 A'
指定第二个源点：	选择点 B
指定第二个目标点：	选择点 B'
指定第三个源点或 <继续>：	选择点 C
指定第三个目标点：	选择点 C'

图 12-46　用 Align 命令让两实体对齐

注意

对齐命令在二维绘图的时候也可以使用。要对齐某个对象，最多可以给对象添加三对源点和目标点，如图 12-47 和图 12-48 所示。

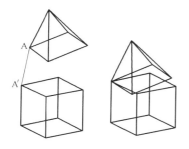

图 12-47　用 Align 命令只选择一对点的情况

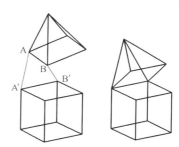

图 12-48　用 Align 命令选择两对点的情况

项目小结

本项目主要介绍了三维坐标、三维视图、三维建模和三维编辑四个方面的内容，尽管中望 CAD 是一个主要针对二维绘图的软件，其中也有三维绘图的功能。学完本项目后，学生应该具有基本的三维绘图的理念，能够制作出简单的三维图样。

练习

1. 填空题

1）3 点定义 UCS，第一点为 _____，第二点为 _____ 第三点为_____。

2）Z 轴矢量定义 UCS，第一点为_____，第二点为_____。

2. 选择题

1）将两个或更多的实心体合成一体用的命令是（　　）。

A. SLICE　　　　　　　　B. UNION　　　　　　　　C. ALIGN　　　　　　　　D. MIRROR3D

2）执行 ALIGN 命令后，选择两对点对齐，结果（　　）。

A. 物体只能在 2D 或 3D 空间中移动　　　　　　　B. 物体只能在 2D 或 3D 空间中旋转

C. 物体只能在 2D 或 3D 空间中缩放　　　　D. 物体在 3D 空间中移动、旋转、缩放

3. 画图题

画出图 12-49 所示图形。

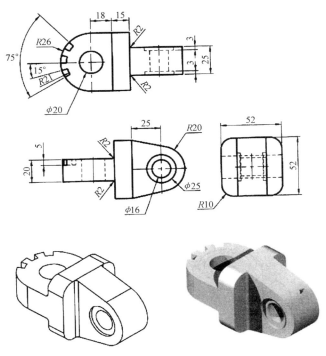

图 12-49　练习题

附录

别名(快捷键)	执行指令	命令说明
符号键(CTRL 开头)		
Ctrl+1	Properties	对象特性管理器
Ctrl+2	Adcenter	设计中心
Ctrl+3	Toolpalettes	工具选项板
控制键		
Ctrl+A	AI_SELALL	全部选择
Ctrl+C 或 CO/CP	Copyclip 或 Copy	复制
Ctrl+D 或 F6	Coordinate	坐标(相对和绝对)
Ctrl+E 或 F5	Isoplane	等轴测平面
Ctrl+H 或 SET	Setvar	系统变量
Ctrl+K	Hyperlink	超级链接
Ctrl+N	New	新建
Ctrl+O	Open	打开
Ctrl+P	Print	打印
Ctrl+Q 或 ALT+F4	Quit 或 Exit	退出
Ctrl+S	Qsave 或 Save	保存
Ctrl+T 或 F4	Tablet	数字化仪初始化
Ctrl+V	Pasteclip	粘贴
Ctrl+X	Cutclip	剪切
Ctrl+Y	Redo	重做
Ctrl+Z	Undo	放弃
组合键		
Ctrl+Shift+A 或 G	Group	切换组
Ctrl+Shift+C	Copybase	带基点复制
Ctrl+Shift+S	Saveas	另存为
Ctrl+Shift+V	Pasteblock	将 Windows 剪贴板中的数据作为块进行粘贴
Ctrl+Enter		要保存修改并退出多行文字编辑器
功能键		
F1	Help	帮助
F2	Pmthist	文本窗口
F3 或 Ctrl+F/ OS	Osnap	对象捕捉
F7 或 GI	Grid	栅格
F8	Ortho	正交
F9	Snap	捕捉
F10		极轴
F11		对象捕捉追踪
F12		动态输入

（续）

别名(快捷键)	执行指令	命令说明
换档键		
Ctrl+F6 或 Ctrl+TAB	打开多个图形文件,切换图形	
Alt+F8	Vbarun	VBA 宏命令
Alt+F11	VBA	Visual Basic 编辑器
中望 CAD+命令及简化命令		
A	Arc	圆弧
B	Block	创建块
C	Circle	圆
D	Ddim	标注样式管理器
E	Erase	删除
F	Fillet	圆角
L	Line	直线
M	Move	移动
O	Offset	偏移
P	Pan	实时平移
R	Redraw	更新显示
S	Stretch	拉伸
W	Wblock	写块
Z	Zoom	缩放
X	Explode	分解
H 或 BH	Bhatch	图案填充
I	Ddinsert 或 Insert	插入块
AL	ALign	对齐
AP	APpload	加载应用程序
AR	ARray	阵列
BO 或 BPOLY	Boundary	边界
BR	Break	打断
CH	Change	修改属性
DI	Dist	距离
DO	Donut	圆环
EL	Ellipse	椭圆
EX	Extend	延伸
FI	Filter	图形搜索定位
HI	Hide	消隐
IM	Image	图像管理器
IN	Intersect	交集
LA	Layer	图层特性管理器
LI 或 LS	List	列表显示
LW	Lweight	线宽
MA	Matchprop	特性匹配
ME	Measure	定距等分
MI	Mirror	镜像
ML	Mline	多线

（续）

别名（快捷键）	执行指令	命令说明
中望 CAD+命令及简化命令		
MS	Mspace	将图纸空间切换到模型空间
MT 或 T	Mtext 或 Mtext	多行文字
MV	Mview	控制图纸空间的视口的创建与显示
OR	Ortho	正交模式
OP	Options	选项
OO	Oops	取回由删除命令所删除的对象
PA	Pastespec	选择性粘贴
PE	Pedit	编辑多段线
PL	Pline	多段线
PO	Point	单点或多点
PS	Pspace	切换模型空间视口到图纸空间
PU	Purge	清理
RE	Regen	重生成
RO	Rotate	旋转
SC	Scale	比例缩放
SE	Settings	草图设置
SL	Slice	实体剖切
SN	Snap	限制光标间距移动
SO	Solid	二维填充
SP	Spell	检查拼写
ST	Style	文字样式
SU	Subtract	差集
TH	Thickness	设置三维厚度
TI	Tilemode	控制最后一个布局(图纸)空间和模型空间的切换
TO	Toolbar	工具栏
TR	Trim	修剪
UC	Ucsman	命名 UCS
VS	Vslide 或 Vsnapshot	观看快照
WE	Wedge	楔体
XL	Xline	构造线
XR	Xref	外部参照管理器
TM	Time	时间
TX 或 DT	Text 或 Dtext	单行文字
VL	Vplayer	控制视口中的图层显示
RI	Reinit	重新加载或初始化程序文件
RA	Redrawall	重画
WI	Wmfin	输入 WMF
WO	Wmfout	输出 WMF
TO	Tbconfig	自定义工具栏
LT	Linetype	线型管理器
BM	Blipmode	标记
DN	Dxfin	加载 DXF 文件
HE	Hatchedit	编辑填充图案

（续）

别名（快捷键）	执行指令	命令说明
	中望 CAD+命令及简化命令	
IO	Insertobj	OLE 对象
LE	Qleader	快速引线
AA	Area	面积
3A	3darray	三维阵列
3F	3dface	三维面
3P	3dpoly	三维多段线
VP	Ddvpoint	视点预置
UC	Dducs	命名 UCS 及设置
UN	Ddunits	单位
ED	Ddedit	编辑
CHA	Chamfer	倒角
DIM	Dimension	访问标注模式
DIV	Divide	定数等分
EXP	Export	输出
EXT	Extrude	面拉伸
IMP	Import	输入
LEN	Lengthen	拉长
LTS	Ltscale	线型的比例系数
POL	Polygon	正多边形
PRE	Preview	打印预览
REC	Rectangle	矩形
REG	Region	面域
REV	Revolve	实体旋转
SCR	Script	运行脚本
SEC	Section	实体截面
SHA	Shade	着色
SPL	Spline	样条曲线
TOL	Tolerance	几何公差
TOR	Torus	圆环体
UNI	Union	并集
DST	Dimstyle	标注样式
DAL	Dimaligned	对齐标注
DAN	Dimangular	角度标注
DBA	Dimbaseline	基线标注
DCE	Dimcenter	圆心标记
DCO	Dimcontinue	连续标注
DDI	Dimdiameter	直径标注
DED	Dimedit	编辑标注
DLI	Dimlinear	线性标注
DOR	Dimordinate	坐标标注
DOV	Dimoverride	标注替换
DRA	Dimradius	半径标注
IAD	Imageadjust	图像调整

(续)

别名（快捷键）	执行指令	命令说明
中望 CAD+命令及简化命令		
IAT	Imageattach	附着图像
ICL	Imageclip	图像剪裁
ATE	Ddatte 或 Attedit	编辑图块属性
ATT	Ddattdef 或 Attdef	定义属性
COL	Setcolor	选择颜色
INF	Interfere	干涉
REA	Regenall	全部重生成
SPE	Splinedit	编辑样条曲线
LEAD	Leader	引线

熟记以上命令，将使您事半功倍，可最先掌握一个或者两个字母的命令，再逐渐扩展。这也是锻炼左手、应用左手操作的机会。

附录 B　练习答案

项目 1　略
项目 2
1. 略
2. 填空题
1）世界、用户　2）角度
3. 选择题
B
项目 3
1. 选择题
1）B　2）D
2. 略
项目 4
1. 选择题
1）C　2）C　3）B　4）D
2. 略
项目 5
1. 填空题
1）Shift　2）Dist
2. 选择题
1）B　2）A　3）A
3. 略
4.
1）C　2）153.400　3）81.814　4）43.012　5）94.311
项目 6
1. 选择题
1）D　2）C

2. 略

项目 7

1. 填空题

1）单行文字、多行文字

2）字体、字体宽度、倾斜角度

2~6. 略

项目 8

1. 填空题

1）尺寸界限、尺寸文字

2）形状、位置

2、3. 略

项目 9

1. 填空题

1）Block、Wblock　2）嵌套

2. 选择题

1）B　2）A

3、4. 略

项目 10

1. 填空题

1）命名相关打印样式

2）范围、图形界限、显示

2. 选择题

1）B　2）AB　3）B

3. 略

项目 11　略

项目 12

1. 填空题

1）原点、X 轴方向、Y 轴方向

2）原点、Z 轴方向

2. 选择题

1）B　2）D

3. 略

附录 C
中望 CAD 实用教程任务学习单与评价单

(活页卡片)

任务学习单与评价单（活页卡片）使用方法说明书

　　根据学生学习的认知特点与学习习惯，与知识学习过程中"读、听、看、说、做"所取得的知识构建效果，将本课程的授课阶段与比例分成如下几个阶段，以便于教师教学参考。

　　对于第一个阶段的教师，建议根据课程标准，采用"直接讲授并实际操作"的教学手段。首先要求学生利用动画微课做好课前的预习，通过学生的自主学习提前了解课程的知识点，为课堂教师直接示范讲解的教学内容做好最近发展区的知识准备，便于学生有效地跟进学习内容；再次上课时利用任务学习单辅助教师在学生实际操作的过程中，进一步促进"做学结合"。建议该方法在实施的过程中，占不少于总授课内容的 30%。

　　对于第二个阶段的教师，建议适当采用"行动导向"教学，要求教师对学生和知识的驾驭能力更强，且在教学内容完成授课比例的 50% 以后进行。教师上课时对学生发放任务学习单，教师按照下图顺序参与到每组学生的探究学习过程中，有目的地组织学生在真实或接近真实的工作任务中，参与资讯、决策、计划、实施、检查和评估的职业活动过程，通过发现、分析和解决实际工作中出现的问题，总结和反思学习过程，最终获得相关职业活动所需的知识和能力，最后教师加以评价总结。建议该方法在实施的过程中，占不超过总授课内容的 50%。

对于第三个阶段的教师，建议适当采用反转课堂教学，以达到增强学生学习新鲜感的教学目的。这要求学生自主学习能力相对高一些，求知欲望强一些。教师在下课前布置好下节课要完成的任务，学生根据任务学习单自主利用网络先自我解决任务所提出的关键性问题。在下节课的活动过程中，先自我思考，再小组交流，然后针对学到或理解的知识内容与全班同学进行介绍分享，从而达到使学生个人建立对知识的构建，小组成员产生对知识本身的共同构建，从而通过分享表述达到知识的内化。建议该方法在实施的过程中，占不超过总授课内容的 20%。

中望 CAD 实用教程 项目一 任务学习单

项目名称	项目编号	小组号	组长姓名	学生姓名
中望 CAD 应用基础				

<table>
<tr><td rowspan="3">学生自主
任务实施</td><td>

一、中望 CAD 软件都可以应用到哪些专业领域？其主要功能有哪些？中望 CAD 软件和硬件必须达到哪些配置要求？中望 CAD2018 简体中文版 Ribbon 界面与简体中文版经典界面有什么区别？

（提示：采用手机百度查询法、小组讨论法或资料查询法）

</td></tr>
<tr><td>

二、你知道中望 CAD 工作界面的功能都可以分为哪些部分吗？功能区选项面板都包括哪些功能按键？命令提示区的作用是什么？

（提示：采用上机实操法、资料查询法、小组讨论法、小组间竞争抢答法）

</td></tr>
<tr><td>

三、中望 CAD 中命令的执行方式有多少种？取消已执行的命令的作用是什么？什么是透明命令？

（提示：采用手机百度查询法、资料查询法、小组讨论法）

</td></tr>
</table>

（续）

项目名称	项目编号	小组号	组长姓名	学生姓名
中望 CAD 应用基础				

完成任务总结 （做一个会上机实操、有想法、会思考、有创新的学生）	一、存在其他问题与解决方案 （提示：老师公布个人手机号，采用手机拨号抢答的方法。例如：先显示的学生手机号码，就请他先起来与同学们一起分享自己新鲜的问题见解，鼓励加分双倍） 二、收获与体会 三、其他建议

中望 CAD 实用教程　项目一　任务评价单

班级		学号		姓名		日期		成绩	
小组成员 （姓名）									

职业能力评价	分值	自评（10%）	组长评价（20%）	教师综合评价（70%）
完成任务思路	5			
信息收集情况	5			
团队合作	10			
练习态度认真	10			
考勤	10			
讲演与答辩	35			
按时完成任务	15			
善于总结学习	10			
合计评分	100			

中望 CAD 实用教程　项目二　任务学习单

项目名称	项目编号	小组号	组长姓名	学生姓名
中望 CAD 环境设置				

<table>
<tr>
<td rowspan="6">学生自主
任务实施</td>
<td>

　　一、中望 CAD 软件中,怎样打开一幅图? 怎样使用默认的绘图环境开始绘制新图? DWG 格式样板图是一种怎样的格式? 在中望 CAD 中,绘图环境主要包括哪些内容? 怎样进行高级设置? 怎样创建一个新图形? 打开图形文件的快捷方式是什么?"保存"和"另存为"命令存储图形文件的区别是什么?

　　(提示:采用手机百度查询法、资料查询法、上机实操法、小组讨论法、小组间竞争抢答法)

</td>
</tr>
<tr><td></td></tr>
<tr>
<td>

　　二、用命令可以设置绘图区域大小? 绘图前为什么要设置长度单位和角度单位的制式和精度? 为什么要调整自动保存时间? 其作用是什么? 在定制中望 CAD 操作环境中,怎样去定制工具栏? 怎样定制常用键盘快捷键? 笛卡尔坐标 CCS、世界坐标系 WCS 和学生坐标系 UCS 的区别是什么? 怎样去设置中望 CAD 坐标系统? 坐标的输入方法都有哪些?

　　(提示:采用上机实操法、联想回忆法、小组讨论法、小组间竞争抢答法)

</td>
</tr>
<tr><td></td></tr>
<tr>
<td>

　　三、重画与重新生成图形的功能作用相同吗? 图形缩放的快捷方式有几种? 什么是实时缩放? 平铺视口可以将屏幕分割为几个矩形视口? 怎样进行平铺视口命令操作?

　　(提示:采用回忆法、资料查询法、上机实操法、小组讨论法、小组间竞争抢答法)

</td>
</tr>
<tr><td></td></tr>
</table>

（续）

项目名称		项目编号	小组号	组长姓名	学生姓名
中望 CAD 环境设置					
完成任务总结 （做一个会上机实操、有想法、会思考、有创新的学生）	一、存在其他问题与解决方案 （提示：老师掷骰子随机挑选组，选中小组后再随机抽签（例如：制作最胖、最瘦、最高、最矮的纸签）挑选同学，带动学生人人参与，例如有请 3 组个子最高的同学起来与同学们分享他的思考的问题和见解） 二、收获与体会 三、其他建议				

中望 CAD 实用教程   项目二   任务评价单

班级		学号		姓名		日期		成绩	
小组成员 （姓名）									
职业能力评价	分值	自评（10%）		组长评价（20%）		教师综合评价（70%）			
完成任务思路	5								
信息收集情况	5								
团队合作	10								
练习态度认真	10								
考勤	10								
讲演与答辩	35								
按时完成任务	15								
善于总结学习	10								
合计评分	100								

中望 CAD 实用教程　项目三　任务学习单

项目名称	项目编号	小组号	组长姓名	学生姓名
图形绘制				

<table>
<tr><td rowspan="5">学生自主
任务实施</td><td>

一、直线绘制命令的快捷方式是什么？怎样用直线绘制命令绘制一个菱形？绘制圆的正确操作步骤是什么？

（提示：采用手机百度查询法、小组讨论法或资料查询法）

</td></tr>
<tr><td>

二、怎样通过使用对象捕捉功能来绘制一个圆？三个点来绘制圆与两个点绘制圆的先决条件是什么？中望 CAD 提供创建圆弧的方法有多少种？常用的是哪 3 种？需要通过几点绘制椭圆？怎样通过直线、圆、椭圆和椭圆弧绘制脸盆？

（提示：采用上机实操法、资料查询法、小组讨论法、小组间竞争抢答法）

</td></tr>
<tr><td>

三、绘制点的快捷键是什么？徒手画线命令一般在什么情况下使用？绘制圆环与绘制圆的区别是什么？绘制矩形的快捷键是什么？怎样设置矩形线型的线宽？

（提示：采用上机实操法、资料查询法、小组讨论法）

</td></tr>
<tr><td>

四、怎样绘制正多边形（半径为 50 的正六边形）？多段线由什么连接组成？快捷键是什么？

（提示：采用上机实操法、资料查询法、小组讨论法、演示法）

</td></tr>
<tr><td>

五、怎样使用迹线绘制命令绘制具有一定宽度的实体线？什么是射线？怎样使用射线命令平分等边三角形的角？

（提示：采用资料查询法、上机实操法、小组讨论法、小组间竞争抢答法）

</td></tr>
</table>

（续）

项目名称		项目编号	小组号	组长姓名	学生姓名
图形绘制					
学生自主 任务实施	六、什么是构造线？其快捷方式是什么？ （提示：采用小组讨论法、小组间竞争抢答法）				
	七、怎样用样条曲线命令绘制盘形凸轮轮廓曲线作为局部剖面的分界线？云线是由什么组成的多段线？ （提示：采用对比法、上机实操法、小组讨论法、小组间竞争抢答法）				
完成任务总结 （做一个会上机实操、有想法、会思考、有创新的学生）	一、存在其他问题与解决方案 （提示：老师公布个人手机号，采用手机拨号抢答的方法。例如：先显示的学生手机号码，就有请他先起来与同学们一起分享自己新鲜的问题见解，鼓励加分双倍） 二、收获与体会 三、其他建议				

中望 CAD 实用教程　项目三　任务评价单

班级		学号		姓名		日期		成绩	
小组成员 （姓名）									
职业能力评价	分值	自评（10%）		组长评价（20%）		教师综合评价（70%）			
完成任务思路	5								
信息收集情况	5								
团队合作	10								
练习态度认真	10								
考勤	10								
讲演与答辩	35								
按时完成任务	15								
善于总结学习	10								
合计评分	100								

中望 CAD 实用教程 项目四 任务学习单

项目名称	项目编号	小组号	组长姓名	学生姓名
编辑对象				

<table>
<tr>
<td rowspan="2">学生自主
任务实施</td>
<td>

一、在中望 CAD 软件平台中,选择对象时,有多少种选择对象的方法? 怎样操作选择全部对象? 什么是夹点编辑? 怎样进行夹点编辑命令操作? 怎样对夹点进行拉伸、平移、旋转、镜像? 怎样删除图形? 移动图形的快捷方式是什么? 怎样对图形进行 90°旋转? 快速复制图形的快捷键是什么? 镜像图形时是否需要制作辅助线? 什么是阵列? 怎样进行环形阵列?

(提示:采用手机百度查询法、思维发散法、联想回忆法、上机实操法、小组讨论法、小组间竞争抢答法)

</td>
</tr>
<tr>
<td>

二、偏移命令的作用是什么,怎样进行操作? 缩放的快捷方式是什么? 打断命令怎样操作? 合并是否可以形成一个完整的对象? 什么是倒角? 怎样进行倒角操作? 圆角与倒角有什么区别? 修剪命令的快捷方式是什么? 怎样使用"属性"窗口? 怎样清除当前图形文件中未使用的已命名项目? 核查命令的作用是什么??

(提示:采用联想法、对比法、上机实操法、小组讨论法、小组间竞争抢答法)

</td>
</tr>
</table>

（续）

项目名称		项目编号	小组号	组长姓名	学生姓名
编辑对象					
完成任务总结 （做一个会上机实操、有想法、会思考、有创新的学生）	一、存在其他问题与解决方案 （提示：老师准备 2 副一样数量、花色的扑克牌，采用随机扑克牌法挑选同学。例如：有请手中持有红桃 6 的同学起来和同学们分享你的独特见解） 二、收获与体会 三、其他建议				

中望 CAD 实用教程　项目四　任务评价单

班级		学号		姓名		日期		成绩	
小组成员 （姓名）									
职业能力评价	分值	自评（10%）		组长评价（20%）		教师综合评价（70%）			
完成任务思路	5								
信息收集情况	5								
团队合作	10								
练习态度认真	10								
考勤	10								
讲演与答辩	35								
按时完成任务	15								
善于总结学习	10								
合计评分	100								

中望 CAD 实用教程　项目五　任务学习单

项目名称	项目编号	小组号	组长姓名	学生姓名
辅助绘图工具与图层				

<table>
<tr><td rowspan="10">学生自主
任务实施</td><td>

一、什么是栅格？怎样按需要打开或关闭栅格？中望 CAD 怎样通过执行 GRID 命令来设定栅格间距？怎样通过 SNAP 命令栅格捕捉光标？

（提示：采用手机百度查询法、小组讨论法或资料查询法）

</td></tr>
<tr><td></td></tr>
<tr><td>

二、什么是正交？哪个键是正交开启和关闭的切换键？在中望 CAD 中"对象捕捉"工具栏里面包含了多少种目标捕捉工具？在绘图的过程中，使用对象捕捉的频率非常高，因此怎样设置自动对象捕捉模式？对象捕捉的快捷方式是什么？

（提示：采用上机实操法、资料查询法、小组讨论法、小组间竞争抢答法）

</td></tr>
<tr><td></td></tr>
<tr><td>

三、怎样快速设置靶框？极轴追踪是用来追踪在一定角度上的点的坐标智能输入方法，怎样设置极轴追踪？

（提示：采用上机实操法、资料查询法、小组讨论法）

</td></tr>
<tr><td></td></tr>
<tr><td>

四、图形中的每个对象都具有其线型特性。用什么命令可对对象的线型特性进行设置和管理？

（提示：采用上机实操法、资料查询法、小组讨论法、演示法）

</td></tr>
<tr><td></td></tr>
<tr><td>

五、什么是图层？每个图层均具有线型、颜色和状态等属性，怎样设置图层中的这些信息？怎样使用图层状态管理器？

（提示：采用资料查询法、上机实操对比法、小组讨论法、小组间竞争抢答法）

</td></tr>
<tr><td></td></tr>
</table>

（续）

项目名称	项目编号	小组号	组长姓名	学生姓名
辅助绘图工具与图层				

学生自主 任务实施	六、怎样进行查询命令操作？怎样设置设计中心？怎样设置工具选项板？ （提示：采用联想法、对比法、上机实操法、小组讨论法、小组间竞争抢答法）
完成任务总结 （做一个会上机实 操、有想法、会思考、 有创新的学生）	一、存在其他问题与解决方案 （提示：老师公布个人手机号，采用手机拨号抢答的方法。例如：先显示的学生手机号码，就有请他先起来与同学们一起分享自己新鲜的问题见解，鼓励加分双倍） 二、收获与体会 三、其他建议

中望 CAD 实用教程 项目五 任务评价单

班级		学号		姓名		日期		成绩	
小组成员 （姓名）									

职业能力评价	分值	自评（10%）	组长评价（20%）	教师综合评价（70%）
完成任务思路	5			
信息收集情况	5			
团队合作	10			
练习态度认真	10			
考勤	10			
讲演与答辩	35			
按时完成任务	15			
善于总结学习	10			
合计评分	100			

中望 CAD 实用教程 项目六 任务学习单

项目名称	项目编号	小组号	组长姓名	学生姓名
填充、面域与图像				

<table>
<tr>
<td rowspan="6">学生自主
任务实施</td>
<td>一、怎样创建图案填充,快捷键是什么？怎样设置图案填充？渐变色填充是以色彩作为填充对象,丰富了图形的表现力,怎样进行渐变色填充？（提示:采用手机百度查询法、资料查询法、上机实操法、小组讨论法、小组间竞争抢答法）</td>
</tr>
<tr>
<td></td>
</tr>
<tr>
<td>二、什么是区域填充？什么是面域？创建面域的快捷键是什么？怎样插入光栅图像？怎样进行图像管理？
（提示:采用上机实操法、联想回忆法、小组讨论法、小组间竞争抢答法）</td>
</tr>
<tr>
<td></td>
</tr>
<tr>
<td>三、图像调整的快捷方式是什么？怎样对图像剪裁？怎样对绘图顺序进行设置？
（提示:采用回忆法、资料查询法、上机实操法、小组讨论法、小组间竞争抢答法）</td>
</tr>
<tr>
<td></td>
</tr>
</table>

（续）

项目名称	项目编号	小组号	组长姓名	学生姓名
填充、面域与图像				

完成任务总结 （做一个会上机实操、有想法、会思考、有创新的学生）	一、存在其他问题与解决方案 （提示：老师掷骰子随机挑选组，选中小组后再随机抽签（例如：制作最胖、最瘦、最高、最矮的纸签）挑选同学，带动学生人人参与，例如有请 3 组个子最高的同学起来与同学们分享他的思考的问题和见解） 二、收获与体会 三、其他建议

中望 CAD 实用教程　项目六　任务评价单

班级		学号		姓名		日期		成绩	
小组成员 （姓名）									

职业能力评价	分值	自评（10%）	组长评价（20%）	教师综合评价（70%）
完成任务思路	5			
信息收集情况	5			
团队合作	10			
练习态度认真	10			
考勤	10			
讲演与答辩	35			
按时完成任务	15			
善于总结学习	10			
合计评分	100			

中望 CAD 实用教程　项目七　任务学习单

项目名称	项目编号	小组号	组长姓名	学生姓名
文字和表格				

<table>
<tr>
<td rowspan="8">学生自主
任务实施</td>
<td>
一、设置文字样式的快捷命令是什么？怎样运行单行文本？多行文本与单行文本的操作方式有什么不同？特殊字符输入的代码都有哪些？编辑文本的快捷方式有哪些？
（提示：采用手机百度查询法、对比法、小组讨论法或资料查询法）
</td>
</tr>
<tr><td></td></tr>
<tr>
<td>
二、怎样使用 Ddedit 命令修改或标注文本内容？运行什么命令可设置文本快速显示？怎样调整文本？怎样在文本后面放置一个遮罩，该遮罩将遮挡其后面的实体，而位于遮罩前的文本将保留显示？怎样不改变文字的位置以对齐文字？怎样操作可以在每一个选定的文本对象或者多行文本对象的周围画圆，矩形或圆槽作为文本外框？
（提示：采用上机实操法、对比法、资料查询法、小组讨论法、小组间竞争抢答法）
</td>
</tr>
<tr><td></td></tr>
<tr>
<td>
三、怎样进行自动编号命令？怎样操作弧形文字功能？怎样创建表格样式？创建表格的快捷方式是什么？什么命令可以用于编辑表格单元中的文字？在 Ribbon 界面中，表格工具怎样使用？
（提示：采用上机实操法、实地调研法、资料查询法、小组讨论法）
</td>
</tr>
<tr><td></td></tr>
<tr>
<td>
四、字段是在图形生命周期中一种可更新的特殊文字,怎样才能插入字段？更新字段的快捷方式是什么？字段作为文字对象的一部分不能直接被编辑,必须先选择该文字对象并运行什么命令才能进行编辑？
（提示：采用上机实操法、对比法、资料查询法、小组讨论法、演示法）
</td>
</tr>
<tr><td></td></tr>
</table>

（续）

项目名称	项目编号	小组号	组长姓名	学生姓名
文字和表格				

完成任务总结 （做一个会上机实操、有想法、会思考、有创新的学生）	一、存在其他问题与解决方案 （提示：老师公布个人手机号，采用手机拨号抢答的方法。例如：先显示的学生手机号码，就有请他先起来与同学们一起分享自己新鲜的问题见解，鼓励加分双倍） 二、收获与体会 三、其他建议

中望 CAD 实用教程　项目七　任务评价单

班级		学号		姓名		日期		成绩	
小组成员 （姓名）									

职业能力评价	分值	自评（10%）	组长评价（20%）	教师综合评价（70%）
完成任务思路	5			
信息收集情况	5			
团队合作	10			
练习态度认真	10			
考勤	10			
讲演与答辩	35			
按时完成任务	15			
善于总结学习	10			
合计评分	100			

中望 CAD 实用教程　项目八　任务学习单

项目名称	项目编号	小组号	组长姓名	学生姓名
尺寸标注				

<table>
<tr><td rowspan="4">学生自主
任务实施</td><td>

一、一个完整的尺寸标注由哪几个部分组成？打开标注样式管理器的快捷方式什么？"新建标注样式"选项卡中都有哪些设置选项卡？操作尺寸标注命令中怎样操作线性标注？连续标注与线性标注的异同点是什么？什么是引线标注？怎样进行公差标注？

（提示：采用手机百度查询法、思维发散法、联想回忆法、上机实操法、小组讨论法、小组间竞争抢答法）

</td></tr>
<tr><td></td></tr>
<tr><td>

二、什么命令可用于对尺寸标注的尺寸文字的位置、角度等进行编辑？怎样操作重新定位标注文字位置？如果对尺寸标注进行了多次修改，要想恢复原来真实的标注怎么操作？

（提示：资料查询法、联想法、上机实操法、比较法、小组讨论法）

</td></tr>
<tr><td></td></tr>
</table>

（续）

项目名称		项目编号	小组号	组长姓名	学生姓名
文字和表格					
完成任务总结 （做一个会上机实 操、有想法、会思考、 有创新的学生）	一、存在其他问题与解决方案 （提示：老师准备 2 副一样数量、花色的扑克牌，采用随机扑克牌法挑选同学。例如：有请手中持有红桃 6 的同学起来和同学们分享你的独特见解） 二、收获与体会 三、其他建议				

中望 CAD 实用教程　项目八　任务评价单

班级		学号		姓名		日期		成绩	
小组成员 （姓名）									
职业能力评价	分值	自评（10%）		组长评价（20%）		教师综合评价（70%）			
完成任务思路	5								
信息收集情况	5								
团队合作	10								
练习态度认真	10								
考勤	10								
讲演与答辩	35								
按时完成任务	15								
善于总结学习	10								
合计评分	100								

中望 CAD 实用教程 项目九 任务学习单

项目名称	项目编号	小组号	组长姓名	学生姓名
图块、属性及外部参照				

<table>
<tr>
<td rowspan="2">学生自主
任务实施</td>
<td>
一、什么是图块？一个图块包括哪些内容？怎样创建图块并保存？怎样对图块进行内部定义？为了使图块在插入当前图形中时能够准确定位,需要怎么办？嵌套块能不能与其内部嵌套的图块同名？怎样插入块？怎样操作复制嵌套图元？用什么快捷方式可以替换图元？
（提示：采用手机百度查询法、思维发散法、联想回忆法、上机实操法、小组讨论法、小组间竞争抢答法）
</td>
</tr>
<tr>
<td>
二、什么命令可以用于定义属性？怎样制作、插入属性块？怎样编辑图块属性？怎样分解属性为文字？Burst 和 Explode 命令的功能相似,但作用有什么不同？怎样设置外部参照？
（提示：资料查询法、联想法、上机实操法、比较法、小组讨论法）
</td>
</tr>
</table>

（续）

项目名称		项目编号	小组号	组长姓名	学生姓名
图块、属性及外部参照					

完成任务总结 （做一个会上机实操、有想法、会思考、有创新的学生）	一、存在其他问题与解决方案 （提示：老师准备 2 副一样数量、花色的扑克牌，采用随机扑克牌法挑选同学。例如：有请手中持有红桃 6 的同学起来和同学们分享你的独特见解） 二、收获与体会 三、其他建议

中望 CAD 实用教程　项目九　任务评价单

班级		学号		姓名		日期		成绩	
小组成员 （姓名）									

职业能力评价	分值	自评（10%）	组长评价（20%）	教师综合评价（70%）
完成任务思路	5			
信息收集情况	5			
团队合作	10			
练习态度认真	10			
考勤	10			
讲演与答辩	35			
按时完成任务	15			
善于总结学习	10			
合计评分	100			

中望 CAD 实用教程　项目十　任务学习单

项目名称	项目编号	小组号	组长姓名	学生姓名
打印和发布图纸				

<table>
<tr>
<td rowspan="4">学生自主
任务实施</td>
<td>一、中望 CAD 输出功能可以将图形转换为什么格式类型的图形文件？中望 CAD 的输出文件有几种类型？学生在完成某个图形绘制后，为了便于观察和实际施工制作，将其打印输出到图纸上时首先要设置哪些打印参数？若要修改当前打印机配置，可单击名称后的什么按钮，打开"绘图仪配置编辑器"对话框？"打印区域"栏可设定图形输出时的打印区域，该栏中的窗口、范围、图形界限、显示各选项含义分别表示什么意思？
（提示：采用手机百度查询法、思维发散法、联想回忆法、上机实操法、小组讨论法、小组间竞争抢答法）</td>
</tr>
<tr>
<td></td>
</tr>
<tr>
<td>二、在 CAD 图样的交互过程中，有时候需要将 DWG 图样转换为 PDF 文件格式，此时打印 PDF 文件的方法是什么？中望 CAD 还支持打印成若干种光栅文件格式，包括 BMP、JPEG、PNG、TIFF 等，如果要将图形打印为光栅文件格式需要怎么操作？中望 CAD 的绘图空间中模型空间和布局空间有什么区别？为什么说从布局空间打印可以更直观地看到最后的打印状态？怎样从样板中创建布局？在构造布局图时，可以将什么视口视为图样空间的图形对象，并对其进行移动和调整？
（提示：资料查询法、联想法、上机实操法、比较法、小组讨论法）</td>
</tr>
<tr>
<td></td>
</tr>
</table>

（续）

项目名称	项目编号	小组号	组长姓名	学生姓名
打印和发布图纸				

完成任务总结 （做一个会上机实操、有想法、会思考、有创新的学生）	一、存在其他问题与解决方案 （提示：老师准备 2 副一样数量、花色的扑克牌，采用随机扑克牌法挑选同学。例如：有请手中持有红桃 6 的同学起来和同学们分享你的独特见解） 二、收获与体会 三、其他建议

中望 CAD 实用教程　项目十　任务评价单

班级		学号		姓名		日期		成绩	
小组成员 （姓名）									

职业能力评价	分值	自评（10%）	组长评价（20%）	教师综合评价（70%）
完成任务思路	5			
信息收集情况	5			
团队合作	10			
练习态度认真	10			
考勤	10			
讲演与答辩	35			
按时完成任务	15			
善于总结学习	10			
合计评分	100			

中望 CAD 实用教程　项目十一　任务学习单

项目名称	项目编号	小组号	组长姓名	学生姓名
数据交换与 Internet 应用				

学生自主 任务实施	一、我们可以通过使用嵌入或链接将其他软件数据调入中望 CAD 图形中,怎样插入 OLE 对象? 在中望 CAD 图形中是否可以对嵌入的对象进行拖动或缩放操作,从而改变其位置或大小? 使用 Rotate 命令旋转对象时,OLE 对象是否可以随图形一起旋转? (提示:采用手机百度查询法、思维发散法、联想回忆法、上机实操法、小组讨论法、小组间竞争抢答法) 二、如何用 Hyperlink 命令给某个对象创建一个超链接? 电子传递命令的功能是什么? 为什么说云互联是在"在线"选项卡中,控制是否启用云储存,选择云存储服务提供商以及设置自动文件同步的方式? 中望 CAD 云互联(Syble)是否可以用于保持学生本地目录与云存储设备之间的图形文件同步? 　(提示:资料查询法、联想法、上机实操法、比较法、小组讨论法)

（续）

项目名称	项目编号	小组号	组长姓名	学生姓名
数据交换与 Internet 应用				

完成任务总结 （做一个会上机实操、有想法、会思考、有创新的学生）	一、存在其他问题与解决方案 （提示：老师准备 2 副一样数量、花色的扑克牌，采用随机扑克牌法挑选同学。例如：有请手中持有红桃 6 的同学起来和同学们分享你的独特见解） 二、收获与体会 三、其他建议

中望 CAD 实用教程　项目十一　任务评价单

班级		学号		姓名		日期		成绩	
小组成员 （姓名）									

职业能力评价	分值	自评（10%）	组长评价（20%）	教师综合评价（70%）
完成任务思路	5			
信息收集情况	5			
团队合作	10			
练习态度认真	10			
考勤	10			
讲演与答辩	35			
按时完成任务	15			
善于总结学习	10			
合计评分	100			

中望 CAD 实用教程 项目十二 任务学习单

项目名称	项目编号	小组号	组长姓名	学生姓名
三维绘图基础				

<table>
<tr>
<td rowspan="4">学生自主
任务实施</td>
<td>
一、工具栏中的 10 个常用视点命令视角包括哪些？当 3DORBIT 处于活动状态时，显示三维动态观察光标图标，视点的位置是否可以随着光标的移动而发生变化？怎样设置学生坐标系(UCS)？创建三维长方体对象的快捷键是什么？怎样将实体对象以平面剖切？剖切实体后，是否可以保留原实体的图层和颜色特性？
（提示：采用手机百度查询法、思维发散法、联想回忆法、上机实操法、小组讨论法、小组间竞争抢答法）
</td>
</tr>
<tr>
<td></td>
</tr>
<tr>
<td>
二、通过两个或多个实体或面域的公共部分将两个或多个实体或面域合并为一个整体称为什么命令操作？交集与差集的命令操作异同点是什么？怎样进行三维旋转命令操作？
（提示：资料查询法、联想法、上机实操法、比较法、小组讨论法）
</td>
</tr>
<tr>
<td></td>
</tr>
</table>

（续）

项目名称	项目编号	小组号	组长姓名	学生姓名
三维绘图基础				

完成任务总结 （做一个会上机实操、有想法、会思考、有创新的学生）	一、存在其他问题与解决方案 （提示：老师准备 2 副一样数量、花色的扑克牌，采用随机扑克牌法挑选同学。例如：有请手中持有红桃 6 的同学起来和同学们分享你的独特见解） 二、收获与体会 三、其他建议

中望 CAD 实用教程　项目十二　任务评价单

班级		学号		姓名		日期		成绩	
小组成员 （姓名）									

职业能力评价	分值	自评（10%）	组长评价（20%）	教师综合评价（70%）
完成任务思路	5			
信息收集情况	5			
团队合作	10			
练习态度认真	10			
考勤	10			
讲演与答辩	35			
按时完成任务	15			
善于总结学习	10			
合计评分	100			